云部署环境下的大数据能效模型与节能调度

李鸿健　段小林　编著

西安电子科技大学出版社

内 容 简 介

本书首先介绍了云计算、虚拟化、大数据框架等基础知识，讨论了数据中心多资源的能效模型构建和基于虚拟机的节能调度算法，对Google数据中心的运行数据进行了分析，探讨了基于任务分类的节能调度算法；接着结合网络带宽分配算法和多QoS分组模型讨论了节能调度算法；然后对面向大数据计算框架的能效模型和节能调度算法进行了探讨；最后结合大数据和流式计算领域的主流平台Spark和Storm，对基于云部署的大数据应用的节能调度方法进行了详细的阐述。

本书叙述深入浅出，内容翔实，适合作为计算机和通信等IT行业的专业技术人员和研究人员的参考读物，也适合作为高校相关研究人员的辅助读物。

图书在版编目(CIP)数据

云部署环境下的大数据能效模型与节能调度/李鸿健，段小林编著. —西安：西安电子科技大学出版社，2022.6
ISBN 978-7-5606-6399-9

Ⅰ. ①云…　Ⅱ. ①李… ②段…　Ⅲ. ①云计算—资源管理—研究　Ⅳ. ①TP393.027

中国版本图书馆CIP数据核字(2022)第072954号

策　　划　陈　婷
责任编辑　陈　婷
出版发行　西安电子科技大学出版社(西安市太白南路2号)
电　　话　(029)88202421　88201467　　邮　　编　710071
网　　址　www.xduph.com　　电子邮箱　xdupfxb001@163.com
经　　销　新华书店
印刷单位　陕西博文印务有限责任公司
版　　次　2022年6月第1版　2022年6月第1次印刷
开　　本　787毫米×1092毫米　1/16　印张　11.5
字　　数　247千字
印　　数　1～1000
定　　价　38.00元
ISBN 978-7-5606-6399-9/TP
XDUP 6701001-1

序　　言

云计算平台为大数据应用提供易于管理的资源，依托云计算的大数据平台为各领域大数据应用提供数据分析和处理的服务，许多组织对大数据计算集群进行了云部署。大数据计算平台建设和部署正在世界范围内飞速发展。随着大数据应用需求的快速增长，支撑大数据计算平台的云数据中心的电能消耗问题日益突出。高能耗大数据平台不仅会增加计算服务的成本，还会造成大量的二氧化碳排放，从而引起全球变暖等环境问题。工作在云上的大数据平台有着各种服务水平协议(SLA)目标，例如成本、性能等。在SLA限制条件下实现大数据应用任务的精准节能调度是一个复杂的问题。由此，研究部署在云数据中心的大数据计算平台的精准节能调度方法和能效优化具有重要意义。

目前，国内外大型互联网企业，如Amazon、Google、阿里云等持续投入大量资金构建大数据平台，以发展云计算和大数据计算服务产业，其中Amazon的云计算和大数据计算服务已经发展到年化营收超过100亿美元。对于云服务提供企业，SLA限制条件下的节能调度和能效管理能够在保障用户QoS体验前提下提高能效和节约成本，为企业带来丰厚利润。如Google公司数据中心就以高能效著称，其团队通过机器学习和人工智能提升数据中心能效，由于其数据中心十分庞大，即使0.01的PUE降低都会节省大量的能耗。高能耗带来的碳排放量会对环境产生巨大影响，我国作出重大战略决策，力争在2030年前实现碳达峰，在2060年前实现碳中和。对于数据中心和大数据平台，无论是降低能耗成本还是降低碳排放都十分紧迫。

本专著由李鸿健和段小林共同完成，著者多年来长期从事云计算与大数据的科研和教学工作，在云数据中心能效优化、大数据应用能效模型、大数据平台节能调度等方面取得了一些研究成果，这些研究工作和成果是本书的主要内容。

本专著适合对云计算与大数据绿色调度感兴趣的本科生、研究生和专业研究人员等阅读和参考。本专著主要内容包括数据中心能耗模型(第1、2章)、云计算资源节能调度(第3～7章)和大数据平台节能调度(第8～14章)。本书第1～10章由李鸿健撰写，第11～14章由段小林撰写，全书由李鸿健负责统稿。在编写本专著过程中，施文虎、许晨、周涛、郑鹏和叶华清等给予了我们不少帮助，朱国锋、赵雨岩、丁世旺、王霍琛、马恩杰、付豪及方书勇等为我们提供了丰富的素材，感谢他们！感谢西安电子科技大学出版社的相关工作人员，他们很好地推动了本书的出版工作。最后还要感谢我的家人，感谢他们对我的支持和陪伴！

本书的出版得到了重庆邮电大学出版基金的资助，在此表示衷心的感谢！

由于作者水平有限，书中难免有疏漏之处，敬请广大读者批评和指正。

李鸿健

2022.4.1

于重庆邮电大学

目　　录

第 1 章　云计算与大数据基础 ……………………………………………… 1

1.1　云计算概述 ……………………………………………………………… 1

1.2　数据中心概述 …………………………………………………………… 2

1.3　虚拟化技术概述 ………………………………………………………… 5

1.4　虚拟机调度相关理论 …………………………………………………… 6

1.5　虚拟机初始放置和整合问题中的常用算法简介 ……………………… 6

1.6　Spark 框架 ……………………………………………………………… 7

1.7　Storm 框架 ……………………………………………………………… 12

参考文献 …………………………………………………………………… 18

第 2 章　能耗和 SLA 感知模型 ……………………………………………… 21

2.1　能耗模型 ………………………………………………………………… 21

2.3　用户满意度感知模型 …………………………………………………… 22

2.4　能耗和 SLA 权衡的能效模型 ………………………………………… 23

参考文献 …………………………………………………………………… 25

第 3 章　基于能效模型的虚拟机调度算法 …………………………………… 27

3.1　基于 power 能效模型的虚拟机初始放置 ……………………………… 27

3.2　基于 trade-off 能效模型的虚拟机整合算法 …………………………… 29

3.3　基于预测机制混合模型的虚拟机整合算法 …………………………… 34

3.4　实验测试与结果分析 …………………………………………………… 37

参考文献 …………………………………………………………………… 44

第 4 章　数据中心任务分类及分析 …………………………………………… 47

4.1　Google 集群跟踪数据概述 …………………………………………… 47

4.2　任务分类必要性分析 …………………………………………………… 48

4.3　Google 集群跟踪数据任务分类研究 ………………………………… 49

4.4　任务分类结果及分析 …………………………………………………… 51

参考文献 …………………………………………………………………… 53

第 5 章　数据中心基于任务分类的高能效资源配置研究 ……………………… 55

5.1　相关工作 ………………………………………………………………… 55

5.2　CBRAS 资源配置策略 ………………………………………………… 57

5.3　仿真实验与结果分析 …………………………………………………… 61

参考文献 …………………………………………………………………… 66

第6章　QoS感知的多QoS分组模型 …… 68
6.1　多QoS分组指标 …… 68
6.2　多QoS分组模型 …… 69
参考文献 …… 74
第7章　基于多QoS分组模型的虚拟机和网络带宽分配算法 …… 75
7.1　系统整体架构 …… 75
7.2　QoS感知的虚拟机放置算法 …… 76
7.3　QoS感知的网络带宽分配算法 …… 79
7.4　基准算法分析 …… 81
7.5　实验环境 …… 81
7.6　实验结果及分析 …… 84
参考文献 …… 93
第8章　Spark能耗模型 …… 94
8.1　能效关系策略表 …… 94
8.2　能耗监控脚本 …… 96
8.3　Spark能耗模型 …… 97
参考文献 …… 98
第9章　能耗感知的Spark节能调度算法 …… 100
9.1　能耗感知的Spark节能调度A型算法 …… 100
9.2　能耗感知的Spark节能调度B型算法 …… 113
参考文献 …… 125
第10章　基于DVFS的节能调度系统设计与实现 …… 127
10.1　基于频率的能耗模型 …… 127
10.2　系统设计与实现 …… 129
参考文献 …… 132
第11章　基于DVFS频率感知的YARN层节能策略 …… 133
11.1　问题分析 …… 133
11.2　应用程序分类 …… 133
11.3　最优频率定位 …… 135
11.4　算法过程 …… 139
11.5　实验结果分析 …… 139
参考文献 …… 142
第12章　基于DVFS的双层频率感知节能策略 …… 144
12.1　问题分析 …… 144

12.2　基于DVFS的Spark层调度策略 …… 146
12.3　实验结果分析 …… 149
参考文献 …… 152
第13章　基于能耗感知的Storm节能调度算法 …… 153
13.1　问题分析 …… 153
13.2　能耗模型 …… 154
13.3　改进的Storm架构 …… 155
13.4　优化算法一 …… 156
13.5　实验及结果分析 …… 158
13.6　实现代码 …… 164
参考文献 …… 165
第14章　改进的能耗感知的Storm节能调度策略 …… 167
14.1　问题分析 …… 167
14.2　优化算法二 …… 168
14.3　实验及结果分析 …… 171
14.4　实现代码 …… 174
参考文献 …… 176

第1章 云计算与大数据基础

云计算与大数据计算会产生巨大电能消耗，这已经成为数据中心亟待解决的问题。目前许多企业和组织机构都面临大规模数据计算的问题，在考虑计算效率的同时，计算成本也是应该关心的重要方面。企业和组织机构都希望能够降低大数据计算能耗，从而减少计算成本。

大数据处理框架(例如 Hadoop、Spark、Storm、Flink)已经成为许多重要领域(例如科学研究、商业等)的数据分析平台，应用十分广泛。这些框架既可以部署在本地物理资源中，也可以部署在云中。由于云服务提供商(Cloud Service Provider，CSP)提供灵活可扩展且价格合理的按需付费模式的计算资源，且云资源比物理资源更易于管理和部署，因此许多企业和组织机构选择在云上部署大数据分析平台，以避免管理物理资源带来的麻烦。

本章首先介绍云计算与虚拟机基础，然后对当前主流的大数据计算框架进行介绍。

1.1 云计算概述

1.1.1 云计算的定义

云计算是科学计算模式的商业实现，它将大型服务器集群组成资源池，利用资源池的资源进行海量数据的存储、计算和传输，按用户的需求为其提供相应服务[1]。云计算的示意图如图1-1所示。云计算系统使用专业软件对资源池中的资源自动进行管理和维护。用户只需向云服务提供商缴付少量的费用即可获得所需资源，无需考虑购置基础设施的成本和维护成本，有利于用户专注于自己的业务。

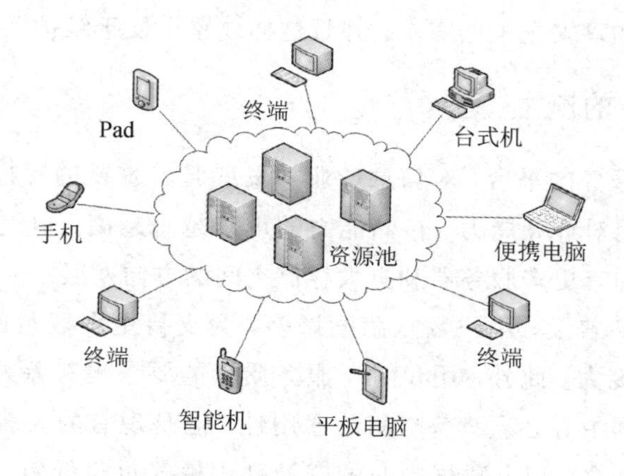

图1-1 云计算示意图

1.1.2 云计算的特点

云计算由并行计算、分布式计算、网格计算等发展而来，除了继承了这些计算模式的精髓外，还有其独有的特点：

(1) 超大规模。云计算拥有的基础设施规模巨大。据统计，Google 云计算拥有的服务器个数已经超过了 100 万台，Amazon、IBM 等公司的“云”拥有的服务器也都超过了十万台，这种规模是其他计算模式无法比拟的。

(2) 高可靠性、高通用性和高扩展性。在云数据中心，每个任务有多个数据副本，当任务出现数据复写等错误时，可通过数据副本进行修复，具有更高的可靠性。并且，云数据中心支持不同应用的运行，可动态伸缩原有规模，具有高通用性和高扩展性。

(3) 支持虚拟化。云计算通过网络为用户提供所需资源，用户在使用资源时并不知道自己使用的资源在哪个计算机集群上。

(4) 自治性。云计算系统通过专门的软件对其基础设施进行维护和管理，这些操作对于用户是透明的。

(5) 按需提供服务。云计算提供商根据用户付费的情况，按需提供所需的资源。

1.2 数据中心概述

1.2.1 数据中心的定义

数据中心[2]是一整套复杂的设施，它不仅包括计算机系统和与之配套的设备(例如通信和存储系统)，还包括冗余的数据通信链接、环境控制设备、监控设备以及各种安全装置。Google 在其发布的 *The Datacenter as a Computer* 一书中，将数据中心解释为“多功能的建筑物，能容纳多个服务器以及通信设备。这些设备被放置在一起是因为它们具有相同的对环境的要求以及物理安全上的需求，并且这样放置更便于维护”。

1.2.2 云数据中心的诞生

数据中心是信息服务的平台，对信息产业的发展起着重要的支撑作用。随着信息产业的蓬勃发展，各种应用对计算能力、存储能力的诉求越来越高，迫使数据中心规模不断扩大。数据中心正朝着拥有更多服务器和更大存储空间的方向发展。

随着互联网的不断普及，用户数量急剧增多，为支持更多数量的用户同时使用应用，数据中心的规模空前庞大。此外，用户对于服务质量的要求也有差异，为了满足不同用户的服务质量需求，数据中心必须具备更高的通用性，但是现有的大多数数据中心并不能从容地满足这些需求。加之，现有数据中心的资源利用模式也很低效，无论是服务提供商向互联网用户提供的资源租用方式，还是企业私有的只对内开放的资源使用方式，在每增加一个应用时，都需要数据中心为其独立分配一个系统，大量系统冗余造成了数据中心资源的浪费。数据中心过低的资源利用率也使其面临成本、能耗等方面的困扰。数据中心急需寻求新的方式使其脱离困境。

云计算的诞生，为数据中心带来了曙光。云计算的高可靠性、高通用性和高扩展性为数据中心实现大规模高可靠性演变提供了可能，其虚拟化和按需提供服务的特性也有利于数据中心实现高效的资源利用。正如相关研究中阐述的那样，云数据中心使用虚拟化技术构建动态虚拟资源池，采用虚拟资源管理技术实现资源的自动部署、动态扩展和按需分配[3]。正是由于云数据中心的这些特性，使其具有传统数据中心没有的灵活高效、高资源利用率的优势。图1-2给出了云数据中心的示意图。

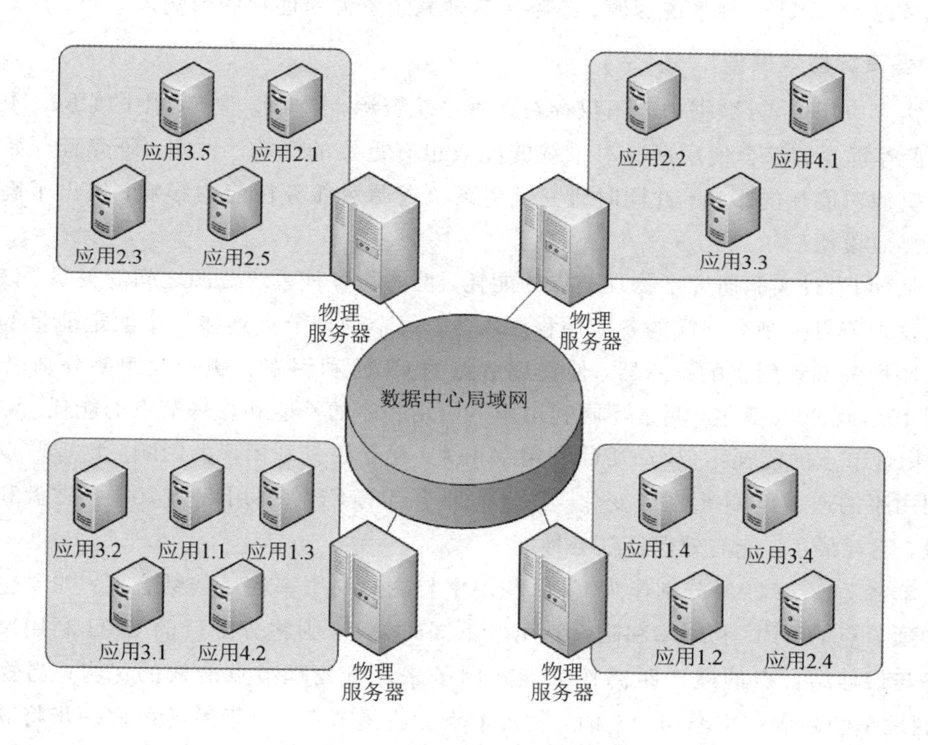

图1-2　云数据中心示意图

1.2.3　云数据中心的能耗和能效模型

在资源分配上，虽然技术的革新使云数据中心具有灵活高效、高资源利用率的潜能，但是实际的调度算法实现得并不理想，高能耗问题就是云数据中心资源管理面临的关键问题之一。

1. 基于CPU的能耗模型

一些研究者开始研究云数据中心资源利用率对能耗的影响，并提出了基于CPU的能耗模型。相关文献[4-7]研究表明，物理节点的能耗与CPU利用率线性正相关，即使服务器处于空闲状态时，也会消耗其处于最高负载时能耗的70%，其能耗模型如下：

$$P(u) = k \times P_{\max} + (1-k) \times P_{\max} \times u \tag{1.1}$$

$$E = \int_{t_0}^{t_1} P(u(t))\mathrm{d}t \tag{1.2}$$

其中，$P(u)$为物理节点的功耗；k 为物理节点闲置状态与满载状态的功耗的百分比(例如70%)；$P_{\max}$ 为物理节点为满载状态时的功耗，即 CPU 利用率为 100%时的功耗；u 为 CPU 利用率；E 为单个物理节点的总能耗。研究中，$P_{\max}$ 通常取常量(例如 250 W)，该常量在现有常用的服务器满载时测量获得。CPU 利用率随着负载的变化也可能发生变化，所以 CPU 利用率表示为时间的函数 $u(t)$。E 定义为功耗函数一段时间的积分。

基于 CPU 的能耗模型在一定程度上反映了云数据中心资源利用率对能耗的影响，但是它只考虑了 CPU 一种系统资源，忽略了其他系统资源对能耗的影响。

2. 多资源能效模型

在实际应用中，云数据中心不仅存在多种系统资源，同时物理节点中的 CPU、内存、带宽、磁盘等资源的综合使用情况对系统的能效也有重要的影响。为此，研究者开始研究多种系统资源对能耗的影响，并同时研究了多系统资源对任务性能的影响，提出了高能效的多资源能效模型。

文献[8]通过实验研究了物理节点的能耗、性能与各种系统资源之间的关系。该实验通过 4 个物理节点控制客户端的各应用程序服务，每个物理节点连接一个测定能量的功率计和一个监控资源利用率的跟踪器，使物理节点的 CPU 利用率和磁盘利用率分别以 10%的增量从 10%到 90%变化，测量不同利用率下应用程序的性能和物理节点的能耗。测量结果表明，物理节点的能耗不仅与 CPU 利用率相关，还受磁盘利用率的影响。物理节点的能耗随着利用率的递增呈 U 形曲线变化，且当物理节点的 CPU 利用率为 70%，磁盘利用率为 50%时，能耗最小，能有效保证任务性能。

本章将 70%与 50%分别作为 CPU 利用率与磁盘利用率的最佳结合点。如果虚拟机分配后物理节点的 CPU 利用率和磁盘利用率不同时为 0，则将分配后的 CPU 利用率和磁盘利用率与最佳结合点的欧氏距离作为能效因子来评价物理节点能效的优劣；当物理节点 CPU 利用率和磁盘利用率均为 0 时，物理节点为空闲节点，由于系统可进一步将其调整为节能或睡眠状态，因而将忽略物理节点对能效的影响，将能效因子设置为 0。使用所有物理节点的能效因子的总和评价此时刻系统整体能效的优劣，该能效因子越小，物理节点或系统能效越好。物理节点和系统的能效因子表示为

$$\delta_h = \begin{cases} 0 & u_h^{\text{cpu}} = 0,\ u_h^{\text{disk}} = 0 \\ \sqrt{(u_h^{\text{cpu}} - u_{\text{cpubest}})^2 - (ud_h^{\text{disk}} - u_{\text{diskbest}})^2} & \text{其他} \end{cases} \tag{1.3}$$

$$\delta = \sum_{h=1}^{n} \delta_h \tag{1.4}$$

式(1.3)中，u_h^{cpu}、u_h^{disk} 分别表示将虚拟机分配在物理节点后第 h 个物理节点上的 CPU 利用率和磁盘利用率，u_{cpubest}、u_{diskbest} 分别表示物理节点最佳的 CPU 利用率和磁盘利用率。δ_h 表示物理节点 h 的能效因子，当物理节点为非空闲节点时，δ_h 为 CPU 利用率和磁盘利用

率与最佳结合点的欧氏距离，当物理节点为空闲节点时，δ_h 为 0。式(1.4)中，n 表示非空闲物理节点的个数，δ 表示系统的能效因子，为所有物理节点能效因子的总和，即表示当前时刻系统与最佳状态的偏离程度。

该能效模型根据实际测量结果确定能效最优时 CPU 利用率和磁盘利用率的阈值，更贴近真实的云数据中心环境，对云数据中心的仿真有很大的参考价值。

1.3　虚拟化技术概述

虚拟化技术是实现云数据中心高效管理的关键技术。虚拟化技术并不是近几年出现的新型技术，它是随着计算机技术的发展而产生和发展的，在不同的阶段都发挥了作用。早期，为了实现在一个操作系统中同时处理多个任务，虚拟化技术应运而生，成为解决该问题的关键技术。后来，为了实现一台主机上同时使用多个操作系统，虚拟化技术进一步发展，出现了操作系统虚拟化技术。到 20 世纪 90 年代末，虚拟化技术用于 X86 主机环境下，为云计算的实现奠定了基础。

云计算中的虚拟化主要是指硬件层的虚拟化，结构如图 1-3 所示，通过虚拟机监控器(Virtual Machine Monitor，VMM)来创建并监测虚拟机，为虚拟机提供与物理硬件相同或者相似的硬件抽象。虚拟机中的操作系统感觉不到硬件差异，其行为与运行在真正的物理硬件上并无不同。常用的虚拟机有 VMware、Xen 和 KVM。

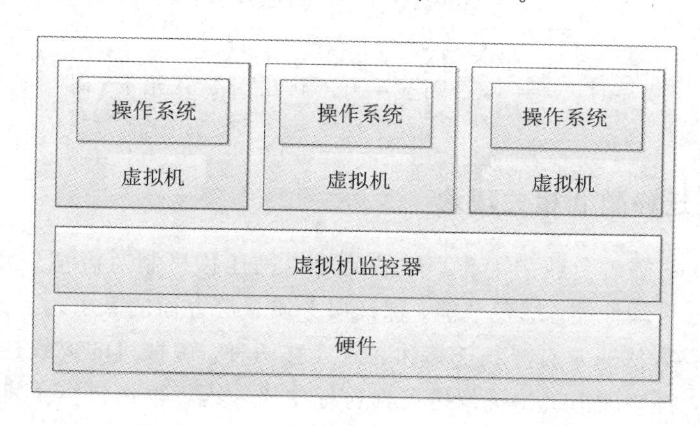

图 1-3　硬件层虚拟化结构图

虚拟化技术之所以能成为实现云计算的关键技术，是因为它具备了多实例性、隔离性、封装性等特点。虚拟化技术的多实例性，是指通过虚拟化技术可以在一个物理节点上运行多个虚拟机，而每个虚拟机可以运行一个独立的操作系统，使服务器能运行多个应用。虚拟化技术的隔离性体现在虚拟机之间的相互独立上，每个虚拟机都以为自己以独占方式使用物理节点上的资源，不会受到其他虚拟机的干扰，保证虚拟机上应用的质量。虚拟机将虚拟环境封装成一个实体，方便在服务器之间复制、迁移。虚拟化技术的这些特性，为云计算概念的实现提供了可能。

1.4 虚拟机调度相关理论

云数据中心主要使用虚拟机调度的方式来实现资源的合理分配，其中虚拟机的初始放置和虚拟机的迁移整合对于资源分配起着至关重要的作用。

1.4.1 虚拟机初始放置相关理论——装箱问题

虚拟机的初始放置问题可以看成多维装箱问题。装箱问题[9]需要将 m 个物品装入 n 个箱子中，箱子的大小一定(大小为 $c_i > 0$)，物品大小不一(大小为 $w_j > 0$)，目标是物品装入箱子后，每个箱子中所有物品的大小之和不超过箱子的大小，并且使用的箱子数量(用 z 表示)最少。通常，所有箱子具有相同的体积限制($c>0$)。假如以 y_i 表示第 i 个箱子是否装入了物品，以 x_{ij} 表示物品 j 是否放入箱子之中，则装箱问题的数学表示如下：

$$\min z(y) = \sum_{i=1}^{n} y_i \tag{1.5}$$

$$\text{s. t.} \sum_{j=1}^{m} w_j x_{ij} < c y_i \qquad i \in N = (1,2,\cdots,n) \tag{1.6}$$

$$\sum_{j=1}^{m} x_{ij} = 1 \qquad i \in N, j \in M = (1,2,\cdots,n) \tag{1.7}$$

$$y_i \in \{0,1\} \qquad i \in N \tag{1.8}$$

$$x_{ij} \in \{0,1\} \qquad i \in N,\ j \in M \tag{1.9}$$

当箱子 i 装入了物品时，$y_i = 1$，否则 $y_i = 0$。当物品 j 放入箱子 i 时，$x_{ij} = 1$，否则 $x_{ij} = 0$。

1.4.2 虚拟机迁移整合相关理论

在云数据中心，随着负载的变化，需借助虚拟机迁移机制对虚拟资源进行动态分配，以满足负载均衡、自动伸缩、绿色节能、保证服务质量等方面的需求。

虚拟机的迁移方法通常有离线迁移和在线迁移两种。虚拟机的离线迁移是指首先关闭要迁移的虚拟机，将该虚拟机的镜像拷贝到目标主机，然后再在目标主机上开启新拷贝的虚拟机。离线迁移操作简单，易于实现，但是关闭拷贝再重启的过程耗时过长，将显著影响虚拟机中任务的性能。在线迁移克服了离线迁移的缺陷，不再通过拷贝方式进行迁移，而是在目标主机上建立与迁移虚拟机相同配置的虚拟机，然后进行任务切换。这种方式的停机时间短，对应用程序的性能影响较小。本书在研究虚拟机的迁移时就是基于在线迁移方式进行的，排除了迁移时间对应用性能的影响。

1.5 虚拟机初始放置和整合问题中的常用算法简介

虚拟机的初始放置问题和迁移中的整合问题都可以看成是多维向量的装箱问题，装箱问题为NP-Hard问题[10]，目前解决装箱问题常用的算法多为基于贪心算法的启发式算法或其改进算法，包括首次适应算法(First Fit，FF)、最佳适应算法(Best Fit，BF)、降序首次适应算法(First Fit Descending，FFD)和降序最佳适应启发式算法(Best Fit Descending，BFD)等。

1. 首次适应算法

将物品装入箱子时，首先从第一个箱子开始查找，直到找到一个大小能满足要求的箱子，从该箱子中分配物品所需空间，余下的空间作为新箱子继续放置其他物品，此时物品放置成功。如果找不到能放置物品的箱子，则放置失败。

2. 最佳适应算法

将物品装入箱子时，在所有箱子中查找大于且最接近物品大小的箱子，然后再从该箱子中分配物品所需空间，余下的空间作为新箱子继续放置其他物品，此时物品放置成功。如果任何箱子都不能放置物品，则放置失败。

3. 降序首次适应算法

首先将箱子按照某种资源(如CPU等)的大小进行降序排序，然后按照首次适应算法查找合适的箱子。如果能找到合适的箱子，则放置物品，更新箱子大小，放置成功，否则放置失败。

4. 降序最佳适应启发式算法

在最佳适应算法的基础上进行改进，首先将箱子按照某种资源(如CPU等)的大小进行降序排序，然后依据最佳适应算法查找箱子。若找到合适的箱子，则放置物品并更新箱子的大小，放置成功，否则放置失败。

1.6 Spark框架

Spark大数据处理框架能够兼容Hadoop生态系统，在一定程度上可以取代MapReduce计算框架。Spark继承了MapReduce的诸多优势，也克服了MapReduce在迭代式、交互式和流式计算中的劣势。Spark大数据处理框架的核心RDD在并行计算过程中能够实现数据共享，使得Spark大数据处理框架适应于迭代式、交互式和流式计算。

1.6.1 Spark体系结构

Spark在部署上支持多种部署方式，不仅可以在单机上部署，而且可以以分布式的方式部署在集群上。单机上部署可以分为本地模式部署和伪分布式模式部署。在本地模式下部署，Spark启动若干线程进行并行计算。在伪分布式模式下部署，用户可以配置待要启动的虚拟节点的数量，以及虚拟节点的CPU和内存数量。在分布式模式下部署Spark，根据资源调度器的不同可以分为Standalone模式、Mesos模式和YARN模式[11]。

Spark在物理架构上分为Master节点和Worker节点两类。如图1-4所示，Spark以分布式模式部署。Master节点是集群的主要控制节点。Master守护进程承担管理集群中所有Worker节点的责任，且常驻Master节点。Master节点负责分配任务到集群的Worker节点上运行。Worker节点是集群的工作节点。Worker守护进程承担与Master节点通信以及管理Executor后端进程的责任，且常驻Worker节点。每个Executor后端进程管理一个Executor对象，而Executor对象拥有一个JVM线程池(线程池主要处理多个任务)。Driver进程实质上就是用户提交的Spark应用程序，该进程可以在集群中的任意节点上执行。Executor进程一次只能分配给一个Spark应用程序使用且不能被多个Spark应用程序共享。

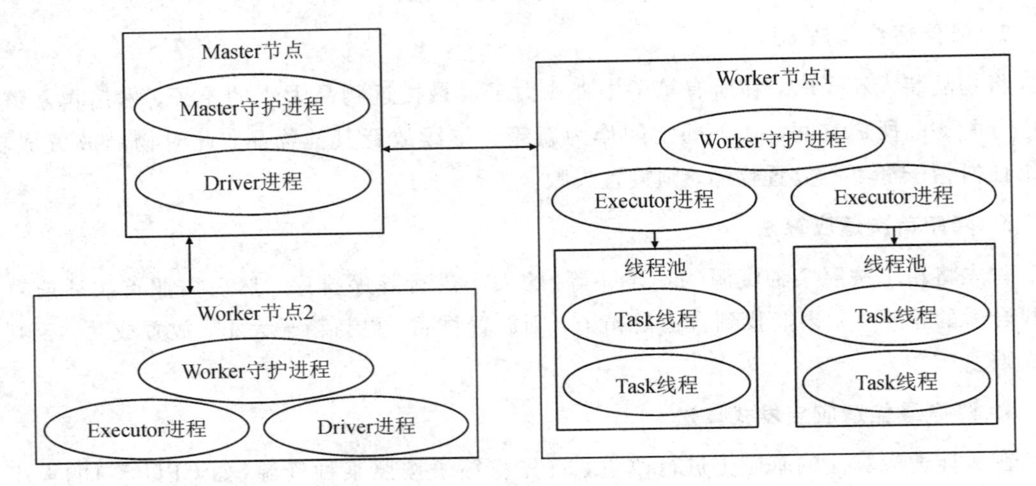

图1-4 Spark分布式部署图

1.6.2 Spark RDD

1. RDD定义

RDD[12]全称为弹性分布式数据集。首先，RDD是对存储在内存中数据的抽象表示，也就是数据集；其次，数据以分布式方式存储在Spark集群中的多个节点的内存中，因此RDD有分区(Partition)的属性，详见对RDD分区的介绍；再次，由于RDD是只读的数据集，计算数据的过程表现为RDD的转换，可以说对数据的所有计算都可以归结为对RDD的操作(创建RDD、转化已有的RDD、对RDD计算求值)。Spark只有第一次遇到计算求值时，才会真正地计算RDD。这样的方式称之为惰性计算，其增加了RDD的容错性。当存在丢失的RDD或出错的RDD时，Spark可以通过RDD的继承关系随时生成需要的RDD，这也是RDD具有弹性特点的体现。同时，Spark记录的是转换过程而不是RDD中的数据，这种方式也大大降低了Spark的存储负担。由于RDD支持持久化，所以在Spark编程中可以显式地将RDD按照存储级别(Storage Level)持久化在内存或磁盘中。

RDD支持两大类操作[12]：转化操作(Transformation)和行动操作(Action)。这两类操作最大的区别在于转化操作的结果还是RDD，而行动操作的结果是RDD的计算值。Spark每遇到一个行动操作将产生一个作业。RDD使Spark计算框架适合于迭代操作，能显著减少磁盘和网络的开销提升性能。

2. RDD 分区

RDD 是分布式的数据集，因此具有分区的属性。RDD 的分区数决定了将会有多少个任务来处理数据。RDD 的转化操作实际上就是一个任务在一个 RDD 分区里单独完成的。用户可以指定 RDD 的分区数，即可以决定一个阶段内的任务数。若没有指定，Spark 使用默认值。

3. RDD 依赖关系

由于转化操作是将一个 RDD 转化为另一个新的 RDD，因此 RDD 具有流水线式的依赖关系。RDD 之间的依赖关系[11]可以分为窄依赖（Narrow Dependencies）和宽依赖（Wide Dependecies）两种。

如图 1－5 所示，窄依赖[11]是指每一个父 RDD 分区中的数据完全流向子 RDD 的一个分区。窄依赖的特点是每个子 RDD 的分区都依赖特定数量的父 RDD 的分区。因此，这些子分区可以通过一个任务计算得出。因为每个分区的数据是相互独立的，所以计算任务可以并行执行。窄依赖关系不需要对数据进行 Shuffle 操作，因此对 RDD 的容错性更加有效。当一个 RDD 出现错误时，Spark 只需按照继承关系重新计算此 RDD 即可。

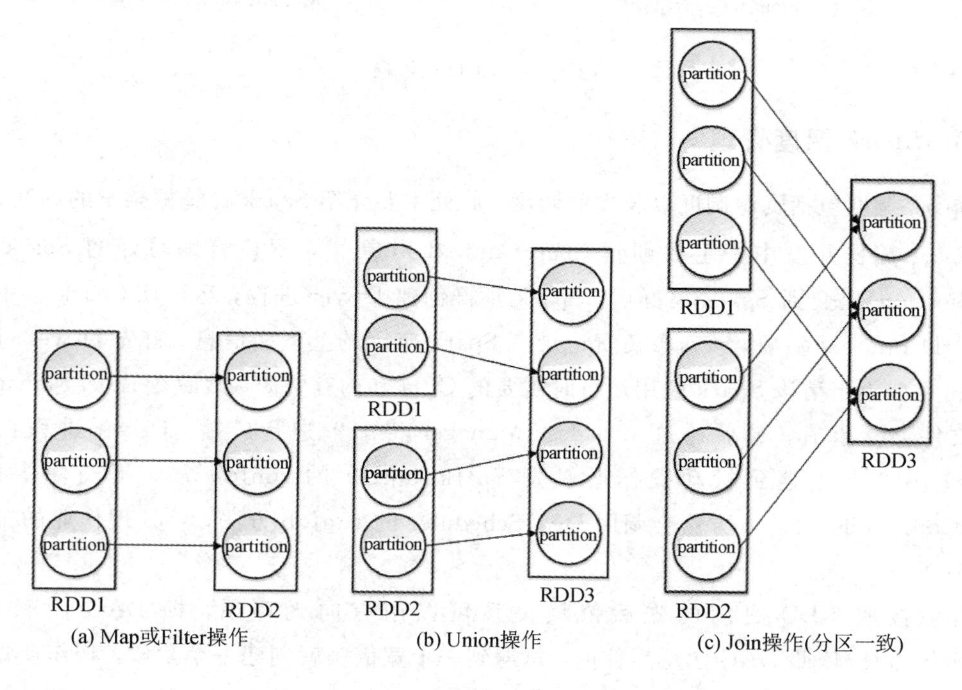

图 1－5　RDD 窄依赖

如图 1－6 所示，宽依赖[11]是指父 RDD 分区中的数据会分流到多个子 RDD 分区中。子 RDD 分区数据在宽依赖中不可以通过一个任务来计算完成，需要 Spark Shuffle 过程将父 RDD 中所有分区数据进行混洗计算后得到。因此，宽依赖是 Spark 划分阶段的分界线，当遇到宽依赖就产生一个阶段，而每个阶段内部 RDD 都是窄依赖关系。一个阶段内的任务数由本阶段内最后一个 RDD 的分区数确定。对于宽依赖，RDD 的容错稍微复杂一些。当子 RDD 中的数据出错时，需要重新计算父 RDD 中多个分区来得到子 RDD。

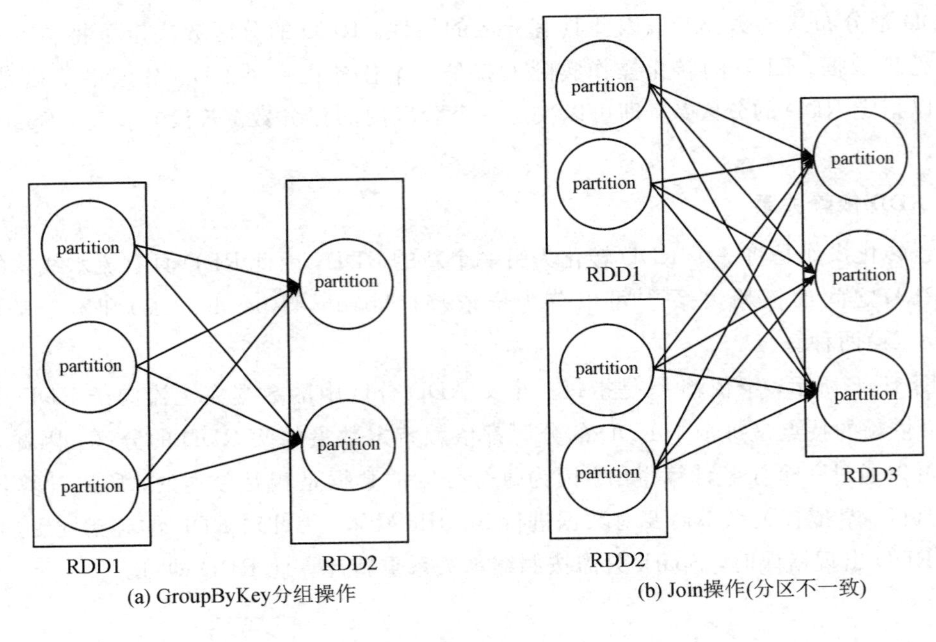

图 1-6 RDD 宽依赖

1.6.3 Spark 调度管理

Spark 调度包括资源调度以及作业调度。此处主要介绍 Spark 计算框架下的调度方式。

Spark 编程开发中一定要创建 SparkContext 对象[13]，用户将编写好的 Spark 应用(Application)提交到 Spark 集群后，Spark 集群创建 Driver 进程，运行该 Spark 应用并创建 SparkCountext 对象，该对象负责记录该 Spark 应用的上下文信息。首先 Driver 进程向 Master 主节点申请该 Spark 应用运行时需要的 CPU 和内存资源，然后在 BlockManager 中管理文件存储事宜，最后通过 BroadcastManager 将配置进行广播。Driver 进程在运行 Spark 应用时，当遇到行动操作会触发 SparkContext 的 runJob 方法提交一个作业。SparkContext 的 runJob 方法会调用 DAGScheduler 的 runJob 方法，将处理作业的工作交给 DAGScheduler。

作业按照 RDD 之间的先后依赖关系可以用有向无环图，即 DAG 图来表示。DAGScheduler 依照 DAG 图从后往前，每遇到一个宽依赖就创建一个阶段，将作业划分为多个有相互依赖关系的阶段。DAGScheduler 调用 submitStage 方法将所有没有依赖的阶段都先提交，有依赖的阶段都放到 waitingStages 集合中。当这几个没有依赖的阶段执行完后，将回调 submitMissingTasks 函数，从 waitingStages 集合中取出能执行的阶段来处理。以上可得，DAGScheduler 将创建好的阶段依照 DAG 图从前往后提交。DAGScheduler 的 submitMissingTasks 方法会向 TaskScheduler 提交任务。具体做法[14]为：首先

DAGScheduler 根据阶段最后一个 RDD 的分区数创建 task 对象，然后将多个 task 对象封装成 taskSet 对象，最后调用 TaskScheduler 对象的 submitTasks 方法提交 taskSet。

在创建 SparkContext 时，TaskScheduler 和 DAGScheduler 对象均已实例化[14]。实际上，TaskScheduler 本身是一个不能实例化的接口类，而实例化的是其唯一实现类 TaskSchedulerImpl。因此 Local、Standalone 和 Mesos 部署模式的 TaskScheduler 就是 TaskSchedulerImpl，而 YARNCluster 和 YARNClient 部署模式的 TaskScheduler 的实现类也继承自 TaskSchedulerImpl。

TaskschedulerImpl 创建时就确定了 SchedulableBuilder 对象和 SchedulerBackend 对象[14]。作为资源管理器的 SchedulerBackend 对象通过其 makeOffers 方法可以得到当前可用的 Executor 集合。SchedulableBuilder 是有 FIFO 和 FAIR 两种具体实现的调度器。首先 TaskSchedulerImpl 对象的 submitTasks 方法将 taskSet 对象封装为 TaskSetManager 对象，然后根据调度器不同的实现方法确定 TaskSetManager 的调度顺序，最后由 TaskSetManager 采用就近原则调度任务到 Executor 进程上运行。task 经过序列化后发送到 Worker 节点上由 Executor 进程进行处理。Executor 处理任务结束后，会将结果上报给 Driver。DAGScheduler 将会按照阶段的依赖关系提交下一个阶段，直到运行完所有阶段。一个 Spark 应用可能包含不止一个作业(遇到 Action 操作产生一个作业)。当 Spark 应用包含多个作业时，可以根据其编写方式进行并行执行或者串行执行。Spark 应用的作业调度流程可以用图 1-7 表示。

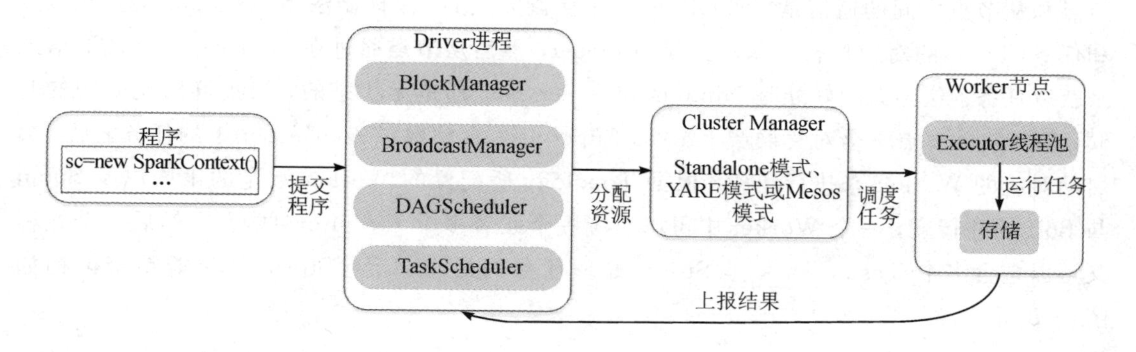

图 1-7　作业调度流程

Spark 资源调度采用 SpreadOut 和非 SpreadOut 两种分配策略来解决 Executor 的分配问题，而且 Driver 进程开始运行时就确定了 Executor 的创建方式。SpreadOut 分配策略采用轮询每个 Worker 节点的方式，在每个 Worker 节点上均创建 Executor。非 SpreadOut 策略则尽可能地用一个 Worker 节点资源创建 Executor，只有当前节点资源耗尽后才会选择下一个 Worker 节点进行创建。SpreadOut 分配策略能够充分利用集群资源，满足均衡性和并行度的要求。反之，采用非 SpreadOut 分配策略使 Executor 集中在一个节点上，容易造成节点负载过大，从而降低效率。本文提出的能耗感知调度算法均基于 SpreadOut 分配策略，通过修改 TaskScheduler 中的调度方式完成任务调度。

1.7 Storm 框架

1.7.1 Storm 特点

作为一个开源的、免费的分布式实时计算框架，Storm 支持各类编程语言。Storm 有着众多的使用场景，比如数据的实时分析、分布式 RPC、联机学习、ETL、持续计算等。Storm 的特点也很鲜明，使用 Storm 编程非常简单，我们只用关心应用逻辑即可。Storm 还具有高性能、低延迟的特性，这也使得 Storm 可以应用于实时推荐这种对于实时性要求比较高的场景。其次，Storm 还具有很强的扩展性，我们只要添加或者删除节点就能实现对于 Storm 的扩展。在健壮性方面，Storm 也有着不错的表现，轮流启动工作节点不会对 Storm 任务处理产生影响。Storm 还提供了 ACK 确认机制来保证数据的可靠性。

1.7.2 Storm 组成

Storm 集群有两种节点，主节点(Nimbus)和从节点(Supervisor)，主节点只能有一个而从节点可以有多个[15]。Nimbus 是 Storm 的核心，肩负着任务的调度和分配工作，提交任务以及启动监控页面都是在 Nimbus 上完成的。Supervisor 负责处理 Nimbus 分配的任务，当监听到 Nimbus 分配的任务之后，它会去启动对应的进程(Worker)来执行任务。主节点和从节点之间的通信是靠 ZooKeeper 来协调完成的，具体做法是：Nimbus 会把从节点和任务(Task)的对应执行关系写到 ZooKeeper，然后从节点通过在 ZooKeeper 上读取信息来获取任务。这样做的好处是 Nimbus 和 Supervisor 都是无状态的，当集群出现问题的时候，重新启动节点不会对集群产生影响。Supervisor 在领取了 ZooKeeper 上的任务之后，会启动对应的 Worker 来执行任务。根据 Topology 所配置的 Worker 数量的不同以及 Spout 与 Bolt 的并行度，一个 Worker 中可以对应一个或者多个 Executor(线程)，然后一个线程又可以包含多个 Task。Task 是 Storm 处理任务的最小单元。Storm 的集群系统架构如图1-8 所示。

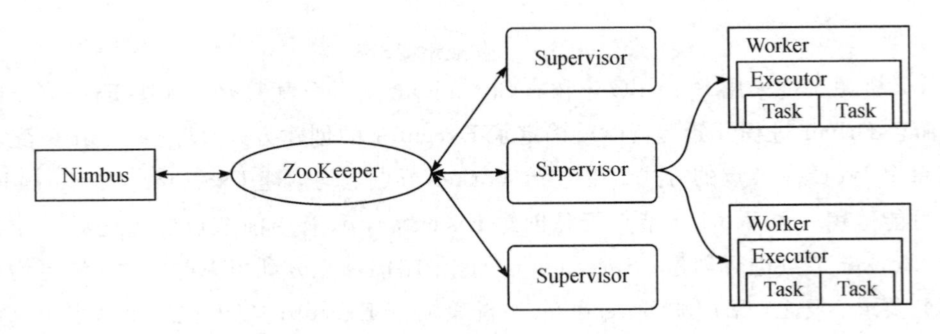

图 1-8　Storm 架构图

1. Nimbus

Nimbus 是 Storm 的核心，相当于集群中的全局指挥官。Nimbus 通过 Thrift 监听和接收客户端提交的任务，把任务代码拷贝到本地目录下。同时它会为客户端提交的任务计算如何分配任务。首先统计当前集群中 Worker 的使用情况，然后计算任务 Topology 里的 Spout/Bolt 的 Task 应当如何分配到 Worker 上，计算之后把分配的结果写到 ZooKeeper 上。还是通过 Thrift 接口，持续监听从节点对于 Topology 任务代码的下载请求，提供下载。在 Nimbus 上，用户可以提交任务、撤销任务、激活任务、暂停任务以及重新调度任务。但由于 Nimbus 是单节点的，也就是说 Nimbus 只能在一个机器节点上运行，因此一旦 Nimbus"挂掉"，后续就不能提交任务到集群处理。

2. Supervisor

Supervisor 在 Storm 集群中充当着资源管理者的角色，它会按照需求来启动对应的 Worker(进程)。Supervisor 会定时去 ZooKeeper 上检查是否有新的 Topology 的代码没有下载到当前节点，同时还会定期删除旧任务的代码。在 Nimbus 分发任务之后，在对应节点上去启动 Worker，然后对这些 Worker 进行监控，当发现有 Worker 的状态不正常时，会"杀死"该进程然后重启，在超过了一定的次数之后就把分配给该 Worker 的任务返还给主节点，让主节点重新分配任务。如果有进程因为某些原因退出了，则马上重启该节点，集群不会受到影响。

3. ZooKeeper

ZooKeeper 是一个开源的、分布式的应用程序协调服务组件，它在集群中充当着管理者的身份，监控整个集群里面的所有节点的信息，然后根据节点的反馈安排下一步的动作[16]。在 ZooKeeper 集群中，某一个时刻只能有一个领导者(Leader)，除此之外都是跟随者(Follower)。ZooKeeper 是 Storm 重度依赖的组件，因为 Supervisor 和 Nimbus 都是无状态的，它们把状态信息写入 ZooKeeper，通过 ZooKeeper 进行通信。

4. Work、Executor 和 Task

在集群中，Nimbus 的任务主要是任务调度，而 Supervisor 则主要是启动对应的 Worker 来执行任务[17]。在 Storm 中，Worker 就是进程，Nimbus 和 Supervisor 主要完成调度、任务分配和管理 Worker 的状态，Worker 完成 Topology 中定义的具体业务逻辑。在 Worker 中可以包含一个或者多个 Executor，然后一个 Executor 可以同时处理一个或者多个任务(Task)。Task 是 Storm 中最小的处理单元，它里面包含了 Bolt 和 Spout 实际处理的内容，同时 Task 还是每个节点划分分组的单位。每个 Worker 只能处理一个 Topology 任务，不能把多个 Topology 任务分到同一个 Worker 上处理。在默认的情况下，一个 Executor 对应着一个 Task，如果要提高 Executor 对应的 Task 数量，则需要在提交 Topology 的代码中用 setNumTask 来指定。Worker、Executor、Task 三者之间的对应关系如图 1-9 所示。在 Worker 中，线程之间是通过 Disruptor 来实现通信的，对于 Worker 来说，它们之间使用 IContext 接口的具体实现来通信，具体可以是 Netty 或者 ZMQ，默认是采用 Netty。每个 Worker 在数据传入之前，都会和一个 Socket 端口进行绑定，这个端口会成为 Socket 的服务器端并永远监听运行。当有 Topology 提交时，在一个 Worker 上，如果该 Worker 上存在需要对外通信的 Task，那么就找到该 Task 所在的 Worker 地址以及对外通信的 Worker 地址，两个 Worker 之间建立 Socket 连接，这个时候 Task 所在 Worker 的 Socket 作为客户端[18-20]。

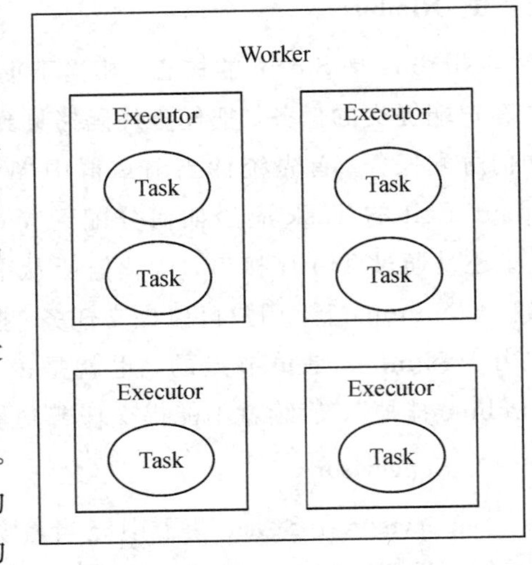

图 1-9　Work、Executor 和 Task 的关系图

在线程之间的通信是通过 Disruptor 来实现的。Receive Thread 会调用一个叫作 transfer-local-fn 的方法来把所有的 Executor 需要的数据存入相应的 receive-queue-map 里面，之后 Executor 会从 receive-queue-map 中获取所需数据。在 Executor 发送数据的时候，分为接收方在同一 Worker 上和不在同一 Worker 上两种情况。如果不在同一 Worker 上，那么 Kryo TupleSerializer 会先把数据序列化，之后通过 Disruptor 把数据放在对外的 transfer-queue 里，然后会有对应的线程来执行数据的发送任务。假如 Executor 发送数据的接收方在同一个 Worker 上，那么就可以省去数据序列化的步骤，直接调用 Disruptor 上的 publish 方法把发送的 Executor 放到接收方的 Executor 所对应的队列里面[21]。

1.7.3　Storm 计算框架

在 Storm 流式计算框架中，比较常见到的术语包括 Spout、Bolt、Stream、Stream Grouping、Topology。一个 Topology 就是用户提交的一个有向无环图[22-23]，如图 1-10 所示，其功能是在 Storm 各组件之间传递元组(Tuple)。组件 Spout 在 Storm 框架中扮演的角色是数据源，它的主要工作是读取数据和传输 Tuple 到 Bolt 上做下一步的处理。Bolt 是拓扑任务真正的逻辑处理组件，在组件 Bolt 上能实现各种操作，比如数据的过滤、聚合以及对数据库的操作等。为了保证数据的可靠性，Storm 使用了 ACK 确认机制，当由 Spout 传输到 Bolt 的数据 Tuple 丢失时，Spout 会重传数据到该 Bolt。在 Storm 中，每个拓扑任务都有且仅有一个 Spout，但是可以拥有多个 Bolt，组件 Spout 与组件 Bolt 共同形成了一个有向无环图的拓扑任务，其中上一个组件会把计算的结果以 Tuple 流的形式传输给下一组件。各组件之间传递的内容都是 Tuple，Tuple 实质上是一个 key 与 value 的键值对，这些 Tuple 组成了 Storm 的数据流。在图 1-10 中，Spout 组件在数据流分组之后会把数据分发到组件 Bolt A 上，然后 Bolt A 再将数据流分组分发到组件 Bolt B 上。Storm 把由 Spout 和 Bolt 组合成的网络抽象为 Topology，Topology 可以被当作流转换图，当 Spout 或 Bolt 传输 Tuple 时，它会将 Tuple 传输到订阅了此 Stream 流的 Bolt 上处理。Topology 上的处理组件(Spout、Bolt)都有自己的处理逻辑，Spout 和 Bolt 间的连接表示了数据流 Stream 流动的方向。每个组件的并行度都可以在 Topology 中自行定义，提交 Topology 之后 Storm 会分配对应数量的线程来执行。

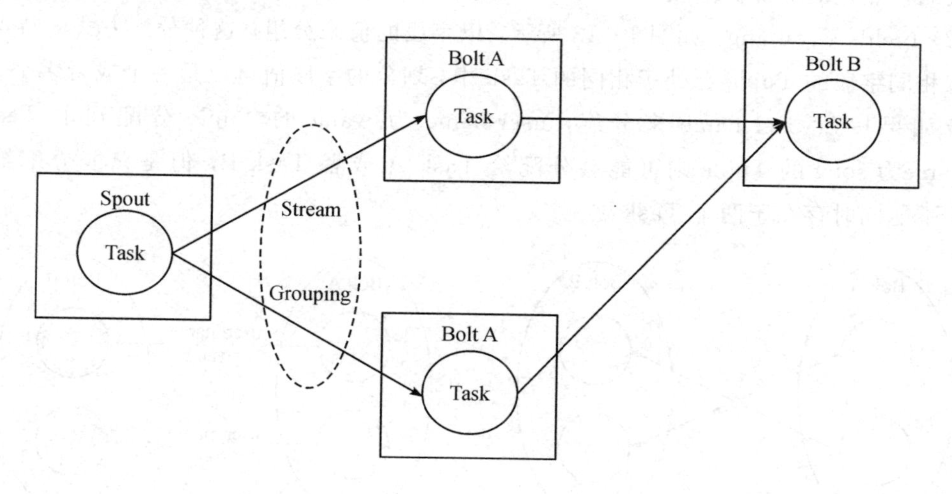

图 1-10　Topology 示意图

Topology 任务可以提交到集群中进行处理，提交过程如图 1-11 所示。在客户端提交了拓扑任务之后，Nimbus 会对该 Topology 进行任务分配，之后会把分配的结果写入 ZooKeeper。Supervisor 会去 ZooKeeper 上获取任务，在领到任务之后 Supervisor 从 Nimbus 上下载对应的 Topology 代码，然后启动对应的 Worker 去执行任务，Supervisor 还会定时向 ZooKeeper 上报心跳信息[24]。

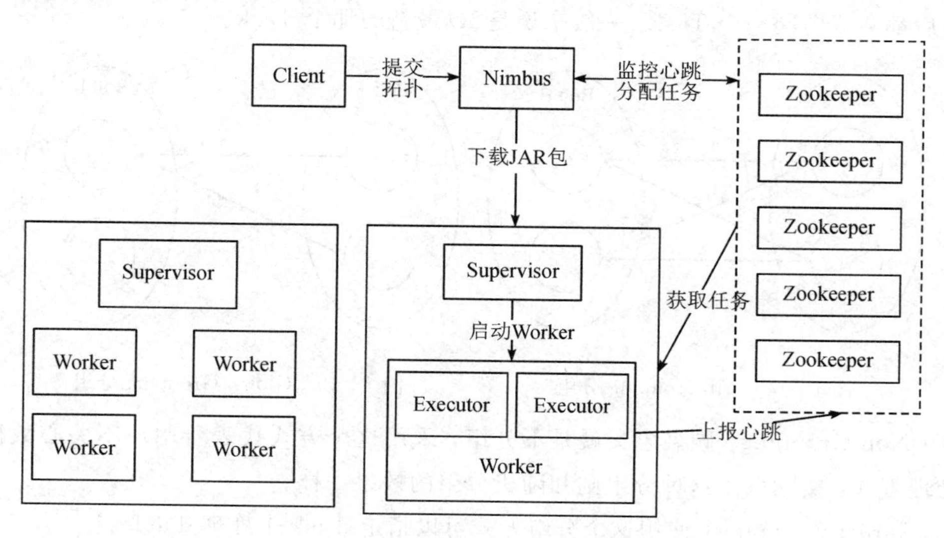

图 1-11　Topology 任务提交图

Storm 的 Stream Groupings 用来通知 Topology 怎么在不同的组件之间(可以是 Spout 和 Bolt,也可以是 Bolt 和 Bolt)发射 Tuple。每个组件都可能有多个分布式任务，每个任务以怎样的方式，在什么时候发射 Tuple 都是根据 Stream Groupings 来确定的[25-26]。目前来说，Storm 中的消息分组策略主要有以下几种方式：

(1) Shuffle Grouping：如图 1-12 所示，以随机的方式分配 Task 里面的数据，这种分配方式的特点是能够确保同级别的 Bolt 上任意的 Task 执行的 Tuple 数量基本相同。

(2) Fields Grouping：如图 1-13 所示，以字段的值来分组，这种分配方式的特点是确保拥有相同字段的 Tuple 会处于相同的 Task 中，划分的字段值可以是一个或者多个。例如数据流如果按照 user-name 来分组，user-name 为 wang 的 Tuple 分配到了 Task A，user-name为 song 的 Tuple 则可能会分配给 Task A 或者 Task B，但是只能分配给一个 Task，不能同时存在于两个 Task 之上。

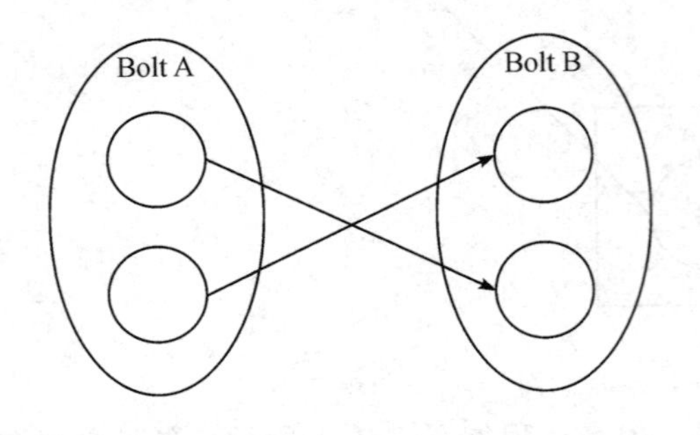

图 1-12 Shuffle Grouping 分组

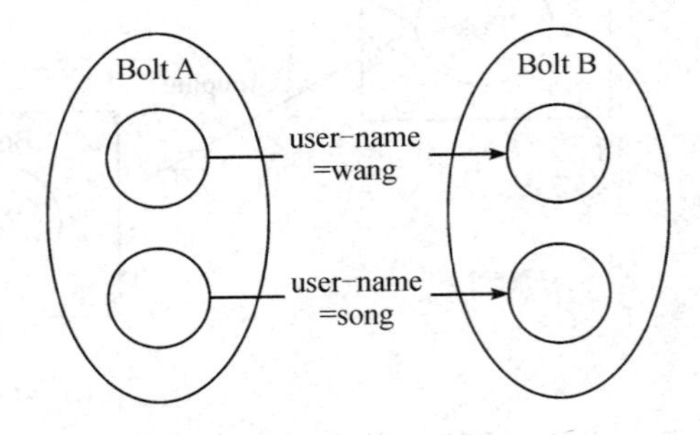

图 1-13 Fields Grouping 分组

(3) All Grouping：如图 1-14 所示，采用这种分组方式会把所有的 Tuple 分配到所有的 Task 上，确保了每个 Task 上都有上一级 Bolt 上所有的 Task 发射过来的数据。

(4) Global Grouping：也就是全局分组，如图 1-15 所示，这样的分组特点是所有的数据流最后都会流向同一个 Task，一般来说是 ID 最新的那个 Task。

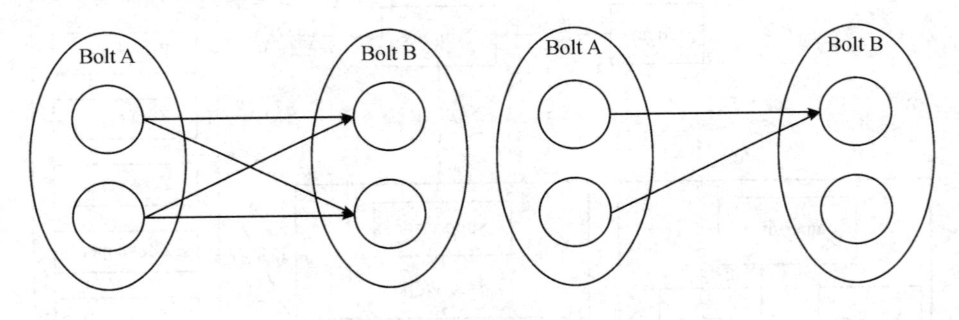

图 1-14 All Grouping 分组　　图 1-15 Global Grouping 分组

(5) Non Grouping：顾名思义就是不分组，采用这个方式代表着用户不关心数据流的分组处理方式，实际采用这种分组则和随机分组的效果一样。

(6) Direct Grouping：使用这个分组方式可以指定 Task 来处理 Tuple。

1.7.4 Storm 调度器

作为 Storm 框架中十分重要的一环，调度器直接决定了 Topology 在集群中的分配方式，进而决定集群中处理数据的吞吐量、时延、能耗等指标。高效的调度器可以根据任务类型和需求的不同来作自适应调整，反之不好的调度方式会大大影响集群的性能，也会降低用户的体验好感度。Storm常用的调度器有以下几个[27-28]：

(1) EventScheduler，这个调度器会把集群中的资源采用轮询的方式大致平均的分给提交的Topology。

(2) DefaultScheduler，此调度器大体上与EventScheduler的分配方式一致，但是会多一个先释放和收集其他拓扑任务不需要的资源的步骤，然后再分配任务。

(3) IsolationScheduler，在这个调度器中，用户可以自己定义某个Topology的节点资源，在分配任务的时候，会优先把这些节点上的资源分配给该拓扑任务。

除了以上常用的几个调度器以外，Storm还支持调度器的扩展，用户可以自定义调度器来实现特殊的需求。这个功能需要用户实现IScheduler[29-30]这个接口，该接口有两个参数，一个是用户提交的Topology信息，另外一个是当前集群cluster的状态。具体接口如图1-16所示。

```
public interface IScheduler {
//执行调度之前的初始化，获取Nimbus的配置信息conf，也可以在Topology中加入相关描述；
void prepare(Map conf);
//提交到集群中的所有拓扑任务信息topologies以及当前集群的状态信息cluster；
void schedule(Topologies topologies, Cluster cluster);
}
```

图1-16　IScheduler接口

在Storm中，默认的调度器的名字叫作DefaultScheduler，该调度器调度任务的流程[31-32]描述如下：

(1) 获取待分配任务Topology集合，根据cluster的needsSchedulingTopology方法来得到，返回结果为Topology集合。

(2) 获取集群中所有可用的Slot卡槽，根据cluster的getAvailableSlots方法，返回的结果为<node,port>的形式，把结果存入到available-slots集合中。

(3) 把Topology里面的ExecutorDetails集合信息替换为<start-task-id,end-task-id>的形式存入all-executors。

(4) 使用get-alive-assigned-node+port->executors方法来得到此Topology现已经获取到的集群资源状态信息，返回结果形式为<node+port,executors>，然后存入到(alive-assigned)集合。

(5) 根据slots-can-reassign方法来判断alive-assigned的卡槽状态，返回的结果为可以重新分配的卡槽集合，然后把结果保存在can-resasign-slots这个变量之中。

(6) 根据拓扑任务提交之前配置的Worker数量和当前集群中可以使用Slot数量加上能够释放的Slot数量之和进行比较，取两者之间的较小值赋值给当前拓扑任务所有能够使用的Slot数，即total-slots-to-use。

(7) 根据上一步获取的total-slots-to-use数量，比较total-slots-to-use数和已经分配的Slot数alive-assigned，如果前者大于后者，则需要使用bad-slots方法来计算所有可能被释放的Slot。

(8) 释放上一步中计算出带可以释放的 Slot，根据 cluster 的 freeSlots 方法来释放 Slot。

(9) 根据 EventScheduler 里面的 schedule-topologies-evenly 方法把集群中的资源近似均匀的分配给该 Topology。

参考文献

[1] 刘鹏. 云计算[M]. 北京：电子工业出版社，2011.

[2] KOZUCH M，SATYANARAYANAN M. Internet suspend/resume[C]//Mobile Computing Systems and Applications，2002. Proceedings Fourth IEEE Workshop on. IEEE，2002：40－46.

[3] 钱琼芬，李春林，张小庆，等. 云数据中心虚拟资源管理研究综述[J]. 计算机应用研究，2012，29(7)：2411－2415.

[4] KUSIC D，KEPHART J O，HANSON J E，et al. Power and performance management of virtualized computing environments via lookahead control[J]. Cluster computing，2009，12(1)：1－15.

[5] RAGHAVENDRA R，RANGANATHAN P，TALWAR V，et al. No power struggles：Coordinated multi-level power management for the data center[C]//ACM SIGARCH Computer Architecture News. ACM，2008，36(1)：48－59.

[6] VERMA A，AHUJA P，NEOGI A. pMapper：power and migration cost aware application placement in virtualized systems[M]. Middleware 2008. Springer Berlin，Heidelberg，2008：243－264.

[7] GANDHI A，HARCHOL-BALTER M，DAS R，et al. Optimal power allocation in server farms[C]//ACM SIGMETRICS Performance Evaluation Review. ACM，2009，37(1)：157－168.

[8] SRIKANTAIAH S，KANSAL A，ZHAO F. Energy aware consolidation for cloud computing[C]//Proceedings of the 2008 conference on Power aware computing and systems. USENIX Association，2008，10.

[9] JR COFFMAN E G，GAREY M R，JOHNSON D S. Approximation algorithms for bin packing：A survey[C]//Approximation algorithms for NP-hard problems. PWS Publishing Co.，1996：46－93.

[10] ZHU X，YOUNG D，WATSON B J，et al. 1000 islands：an integrated approach to resource management for virtualized data centers[J]. Cluster Computing，2009，12(1)：45－57.

[11] 夏俊鸾，刘旭辉，邵赛赛，等. Spark 大数据处理技术[M]. 北京：电子工业出版社，2015.

[12] KARU H，KONWINSKI A，等. Spark快速大数据分析[M]. 王道远，译. 北京：人民邮电出版社，2015.

[13] 张安站. Spark技术内幕：深入解析Spark内核架构设计与实现原理[M]. 北京：机械工业出版社，2015.

[14] 许鹏. Apache Spark源码剖析[M]. 北京：电子工业出版社，2015.

[15] REQUENO J I，MERSEGUER J，BERNARDI S，et al. Quantitative Analysis of Apache Storm Applications：The NewsAsset Case Study[J]. Information Systems Frontiers，2018：1－19.

[16] 陈天伟，彭凌西. 基于ZooKeeper的一种分布式系统架构设计与实现[J]. 通信技术，2018，1：16－20.

[17] LU L，YU J，BIAN C. A task migration strategy in big data stream computing with Storm[J]. Journal of Computer Research and Development，2018，55(1)：71－92.

[18] SON S，LEE S，GIL M S，et al. Locality Aware Traffic Distribution in Apache Storm for Energy Analytics Platform[C]//2018 IEEE International Conference on Big Data and Smart Computing (BigComp). Piscataway，NJ：IEEE，2018：721－724.

[19] CHO W，GIL M S，LEE S，et al. A Storm-Based Sampling System for Multi-source Stream Environment[C]//2018 IEEE International Conference on Big Data and Smart Computing (BigComp). Piscataway，NJ：IEEE，2018：503－506.

[20] CARDELLINI V，LO PRESTI F，NARDELLI M，et al. Optimal operator deployment and replication for elastic distributed data stream processing[J]. Concurrency and Computation：Practice and Experience，2018，30(9)：34－43.

[21] SUN D，YAN H，GAO S，et al. Performance Evaluation and Analysis of Multiple Scenarios of Big Data Stream Computing on Storm Platform[J]. KSII Transactions on Internet & Information Systems，2018，12(7)：2977－2997.

[22] BATYUK A，VOITYSHYN V. Apache storm based on topology for real-time processing of streaming data from social networks[C]// 2016 IEEE First International Conference on Data Stream Mining & Processing (DSMP). Piscataway，NJ：IEEE，2016：345－349.

[23] SUN D，YAN H，GAO S，et al. Rethinking elastic online scheduling of big data streaming applications over high-velocity continuous data streams[J]. The Journal of Supercomputing，2018，74(2)：615－636.

[24] SRINIVASA K G，SRINIVASA K G. Storm[J]. Network Data Analytics：A Hands-On Approach for Application Development，2018：109－123.

[25] NASIR M A U，MORALES G D F，GARCIA-SORIANO D，et al. The power of both choices：Practical load balancing for distributed stream processing engines[C]//2015 IEEE 31st International Conference on Data Engineering. Piscataway，NJ：

IEEE，2015：137 - 148.

[26] SHUKLA A，SIMMHAN Y. Model-driven scheduling for distributed stream processing systems[J]. Journal of Parallel and Distributed Computing，2018，117：98 - 114.

[27] LIANG L，JIONG Y，CHEN B，et al. A Task Migration Strategy in Big Data Stream Computing with Storm[J]. Journal of Computer Research & Development，2018，55(1)：71 - 92.

[28] 简琤峰，卢涛，张美玉. Storm启发式均衡图划分调度优化方法[J]. 小型微型计算机系统，2018，39(11)：188 - 194.

[29] 严健康，陈更生. 基于CPU/GPU异构资源协同调度的改进 H-Storm 平台[J]. 计算机工程，2018，4：1 - 5.

[30] CHEN Y R，LEE C R. G-Storm：A GPU-Aware Storm Scheduler[C]//2016 IEEE 14th Intl Conf on Dependable，Autonomic and Secure Computing，Intl Conf on Pervasive Intelligence and Computing，Intl Conf on Big Data Intelligence and Computing and Cyber Science and Technology Congress. Piscataway，NJ：IEEE，2016：738 - 745.

[31] XIONG A P，WANG X W，ZOU Y. Scheduling algorithm based on Storm topology hot-edge[J]. Computer Engineering，2017，43(1)：37 - 42.

[32] 冯馨锐，谢彬，唐鹏，等. Storm集群下基于性能感知的负载均衡策略[J]. 计算机系统应用，2018，27(12)：181 - 186.

第2章　能耗和SLA感知模型

高能效的云资源管理不仅仅要设计到降低能耗的模型和虚拟资源的整合算法，而且需要考虑用户的满意度。然而这两者之间是有矛盾的，如何在有服务质量限定的条件下提高能效就显得格外重要。在服务等级协议中，服务质量用一系列的标准去衡量，如响应时间、吞吐量、成本、可靠性等[1]。如果以上的任何一个不符合，那么毫无疑问都会造成SLA冲突。

SLA冲突和能耗是云数据中心用来评估资源管理的两大主要度量，而最小化SLA冲突和能耗是虚拟资源管理的重要目标。为了降低能耗，许多研究都集中于SLA限制下的资源整合[2]，也有部分研究关注负载评估以及主机过载探测，以避免发生SLA冲突[3]。然而上述研究均未能将SLA限制问题和能耗问题有效融合，一个合理的能耗感知模型需要将这两个因素简化成为单一目标优化问题。

2.1　能耗模型

在云数据中心，整个系统大约有60%的能耗都是由数据节点引起的[3-4]。很多算法都是基于CPU的能耗模型，比如文献[5]～[13]。多数研究者相信物理节点的能耗模型与CPU利用率呈线性关系。物理节点的能耗由CPU、磁盘、内存和网络所构成。然而，内存、磁盘以及网络的能耗相对于整体而言非常小。Buyya等对各种资源对于能耗的影响进行了探究，提出了基于CPU、内存、磁盘、网络的能耗模型：

$$E = 14.5 + 0.2U_{\text{CPU}} + (4.5\text{e}^{-8})U_{\text{mem}} + 0.003U_{\text{disk}} + (3.1\text{e}^{-8})U_{\text{net}} \tag{2.1}$$

其中，E表示物理节点的能耗，U_{CPU}表示CPU利用率，U_{mem}表示内存利用率，U_{disk}表示磁盘利用率，U_{net}表示网络利用率。该能耗模型中各个参数精确度较高，能较为准确地计算出节点能耗。由式(2.1)可以得出内存和网络对于节点的能耗影响较小，因此通常忽略它们，只保留CPU和磁盘利用率参数。

然而，这些能耗模型并没有考虑到云数据中心的能效改进。Srikantaiah等人[14-15]研究了资源利用率和能耗之间的相互关系，发现在云数据中心中存在一个最优的能效平衡点。根据他们的研究成果，我们设计出了一种基于资源欧氏距离的能耗模型。

欧氏距离δ_h被定义为云数据中心里一个活动的物理节点的能耗：

$$\delta_h = \sqrt{\sum_{j=1}^{d}(u_j - \text{ubest}_j)^2} \tag{2.2}$$

其中，j表示不同的资源种类，如CPU、内存、磁盘和网络；ubest_j以及u_j分别代表了资源

j 的当前利用率和最佳利用率。

在时间 t 上所有的物理节点的欧氏距离表示为

$$\delta^t = \sum_{h=1}^{H} \delta_h \tag{2.3}$$

其中，H 表示云数据中心物理节点的个数。

在一定运行时间段 T 内，整体的能耗如下式：

$$\delta = \sum_{t=0}^{T} \delta^t \tag{2.4}$$

2.3 用户满意度感知模型

在这一部分，设计出了一种基于用户满意度(CSL)的 QoS 模型。尽管有各种各样的 QoS 参数，用户满意度仍然可以使用合成的 QoS 进行衡量。在这个模型上，用户满意度函数描述了在一个特殊的 QoS 参数和相关的用户满意度之间的欧氏距离。

本研究当中主要使用到了三种参数，即响应时间、成本以及吞吐量。也就是说违反了上述三者中的任何一个，都算作是 SLA 冲突。

首先定义 $d(q_k, r_k)$ 作为系统供应和客户需求之间的欧氏距离，该距离表示一个应用的需求距离目标的远近。

欧氏距离 $d(q_k, r_k)$ 的定义为

$$d(q_k, r_k) = \begin{cases} \infty & c_k \neq 0 \cap (r_k - c_k) \geqslant 0 \\ 0 & c_k \neq 0 \cap (c_k - q_k) \leqslant 0 \\ \dfrac{r_k}{c_k} & \text{其他} \end{cases} \tag{2.5}$$

其中，r_k 和 q_k 分别表示的是参数 k 的客户冲突次数值和成功次数值。函数 $d(q_k, r_k)$ 表示的是冲突率，即冲突次数所占的百分比。c 表示总的次数，即参数 r 与 q 的代数和。如果 $c=0$，意味着请求不许完全执行来满足用户满意度(CSL)。若 $c \neq 0$，并且 $r_k > c_k$ 的情况下，欧氏距离是无穷的。如果 $c \neq 0$，并且 $c_k < q_k$，那么欧氏距离为 0。

然后，CSL_k 的定义为

$$\text{CSL}_\text{k} = \begin{cases} 0 & d(q_k, r_k) = 1 \\ 1 & d(q_k, r_k) = 0 \\ f(d(q_k, r_k)) & \text{其他} \end{cases} \tag{2.6}$$

CSL_k 在[0, 1]之间，如果欧氏距离是无限的，则用户满意度为 0。假若欧氏距离是 0，那么用户满意度就变成 1。在其他情况下，CSL_k 的值由满意度函数 $f(d(q_k, r_k))$ 决定。

多个标准的 CSL 值被整合成为一个处于 0 到 1 之间的分数值。基于 CSL 的 QoS 模型的数学表达式为

$$\text{CSL} = \sum_{j=1}^{n} \mu_j \times \text{CSL}_j \tag{2.7}$$

其中，$\sum_{j=1}^{n} \mu_j = 1$，n 表示 CSL 参数的个数值，CSL_j 和 μ_j 分别代表参数 j 的用户满意度以及权值。

2.4　能耗和 SLA 权衡的能效模型

传统的研究主要以追求单一目标为主。目前大部分研究都集中在降低能耗上面，然而这不可避免地忽视了服务质量，对用户满意度造成了严重影响。对于提高用户满意度，通常的做法就是提供过量的资源供应去满足最差条件下的需求，从而满足 SLA 的限制[16]。但是这显然又会耗费大量的能量而且会降低云数据中心的能效。近年来有部分研究提出了要在性能和能耗之间进行折中的解决方案[17-18]。这些研究利用了有效的节能机制，同时从一个用户的角度保证了性能的需求。Wirtz 等人以比率的方式定义了能耗性能度量。他们测量了在一定数据量背景下随着处理机的增加性能的表现情况。同时他们还提出了一种能够提高数据密集型计算的高能效数据扰动增益解决方案[17]。然而，不同的用户往往会有不同的用户体验，对于参数的要求是不同的，特别是对于系统性能的解读。

如上文所叙述的，服务质量通常由一系列的非函数的特征值去表达，如相应时间、成本、吞吐量等。如果能够把这些目标整合起来作为衡量 CSL 的标准，则很容易与先前提出的降低能耗的模型相补充。因为根据 Srikantaiah[14-15]的实验结果分析，每一种虚拟资源都有其能效的最佳利用率值，比如 CPU 在 70%左右达到最佳，而磁盘达到 50%为最佳。这样做的好处就是资源的整合必然能够提高能效。虽然在绝大多数情况下，为保证 SLA 不冲突，一定会造成能量的浪费。但是如果调度合理，适应度把握得足够清晰，完全有可能在不损害用户满意度的前提下，降低系统能耗，提高资源的使用效率。

受到 Beloglazov 等人[2]研究的启发，本文把成功率（r_{suc}）的概念引入到评价标准当中。上文中已经反复强调过的响应时间、成本、吞吐量三个 CSL 指标中，由于成本的概念较为笼统，且能够被其他两项所代替，因此本研究只采用了响应时间以及吞吐量(即违反了以上两者之一就算 SLA 冲突)。冲突率（r_{SLAvol}）是冲突的次数占有总次数的百分比，SLA 冲突会对 QoS 以及 CSL 产生很大的影响。Verma 等[3]研究了当一个物理节点容量小于所放置的所有虚拟机资源需求时发生 SLA 冲突的等级。Beloglazov 等应用一个叫过载时间量表的形式细化了 SLA 冲突的等级。然而他们估计冲突率所用到的方式都是基于物理机负载的。他们都忽视了其他因素的影响。当一个物理机的负载处于过载状态时，仍然有可能会发生 SLA 冲突。举出一个响应时间的案例，假如在 SLA 中响应时间不超过 100 ms，但是真实的响应时间却是 200 ms，那么响应时间的 SLA 冲突也会影响到 CSL。为了提高 CSL，所提出的模型应该极力去避免由任何一个 QoS 参数所引发的 SLA 冲突。冲突率的表达式为

$$r_{SLAvol} = \frac{n_{vol}}{n_{tol}} \tag{2.8}$$

其中，n_{vol} 表示冲突发生次数，n_{tol} 表示总次数。

成功率与 SLA 冲突率互为相反数，其数学表达式为

$$r_{suc} = 1 - r_{SLAvol} \tag{2.9}$$

其中，r_{suc} 表示成功率，r_{SLAvol} 表示冲突率。

Beloglazov 等人的文章详细描述了成功率与能耗之间的关系，即当 90%以上的物理机未处于欠载或者过载的中间状态时，无论是响应时间成功率还是吞吐量成功率，几乎都与能耗呈现相关的线性关系。因此，我们用两种参数的成功率的均值，我们定义一个结合了能效模型和 CSL 模型的算法，并将其命名为 trade-off，目标就是最大化单位能耗的 CSL，定义为

$$\text{CSLperenergy} = \frac{1 - r_{SLAvol}}{\delta} \tag{2.10}$$

最新的人机交互领域的研究[19-20]表明，随着机器性能的下降存在着三种不同的 CSL 状态，即所谓的不可感知区(imperceptible)、可容忍区(tolerable)以及不可用区(unusable)。上述的三种模型分别代表了云计算的三种运行状态。理想的情况应该是，当 CSL 处在可容忍区时，就应该进行 SLA 和能耗的一个折中，因为这可以明显地提高云数据中心的能效。如果 CSL 处于不可用区，就必须以最大化 QoS 来满足用户的需求。当 CSL 处于不可感知区时，就选择以降低能耗为首要目标。其详细的表达式为

$$f_{gol} = \begin{cases} \text{power} & r_{suc} \in \text{imperceptible} \\ \text{CSL} & r_{suc} \in \text{unusable} \\ \text{trade-off} & \text{其他} \end{cases} \tag{2.11}$$

其中，f_{gol} 表示目标函数，当 r_{SLAvol} 处于不同区域时对模型进行自适应的选择。

对于如何科学地评价所设计的算法模型，Tian 等人[21]进行了详细的探讨。他们不仅对一些经典的高能效算法予以对比分析，并且提出分别用能耗、物理节点数、迁移次数、资源均衡度、冲突次数等标准去评价不同的算法，但他们的评价均是单一评价。本章的算法涉及能耗以及用户满意度，还与资源均衡度相关。在 Farahnakian 等人[22]的研究中，他们使用了一种叫 SEV 的综合评价标准，即把能耗直接与满意度相乘。但是这样的做法存在很大的漏洞，因为能耗显然是越低越好，相反的用户满意度是越高越好。Zhu 等人[23]提出了一种罚分机制，主要用于移动设备的能效评价，本章经过归一化变换其参数后成为一种新的评价标准，它同时涉及能耗和用户满意度。

以上所提出的 trade-off 权衡模型还存在一个问题，就是三个感知区域如何划分的问题。传统上，划分区域都是基于负载的，然而由于负载的波动很大，所以研究者都会加入线性的预测机制，但效果却不佳。Farahnakian 等人[24]把一种基于 K 近邻的回归模型引入到对负载的预测上。然而他们的做法是采用固定的数据集进行分析，虽然效果很好，却并不具有普遍的适应性。还有一部分的研究者直接用响应时间作为划分标准，但是也只能针对时间上敏感的负载，而就云计算数据量大，种类繁多的特点来说更加难以适用。在分析成功率的过程中，我们发现它完全可以作为一种划分的标准。对于成功率的划分标准以及它与另外两种方案的解析，后续的研究将会涉及。

参考文献

[1] KAZEM A, PEDRAM H, ABOLHASSANI H. BNQM: A bayesian network based QoS model for grid service composition[J]. Expert Systems with Applications, 2015, 42(20): 6828-6843.

[2] BELOGLAZOV A, BUYYA R. Optimal online deterministic algorithms and adaptive heuristics for energy and performance efficient dynamic consolidation of virtual machines in Cloud data centers[J]. Concurrency and Computation: Practice & Experience, 2012, 24(13): 1397-1420.

[3] VERMA A, DASGUPTA A, NAYAK T K, et al. Server workload analysis for power minimization using consolidation[C]// in Proceedings of the 2009 USENIX Annual Technical Conference, 2009: 28.

[4] CHOI J, GOVINDAN S, JEONG J, et al. Power consumption prediction and power-aware packing in consolidated environments[J]. IEEE Transactions on Computers, 2010, 59(12): 1640-1654.

[5] ZHANG Q, ZHANI M F, et al. Dynamic heterogeneity-aware resource provisioning in the cloud[J]. IEEE Transactions on Cloud Computing. 2013, 2(1): 14-28.

[6] WU W, DU W, ZHOU H, et al. Anoptimization model on virtual machines allocation based on radial basis function neural networks[J]. International Journal of Hybrid Information Technology, 2015, 8(1): 238.

[7] 罗亮，吴文峻，张飞. 面向云计算数据中心的能耗建模方法[J]. 软件学报，2014，7：1371-1387.

[8] DAI X, WANG J, BENSAOU B. Energy-efficiency virtual machines scheduling in multi-tenant data centers[J]. IEEE Transactions on Cloud Computing, 2015, 4(2): 210-221.

[9] FARAHNAKIAN F, PAHIKKALA T, LILJEBERG P, et al. Energy-aware vm consolidation in cloud data centers using prediction model[C]// IEEE International Conference on Cloud Computing, 2015: 381-388.

[10] COFFMAN G, GAREY M R, JOHNSON D S. Approximation algorithms for bin packing: Asurvey[J]. Approximation algorithms for NP-hard problems. PWS Publishing Co. 1996: 46-93.

[11] ZHU X, YOUNG D, WATSON B J, et al. 1000 islands: an integrated approach to resource management for virtualized data centers[J]. Cluster Computing, 2009, 12(1): 45-57.

[12] KENNEDY J, EBERHART R. Particle swarm optimization[C]// Proceedings of

IEEE international conference on neural networks, 1995, 4(2): 1942 - 1948.

[13] RAO S S. Engineering optimization: theory and practice[M]. John Wiley & Sons, 2009.

[14] SRIKANTAIAH S, KANSAL A, ZHAO F. Energy Aware Consolidation for Cloud Computing[C]// In Proceedings of the IEEE Conference on Power Aware Computing and Systems, IEEE Computer Society Press, San Diego, USA, 2010: 577 - 578.

[15] SRIKANTAIAH S. Abstract Energy Aware Consolidation for Cloud Computing [J]. Cluster Computing, 2008, 12(1): 1 - 10.

[16] WU L, GARG S K, VERSTEEG S, et al. SLA-based resource provisioning for hosted software-as-a-service applications in cloud computing environments [J]. IEEE Transactions on Services Computing, 2014, 7(3): 465 - 485.

[17] WIRTZ T, GE R, ZONG Z, et al. Power and energy characteristics of MapReduce data movements[C]// Proceedings of the 2013 Green Computing Conference, 2013: 1 - 7.

[18] WIRTZ T, GE R. Improving mapreduce energy efficiency for computation intensive workloads[C]// Proceedings of the 2011 International Green Computing Conference and Workshop, 2011: 1 - 8.

[19] YU S, JULES W, SEAN E, et al. ROAR: A QoS-oriented modeling framework for automated cloud resource allocation and optimization [J]. The Journal of Systems and Software. 2016: 146 - 161.

[20] LI X, WU J, TANG S, et al. Let's stay together: towards traffic aware virtual machine placement in data centers[C]// IEEE INFOCOM 2014-IEEE Conference on Computer Communications. Toronto, Canada. 2014: 1842 - 1850.

[21] TIAN W H, ZHAO Y, XU M X, et al. A toolkit for modeling and simulation of real-time virtual machine allocation in a cloud data Center[J]. IEEE Transactions on Automation and Engineering, 2015, 12(1): 153 - 161.

[22] FARAHNAKIAN F, PAHIKKALA T, et al. Energy-aware VM consolidation in cloud data centers using utilization prediction model [J]. IEEE Transactions on Cloud Computing, 2019, 7(2): 524 - 536.

[23] ZHU Y, HALPERN M, REDDI V J. Event-based scheduling for energy-efficient QoS (eQoS) in mobile web applications [C] // Proceedings of IEEE International Symposium on High Performance Computer Architecture, 2015: 137 - 149.

[24] FARAHNAKIAN F, PAHIKKALA T, LILJEBERG P, et al. Energy aware consolidation algorithm based on k-nearest neighbor regression for cloud data centers [C] // IEEE/ACM International Conference on Utility and Cloud Computing, 2013: 256 - 259.

第 3 章　基于能效模型的虚拟机调度算法

虚拟机调度是数据中心节能的一种非常有效的方法，它利用虚拟化技术，通过把更多的商业应用在更少的计算资源上来提高资源的利用效率，降低能耗。虚拟化允许虚拟机共享一台物理机上的资源，而且提供了在物理机之间进行在线迁移的能力。具有在线迁移能力的虚拟机整合通过把虚拟机放置在最小数量的主机上，关闭空闲的主机来大幅度提高能效。但是目前仅以降低能耗为目标的虚拟机整合迁移研究尚有一些明显的不足：

(1) 只关注于降低能耗这一单一目标，容易忽视用户满意度。

(2) 用于云资源管理的集群算法中，多数缺乏有效地评价用户满意度的标准，而且如何最大限度地发挥不同能效模型的优势尚需要研究。

(3) 缺乏一种能衡量包括能耗、用户满意度、过载冲突率等在内的综合能效指标。

针对以上问题，本章构建了基于 trade-off 能效模型的改进粒子群算法，并且在 trade-off 模型的基础上又提出了基于混合预测模型的虚拟机整合算法。

3.1　基于 power 能效模型的虚拟机初始放置

3.1.1　相关工作

虚拟机的初始放置算法定义了虚拟机和物理节点之间的映射关系，对云数据中心中资源的合理调度具有十分关键的作用。这种关系同时对系统的性能、能耗和资源利用率也会产生重要的影响。虚拟机的初始放置问题可描述为多维装箱问题，属于 NP-hard 问题[1]。针对上述问题，因为没有多项式最优解算法，所以常用策略是利用贪心算法的启发式算法得到最优或次优解[2]。

高能效虚拟机初始放置的算法几乎都只基于 CPU，其他的资源对能效的影响默认为零。这样的做法显然存在很大的误差。而实际的情况是：内存、磁盘、带宽等资源也对云平台系统的能效产生影响。最近 Tian 等人[3]研究发现，能耗主要与 CPU 和内存相关，而带宽和磁盘对于能耗的贡献率几乎是微乎其微的，因此该研究只涉及 CPU 以及内存两种能耗因素。

目前，传统的虚拟机初始放置算法都是基于 RR(Round-Robin)的，但是近年来许多基于优化算法的改进版本相继出现[4-5]，Tian 等人[3]对于各种流行的虚拟机初始放置算法进行了综合的对比，并且提出了一种统一对比的度量。Beloglazov 等人[6]改进了原始的 BFD (Best Fit Decrease)算法，并且命名为 MBFD(Modified Best Fit Decrease)，该算法比先前的算法效率明显有提高。首先他们把虚拟机依 CPU 的利用率划分执行降序排序，然后依次把虚拟机放置在能达到最优欧氏距离的节点上。Srikantaiah 等人[7]对上述的 MBFD 算法进行了改进，推广了 Beloglazov 的算法，使其可以应用到多种资源的放置上，并且在云仿真平台上进行了模拟实验，他们发现如果只包括两种资源，即 CPU 和内存进行上述的调度，总体虚拟机放置的能效可以达到最佳状态。

相比 MBFD 算法，Liu 等人[8]提出的基于 DPSO 的放置算法有效地提高了放置结果的准确性，但其仅考虑了 CPU 一种系统资源，在考虑多种系统资源对能效的影响时，该算法并不适用，但该研究成果为多资源高能效虚拟机放置算法的研究提供了新思路。徐义春等人[9]提出了改进的 MDPSO 算法，相比 DPSO 算法，该算法更简洁，搜索更迅速。在本书作者以往的研究中[10]，同时考虑了 CPU 和内存两种系统资源，使用了基于 MDPSO 算法的 power 模型，结果显示能效水平显著提高。

3.1.2 多资源虚拟机初始放置

目前，在研究云数据中心高效管理策略时，往往使用基于单资源(CPU)的能耗模型，其不能得出准确的结果；另一方面，以往关于虚拟机初始放置的研究虽然显著降低了云数据中心的能耗，但是并未研究如何保证用户 CSL。有些研究虽然通过权衡能耗与应用性能以保证用户 CSL，但是相关研究显示用户 CSL 并不等同于性能。为解决上述问题，本章在研究 DPSO 的基础上，提出基于 trade-off 模型的虚拟机初始放置算法。

虚拟机的初始放置问题在数学上是一个多维度的装箱问题，如图 3-1 所示。

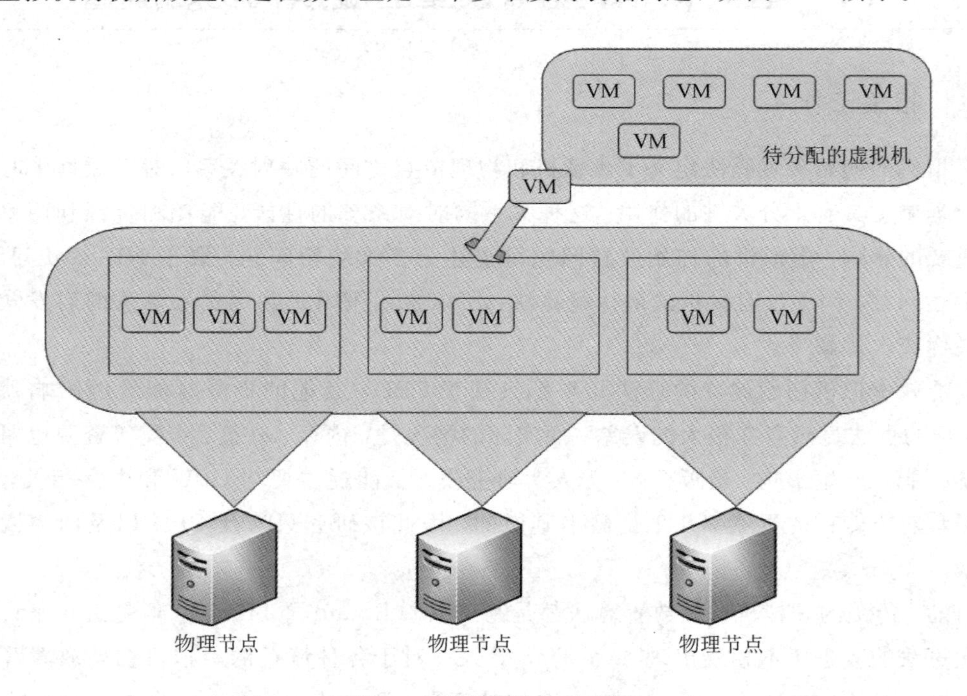

图 3-1 虚拟机的初始放置

每个物理节点的可用资源(箱子)设置为一个二维向量，每个维度代表一种系统资源

(CPU、内存)，虚拟机(物品)也视为一相应的向量。根据第 2 章中介绍的权衡能耗和 CSL 的模型可知，虚拟机初始放置的目标是，使放置后系统能效达到最优，即虚拟机初始放置后所得到的能效比达到最大。虚拟机初始放置问题的表达式如下：

$$\max \frac{\text{CSL}}{E} \tag{3.1}$$

$$s_k^j \in \{0,1\} \tag{3.2}$$

$$\sum_k s_k^j = 1 \tag{3.3}$$

其中，s_k^j 表示虚拟机 j 是否放置在物理节点 k 上，$s_k^j = 1$ 代表虚拟机 j 放置在物理节点 k 上，$s_k^j = 0$ 代表虚拟机 j 未放置在物理节点 k 上。式(3.3)表示虚拟机 j 只能被放置在某一物理节点上。

$$\sum_j r_j^{\text{CPU}} \times s_k^j \leqslant c_k^{\text{CPU}}, \quad \sum_j r_j^{\text{RAM}} \times s_k^j \leqslant c_k^{\text{RAM}} \tag{3.4}$$

当物理节点 k 上放置多个虚拟机时，虚拟机所需的资源总和不能大于物理节点 k 拥有的物理资源总和。r_j^{CPU}、r_j^{RAM} 分别代表虚拟机 j 正常运行所需的 CPU 和内存。r_k^{CPU}、r_k^{RAM} 分别表示物理节点 k 拥有的 CPU 和内存。

3.2 基于 trade-off 能效模型的虚拟机整合算法

RR 算法是资源调度中常使用到的一个算法。RR 调度的优势在于简单、易操作并且快速。在每次轮的过程中，所有的虚拟机都任意地放置在一个相应的物理节点上。MBFD (Modified Best Fit Decreasing)算法也是针对整合问题的常用算法。Beloglazov 等人[11-12]提出了改进型的最佳适应下降算法来解决高能效的虚拟机重新整合问题。在这个算法中，所有的虚拟机首先按照当前的资源利用率进行降序排序，然后每个虚拟机被分配到相应目标的物理机上。

云数据中心拥有大规模的物理机节点以及数以千万计的虚拟机请求次数，要想获得整合问题的最优解往往是不可行的[11]。所以可行的办法就是近似地去获得一个最优解同时算法的复杂性又不过高。PSO(Particle Swarm Optimization)算法可以更加快速地解决此问题同时又不需要花费巨大的计算时间。PSO 是一种和遗传算法非常类似的启发式算法，它按照一个给定的目标迭代地更新候选结果。在搜索空间搜索最优解，其中局部的最优解以及全局的最优解都将会影响到粒子的运动轨迹。PSO 算法最初是由 Kennedy 和 Eberhart 提出来的，他们早在 1995 年的文章[13]中描述了利用鸟群和鱼群仿真社会行为的算法。PSO 算法具有参数少、收敛速度快以及其他的优势[14-15]。DBPS (Discrete Binary Particle Swarm)算法是 Kenney 等人在文献[13]中提出来的，引入了二进制的变量。在这个算法中，轨迹的改变在概率上坐标将只会取两个值：0 或者 1。Xu 等人[16]改进并且把 DPSO 算法应用到了背包问题上。Zeng 等人[17]开发了一种改进型的离散粒子群优化 MDPSO(Modified Discrete Particle Swarm Optimization)算法。在 MDPSO 算法中，粒子群的标准权重、加速因子、局部最优解和全局最优解能够在迭代的过程中进行自适应选择，通过提高最终达到全局最优值的概率去提高全局的搜索[17]。

MDPSO算法是一种能够避免陷入局部最优，并且具有更小复杂度的算法，它提供的是近似于最优解的次优解。通过设置相应的适应度函数来调整粒子的适应度，从而达到所期望的目标。理想的情况应该是当系统处于过载状态时，就使用CSL-aware模型保证用户的满意度；当系统处在欠载状态时，用power模型去降低整体的能耗；要是系统处于中间状态，则使用trade-off模型提高系统单位能耗的用户满意度。

在本研究当中，基于提出的三种能效模型，使用MDPSO算法去整合虚拟资源，使得所有资源的利用效率都能达到最优。MDPSO算法所用到的参数如表3-1所示。

表3-1　MDPSO算法的参数

参　数	含　义
$X_l^r=(x_{l1}^r,\cdots,x_{lj}^r,\cdots,x_{lw}^r)$	第r次迭代过程第t个可能解的粒子位置向量
s_{jh}^r	当$s_{jh}^r=1$时，表示在第r次迭代过程中虚拟机j被分配到物理节点h上
f	适应度函数用来描述一个给定的设计解距离到达设定目标的远近
P_g	找到全局最优的概率
P_p	找到局部最优的概率
$\text{Pbest}_l^r=(\text{pbest}_{li}^r,\cdots,\text{pbest}_{lj}^r,\cdots,\text{pbest}_{lo}^r)$	第r次迭代过程粒子1的局部最优
$\text{Gbest}^r=(\text{gbest}_i^r,\cdots,\text{gbest}_j^r,\cdots,\text{gbest}_o^r)$	第r次迭代过程中集群整体粒子的全局最优

3.2.1　粒子群的初始化

假设在云数据中心里，有n个请求的虚拟机以及m个物理机节点。为了初始化粒子群，首先使用首次适应算法，把每一个虚拟机分配到容量能够满足虚拟机资源需求的第一个物理节点上。N个粒子根据N种随机调度的方案产生。比如，$X_i^r=(x_{i1}^r,x_{i2}^r,x_{i3}^r)=(1,1,2)$，也就是说1、2、3号虚拟机分别被分配到了物理节点1、1、2上。在本章中，应用离散二进制粒子群算法DBPS(Discrete Binary Particle Swarm)对粒子进行更新，粒子轨迹的改变，即坐标的概率取值0或者1。因此，$\boldsymbol{S}_l^r$是一个$m\times n$的(0−1)矩阵：

$$\boldsymbol{S}_l^r=\begin{bmatrix} s_{11}^r & s_{12}^r & \cdots & s_{1h}^r & \cdots & s_{1n}^r \\ s_{21}^r & s_{22}^r & \cdots & s_{2h}^r & \cdots & s_{2n}^r \\ \vdots & \vdots & & \vdots & & \vdots \\ s_{j1}^r & s_{j2}^r & \cdots & s_{jh}^r & \cdots & s_{jn}^r \\ \vdots & \vdots & & \vdots & & \vdots \\ s_{m1}^r & s_{m2}^r & \cdots & s_{mh}^r & \cdots & s_{mn}^r \end{bmatrix} \tag{3.5}$$

一个虚拟机只能被分配到一个物理节点上，因此对于s_{jh}^r存在着限制条件，其表达式为

$$\sum_{h=1}^{n} \boldsymbol{S}_{jh}^{r} = 1, \forall j \in \{1,2,\cdots,m\} \tag{3.6}$$

3.2.2 粒子群的更新过程

如表3-1所示，$\text{Pbest}_l^r = (\text{pbest}_{li}^r, \cdots, \text{pbest}_{lj}^r, \cdots, \text{pbest}_{lo}^r)$ 代表第 r 次迭代过程中粒子1的局部最优解，$\text{Gbest}^r = (\text{gbest}_i^r, \cdots, \text{gbest}_j^r, \cdots, \text{gbest}_o^r)$ 则代表了在第 r 次迭代的过程中集群整体粒子的最优解。它们都是随着粒子位置坐标的更新不断被更新的。在DPSO算法中，一个粒子在每个维度空间的运动状态均为0或者1，这就意味着每经过一步，粒子的位置在概率上的改变要么为0，要么为1。P_p 以及 P_g 分别显示了找出粒子群的局部最优解和全局最优解的概率。如果在第 r 次迭代过程中，虚拟机 j 被分配到物理机节点 h 上，则 $s_{jh}^r = 1$；否则，$s_{jh}^r = 0$。根据贝叶斯公式的计算结果，局部最优以及全局最优的概率应该高于平均值概率0.5，即 $0.5 < P_p < 1$，$0.5 < P_g < 1$。在相邻候选解集合的最优值容易被认定为全局最优值，而实际上往往这样的结果是局部最优值。为了避免这种情况的发生，通常设置 $P_g < P_p$。

粒子更新过程的伪代码如下：

```
c = rand();
if( gbest_j = 1 and pbest_j = 1 ) then
  if(c< b_1 ) s_jd^{r+1} = 1 else s_jd^{r+1} = 0 ;
else if( gbest_j = 0 and pbest_j = 0 ) then
  if(c<1- b_1 ) s_jd^{r+1} = 1 else s_jd^{r+1} = 0 ;
else if( gbest_j = 1 and pbest_j = 0 ) then
  if(c< b_2 ) s_jd^{r+1} = 1 else s_jd^{r+1} = 0 ;
else
  if(c<1- b_2 ) s_jd^{r+1} = 1 else s_jd^{r+1} = 0 ;
```

3.2.3 适应度函数的定义

适应度函数用来评估当前状态相对于设定目标的优劣。若适应度值比较大，则表示距离最优状态比较接近，反之则很差。根据第2章中的内容设定初始放置时的适应度函数：

$$\delta_h = \sqrt{\sum_{j=1}^{d} (u_j - \text{ubest}_j)^2} \tag{3.7}$$

$$\text{CSL} = \sum_{j=1}^{n} \mu_j \times \text{CSL}_j \tag{3.8}$$

$$\text{CSLperenergy} = \frac{1 - r_{\text{SLAvol}}}{\delta} \tag{3.9}$$

其中，式(3.7)这种模型只以追求低能耗为唯一目标，理想状态是让所有的物理机节点的CPU资源使用率和内存使用率达到最佳；式(3.8)以追求高的用户满意度为最终标准，理想的状态当然就是冲突率越低越好；式(3.9)同时追求能耗和用户满意度这两大目标，最后使得单位能耗的用户满意度达到最大。

对于如何科学地评价所设计的算法模型，Tian 等人[3]进行了详细的探讨。他们不仅对一些经典的高能效算法予以对比分析，并且提出分别用能耗、物理节点数、迁移次数、资源均衡度、冲突次数等标准去评价不同的算法，但他们的评价均是单一评价。本章的算法涉及能耗以及用户满意度，还与资源均衡度相关。Farahnakian 等人[18]使用了一种叫 SEV 的综合评价标准，即把能耗直接与满意度相乘。这样的做法存在很大的漏洞，因为能耗显然是越低越好，相反的用户满意度是越高越好。Zhu 等人[19]提出了一种基于罚分机制的评价标准，主要用于移动设备的能效评价，本章经过归一化变换其参数后成为一种新的评价标准，它同时涉及能耗和用户满意度，数学表达式如下：

$$\text{score} = \frac{\sum_{k=1}^{n} \text{bcsl}_k}{\delta} \tag{3.10}$$

其中，bcsl 是两种成功率的均值，代表了总的成功率，它通常在 0 到 1 之间，用户满意度的衡量标准就是由它定义的；能耗计算如第 2 章的式(2.1)所示，经过归一化之后转换成一个介于 0 到 1 之间的值；score(分数)越好，说明云平台系统的能效因子越高，从而达到了降低能耗，提高资源使用效率的目的。

3.2.4 检测粒子的更新位置

粒子更新的位置应该满足一定的约数条件：

$$(s_h^j \in \{0,1\}) \wedge (\sum_h s_h^j = 1, \forall j) \tag{3.11}$$

其中，s_h^j 表示是否虚拟机 j 能够被分配到物理节点 h 上。如果虚拟机 j 被分配到了物理节点 h 上，则 $s_h^j=1$，否则 $s_h^j=0$。式(3.11)表示每一个虚拟机只能被分配到一个物理机节点上。

$$(\sum_j r_j^{\text{CPU}} \times s_h^j \leqslant c_h^{\text{CPU}}) \wedge (\sum_j r_j^{\text{MEM}} \times s_h^j \leqslant c_h^{\text{MEM}}) \tag{3.12}$$

在式(3.12)中，当几个虚拟机被分配到物理节点 h 上时，所有虚拟机的资源不能超过该物理节点的资源容量。

如果所有的约数条件都满足，则粒子更新到新的位置；否则原始的粒子值全部都保持不变。检测粒子更新的过程大致如下：

(1) 如果 $\sum_{h=1}^{n} s_{jh}^r > 1$，虚拟机 j 被分配到多个物理节点上。然后设置 $\forall h, s_{jh}^r = 0$ 并且令物理节点呈升序排列。虚拟机被分配到满足式(3.12)的第一个物理节点上。如果所有记录单物理节点都不满足式(3.12)，则结果就是不合理的，粒子将不进行更新。

(2) 如果 $\sum_{h=1}^{n} s_{jh}^r = 1$，则虚拟机 j 被分配到物理节点上，然后检测是否条件(3.12)得到满足。如果符合，粒子更新到新的位置；否则粒子不进行更新。

(3) 如果 $\sum_{h=1}^{n} s_{jh}^t = 0$，则虚拟机 j 不能分配到任何的物理节点上。若新的位置不能满足约数条件，则粒子不能进行更新。

基于 MDPSO 算法的虚拟机整合的流程图如图 3－2 所示。

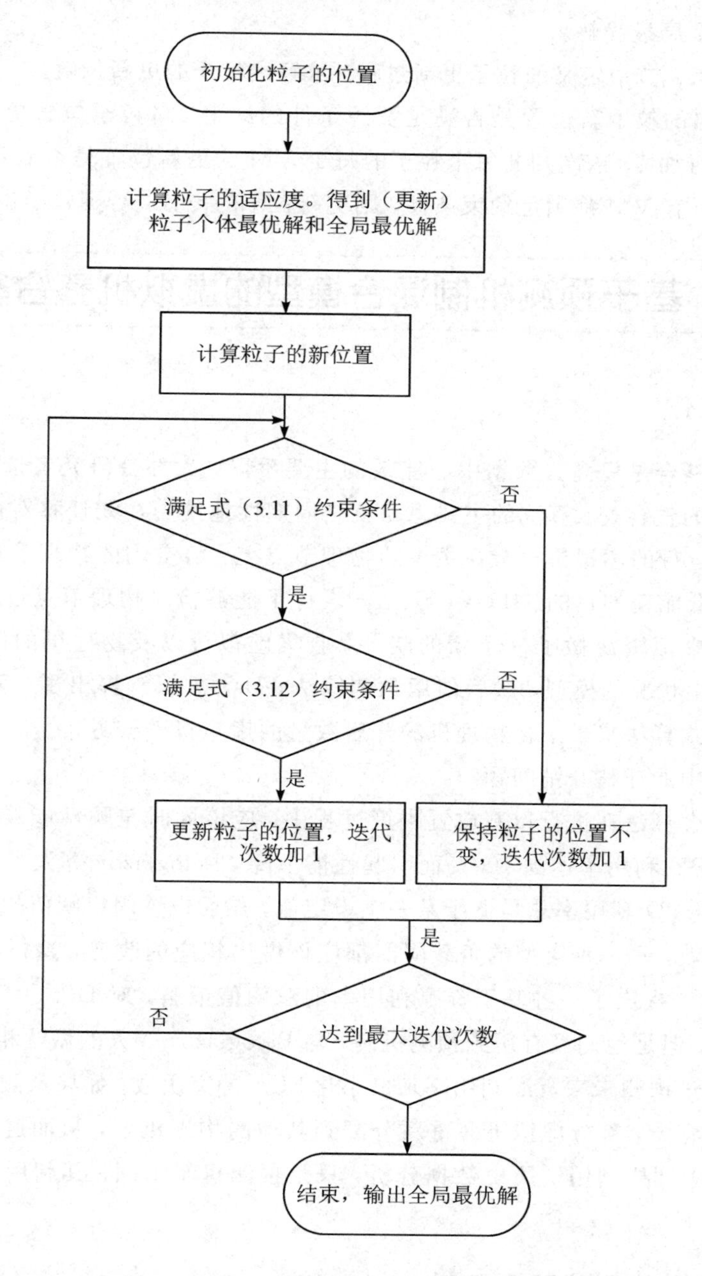

图 3－2　基于 MDPSO 的虚拟机整合流程图

3.2.5　算法的流程

（1）在云数据中心里，有 n 个请求的虚拟机以及 m 个物理机节点。为了初始化粒子群，首先使用首次适应算法，把每一个虚拟机分配到容量能够满足虚拟机资源需求的第一个物理节点上。N 个粒子根据 N 种随机调度的方案产生。

(2) 使用基于 trade-off 模型的适应度函数，计算粒子群中粒子的适应度，得到粒子的局部最优解以及全局最优解。

(3) 根据 3.2.2 节中定义的粒子更新过程，求解出粒子的更新位置。

(4) 检测求出的粒子新位置是否满足资源条件的约束。对粒子位置更新或保持不变，同时迭代次数进行加 1。依次判断每个粒子的每个 VM 的更新位置是否满足 3.2.4 节中的约束条件。如果所有 VM 都满足约束条件，则更新粒子的位置，否则粒子位置保持不变。

3.3 基于预测机制混合模型的虚拟机整合算法

3.3.1 相关工作

目前虚拟机整合是提高云数据中心能效的主要手段，大部分研究者选择使用 MDPSO 算法进行虚拟机的整合，该算法的主要思路就是周期性地使用在线迁移对虚拟机进行动态的整合，通过把运行的虚拟机放置在更少的物理节点上，将空闲的物理节点调整为睡眠状态，从而达到降低能耗的目的。Buyya 等人[11]设计了能够检测物理节点过载的方法，并且把物理机资源和虚拟资源做了一个新的映射，收集虚拟机以及物理机的历史使用统计数据，构建资源利用状况的模型，然后使用预测算法。Dai 等人[20]提出了一种使用时间序列预测和装箱启发式算法来最小化物理机的开启数量的虚拟机整合方案。他们的算法没有考虑重新放置过程中的迁移开销问题。

虚拟机的整合算法在进行重新放置决策过程中，应该同时兼顾性能以及能耗。为了能够阻止物理机 CPU 利用率达到 100%而引起性能下降，Beloglazov 等人[6]考虑了一种阈值策略，试图限制 CPU 利用率总是低于某一个设定值。然而设置固定阈值的方法在动态负载环境下往往会失效，每一种类型的负载阈值都应该做出相应的改变，这样的做法显然失去了意义。Li 等人[10]提出了一种基于资源利用率的双阈值策略，对 DPSO 算法进行了改进，命名为 MDPSO，但是他们没有用到预测机制，与 Beloglazov 等人的做法相类似，所不同的是该解决方案通过预测未来资源利用率来最小化 SLA 冲突次数。如果预测使用率超过了一个物理机的资源容量，部分虚拟机会重新分配到其他的物理机上，从而避免了 SLA 冲突。另外，文献[17]中同样利用了历史数据分析，只是预测机制不同，其利用一种叫作滑动窗口的算法进行预测。

3.3.2 基于三种模型的预测机制

尽管根据正态分布原理，trade-off 模型可以适用于大部分情况，但是它并不能解决所有问题，一旦出现比较极端的情况，例如 CSL 突然下降，需要立即保证用户满意度时，trade-off 模型就会失效。通常的情况应该是不同的模型针对不一样的问题。受到 Zhu 等人[19]工作的启发，本书按照成功率进行三个区域的划分，即不可感知区(imperceptible)、可容忍区(tolerable)以及不可用区(unusable)。上述的三种区域分别代表了云计算的三种运行状态。理想的情况应该是：当 CSL 处在可容忍区时，就应该使用 trade-off 模型进行 SLA 和能耗的一个折中。因为这可以明显地提高云数据中心的能效。如果 CSL 处于不可用区时，就必须以最大化 QoS 来满足用户的需求。当 CSL 处于不可感知区时，就选择以降低能耗为首要目标。

如何利用成功率判定落入到哪个区间，这就涉及预测机制。由于成功率的黏性变化，所以本章采用了加权移动平均预测算法。加权移动平均法(Weighted Moving Average, WMA)的基本思路是给过去以及现在的 n 个值赋予相应的权重，然后求得加权平均值，以此作为预测值，并且类似于滑动窗口，每向前滑动一次就抛弃最后一个值。正是由于最新的成功率值对于将来预测值的影响很大，所以本章采用了此种预测算法。对越接近预测值的当前值赋给其更大的权重，而对相差很远的当前值赋予较小的权重。随后通过滑动窗口向前移动，不停地预测未来的取值。通过这种算法，就能够很好地判别目前成功率处于哪一个分区。其表达式如下：

$$Y_{n+1} = \frac{\sum_{i=1}^{n} Y_i \times W_i}{\sum_{i=1}^{n} W_i} \tag{3.13}$$

式中，Y_{n+1} 表示预测值；Y_i 表示实际值；W_i 表示权重，总和为 1；n 的值通常取 5。用加权移动平均法(WMA)求预测值，对近期的趋势反映较敏感，同时还有一定的吸收瞬间突发的能力，平稳性也较好，这些都非常符合成功率的变化特点，详细的实验对比见 3.4 节。

3.3.3　双阈值法虚拟机迁移

虚拟机迁移算法通常包括 When(何时进行迁移)、Which(迁移哪些虚拟机)、Where(迁移到何处)。虚拟机整合问题可以近似视为动态装箱问题，即根据需求动态地将虚拟化的物理资源(虚拟机)分配给相应的云任务，对整体能耗进行优化。在虚拟机的迁移中应尽量将系统调整为能效的最佳状态，减少虚拟机的迁移次数，以尽量减少迁移对性能等的影响，减少物理节点的启用数量并均衡系统资源以减少资源浪费。

为了进一步优化系统能效，需设计虚拟机迁移算法，其包括：触发虚拟机迁移条件、从源物理节点选择需要迁移的虚拟机算法以及虚拟机整合算法等。为了避免频繁的迁移带来的额外开销，本章设置最小迁移周期为 5 s。根据主机资源利用率，在触发虚拟机迁移时采用多资源双阈值法，选择需要迁出的虚拟机时使用基于迁移开销最少策略，整合虚拟机时使用基于粒子群的算法。

本研究已发表的文章[10]中利用了 CPU 双阈值法防止发生 SLA 冲突，进一步优化系统的能效。当虚拟机所需的资源总量超过了物理机节点容量时，就会发生 SLA 冲突。为了避免 SLA 冲突，有必要预留额外的系统资源。为了让系统资源利用得更合理，文章中提出了当利用率高于上限值时，主动迁移部分虚拟机；当 CPU 利用率低于下限值时，将物理节点设定为低载状态，然后迁出全部的虚拟机，将物理机节点关闭。

本文吸收了以前的研究成果，并在此基础上提出了基于 CPU 和内存两种资源的双阈值法触发虚拟机的迁移。用于判断虚拟机节点欠载或者过载的公式如下：

$$\left(\sum_k r_k^{\mathrm{CPU}} \times s_n^k > \mathrm{high\_threshold}_{\mathrm{CPU}} \times c_n^{\mathrm{CPU}}\right) \cap \left(\sum_k r_k^{\mathrm{DISK}} \times s_n^k > \mathrm{high\_threshold}_{\mathrm{DISK}} \times c_n^{\mathrm{DISK}}\right) \tag{3.14}$$

$$\left(\sum_k r_k^{\mathrm{CPU}} \times s_n^k < \mathrm{low\_threshold}_{\mathrm{CPU}} \times c_n^{\mathrm{CPU}}\right) \cap \left(\sum_k r_k^{\mathrm{DISK}} \times s_n^k < \mathrm{low\_threshold}_{\mathrm{DISK}} \times c_n^{\mathrm{DISK}}\right) \tag{3.15}$$

$$\left(\sum_k r_k^{\mathrm{CPU}} \times s_n^k \neq 0\right) \cap \left(\sum_k r_k^{\mathrm{DISK}} \times s_n^k \neq 0\right) \tag{3.16}$$

其中，$\mathrm{high\_threshold}_{\mathrm{CPU}}$ 表示 CPU 的高阈值，$\mathrm{high\_threshold}_{\mathrm{DISK}}$ 表示内存高阈值，$\mathrm{low\_threshold}_{\mathrm{CPU}}$ 是 CPU 的低阈值，$\mathrm{low\_threshold}_{\mathrm{DISK}}$ 是内存低阈值，r_k^{CPU} 表示虚拟机 j 所需的 CPU 资源，r_k^{DISK} 表示虚拟机 k 需要的内存资源，c_n^{CPU} 代表物理节点总的 CPU 资源，c_n^{DISK} 代表物理节点 n 总的内存资源，s_n^k 表示虚拟机 k 是否被分配到了物理机节点 n 上(如果虚拟机 k 被分配到物理机节点 n 上，则 $s_n^k=1$，否则为 0)。

在云数据中心中，若某一物理节点 CPU 和内存利用率满足式(3.14)、式(3.15)和式(3.16)，通过迁出该物理节点上的部分虚拟机降低 CPU 或内存的利用率，以防止发生 SLA 冲突从而影响用户的 QoS。选择迁出虚拟机的策略较为常见的是基于 FFD 算法的策略：

(1) 当某一物理节点过载时，判定该节点的哪一种资源(CPU 或内存)不能满足该节点上所有虚拟机的要求。

(2) 以(1)中所确定的资源为依据将该节点上的所有虚拟机按照降序排序。

(3) 从(2)中得到的序列中依次取出虚拟机，并将其加入待迁移序列中，直到该节点能满足所有虚拟机的要求。

(4) 当物理节点满足式(3.15)时，即该节点为低载时，可以将该节点上的全部虚拟机添加到待迁移队列中。

3.3.4 算法复杂度

在 MDPSO 算法中，云数据中心有 m 个虚拟机和 n 个物理节点，迁移虚拟机队列里有 w 个虚拟机。N 是粒子群的规模，Q 是迭代次数的最大值。N 与 Q 同为常数。虚拟机分配涉及以下几部分的计算：

(1) 粒子群的初始化：随机的产生 N 个粒子。所有的虚拟机都按首次适应分配到物理机节点上，需要运行 $N\times m$ 次。分别初始化粒子的局部和全局位置需要 N 次。

(2) 更新粒子的位置和速度：mn^2 次。

(3) 检验是否所有的限制条件都满足：mn^2 次。

(4) 其他计算需要：$(Q-1)\times(N+4mn^2)$ 次。

将以上次数全部加起来为 $(m+Q+1)N+4(Q-1)mn^2$。MDPSO 分配算法的时间复杂度为$o(mn^2)$。虚拟机的迁移与分配过程相似，在虚拟机迁移队列中有w个虚拟机，所以迁移过程复杂度为$o(wn^2)$，实际情况中w总是小于m，因此整个算法的时间复杂度为$o(mn^2)$。

3.4 实验测试与结果分析

3.4.1 云仿真实验平台 CloudSim

CloudSim[21]是一个由 Buyya 等人开发的开源云仿真资源管理平台，它可以对大规模的云计算基础设施进行模拟，具有易安装且便于操控的特点，使研究者们从复杂的环境搭建过程中解脱出来，更加专注解决能效问题，为研究云计算的各种能耗感知策略提供了极大的便利。

图3-3所示为CloudSim的体系结构。最底层是最为核心的模拟引擎，模拟引擎主要为模拟提供相关核心函数。中间层为CloudSim仿真层，它的主要作用是仿真搭建云数据中心环境，实现用户自定义虚拟机的部署方案以及监测云数据中心的资源变化等。最顶层为用户编写自定义代码使用，它封装了部分已经实现的对象。本章研究的算法主要在CloudSim仿真层实现。

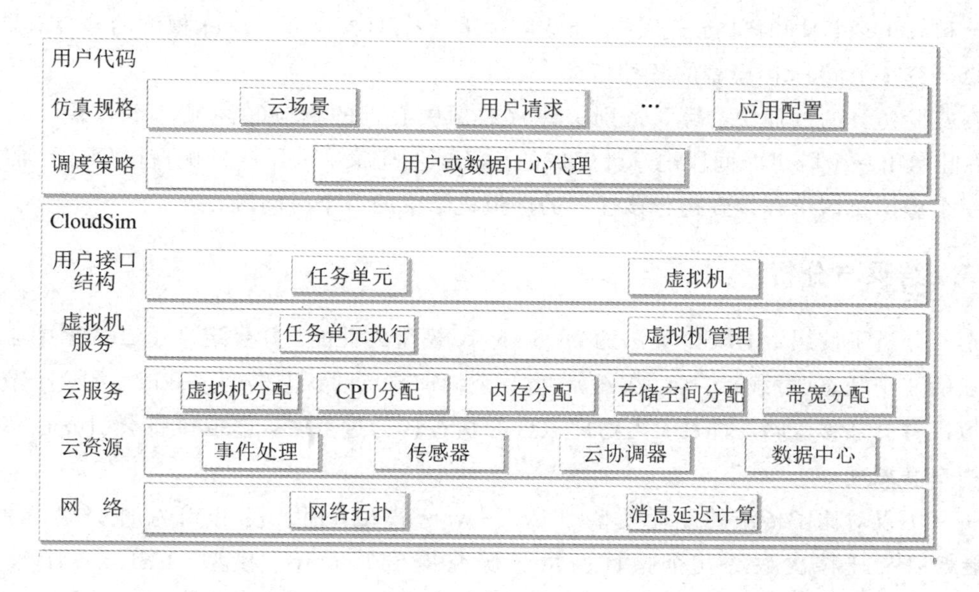

图3-3 CloudSim体系结构

3.4.2 实验设置

在实验中，云数据中心由两种异构的物理节点(HP ProLiant ML110 G4 Servers 和 HP ProLiant ML110 G5 Servers)所组成。物理节点的CPU频率被映射成MIPS率。虚拟机的资源需求随机在一定范围之内选择：CPU (60～150)，RAM (100～200)。此处随机配置两组虚拟机进行仿真，如表 3-2 和表 3-3 所示。集群的大小为 20，迭代次数的最大值是 50。通过置信度 95%的方式去除异常数据。随后得到实际数据的平均值作为最终的结果。

表 3-2 虚拟机配置 1

服务器类别	CPU/MIPS	RAM/MB	BW/(MB/s)	DISK/GB
1	60	100	30	100
2	60	200	30	50
3	80	200	30	50
4	60	100	30	100

表 3-3 虚拟机配置 2

服务器类别	CPU/MIPS	RAM/MB	BW/(MB/s)	DISK/GB
1	30	45	78	90
2	60	80	40	10
3	80	200	90	80
4	30	40	50	10

为了评估整合算法以及能耗感知模型的性能，本次实验对三种模型(CSL-aware、power 和 trade-off)同时进行了探究。首先，对比了 CSL 模型和 power 模型的整合效果，随后重点研究了 trade-off 模型的各种指标。

在实验仿真的过程中，需要特别关注云数据中心上的响应时间成功率和吞吐量成功率。吞吐量由一个既定时间段内总计完成的任务书所定义。云服务的响应时间表示的是从发出一个虚拟机请求开始到运行该任务的虚拟机结束的一个时间段。

3.4.3 结果与分析

本文分析了使用 MDPSO 算法的 CLS-aware 模型的性能。并且定义了云数据中心里物理节点的三个状态(过载，正常，欠载)。当一个物理节点的状态转为欠载时，在这个节点上的虚拟机将会迁移以降低能耗；当物理节点的状态转为过载时，虚拟机将会引发迁移从而保证用户满意度。

本文不仅对比了传统的能耗模型和 CSL-aware 模型，而且使用 SLA 冲突率、冲突次数、能耗以及迁移次数等几个指标衡量了研究提出的 power 模型、CSL-aware 模型和 trade-off 模型，见图 3-4～图 3-6。

图 3-4 显示了随着虚拟机数量的增加，三种模型冲突率的相关对比。正如图 3-4(a)所示，当虚拟机的数量从 300 增加到 550 后，响应时间的 SLA 冲突率保持在一个稳定的水平上，而其后略有激增。图 3-4(b)是三种模型的吞吐量 SLA 冲突率的对比。不同于图 3-4(a)的情形，吞吐量的 SLA 冲突率从虚拟机数量增加的开始就迅速增加，随后达到一个相对稳定的水平。CSL-aware 模型的 SLA 冲突率无论是从响应时间上还是从吞吐量上都

总是低于其他的两种模型。trade-off 模型的 SLA 冲突率大部分情况均在 power 模型和 CSL-aware两者之间。power 模型的目标就是只考虑到最小化能耗，忽略用户 CSL。而 CSL-aware 模型以获得最佳的 CSL 为目的，所以图示中归一化后的 CSL-aware 模型的 SLA 冲突率明显好过 power 模型和 trade-off 模型的。

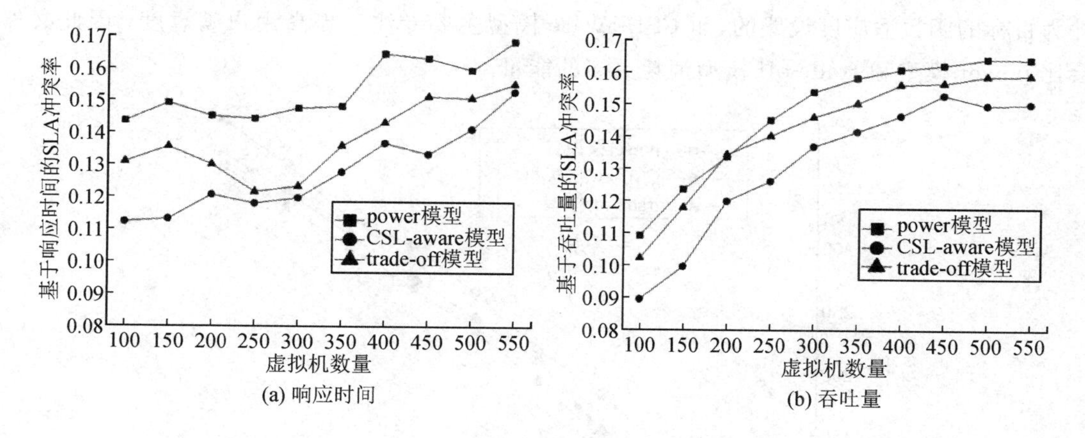

图 3-4　power 模型、CSL-aware 模型以及 trade-off 模型的 SLA 冲突率对比图

如图 3-5 所示，随着虚拟机数量的增加，CSL-aware 的物理节点过载次数增加率明显低于另外两种模型。在相同虚拟机数的前提下，CSL-aware 模型的物理节点过载次数总是少于 power 模型的。物理节点的过载一定会引起资源的相对短缺和系统整体性能的下降，还会影响到用户满意度，因此 CSL-aware 模型可以持续改善云计算用户满意度，具有比 power 模型更少的过载节点。在图 3-5 中效果非常明显，CSL-aware 模型在一个监控的时间段内发生物理机节点过载，引起系统性能下降的可能性要大大小于 power 模型和 trade-off模型的。

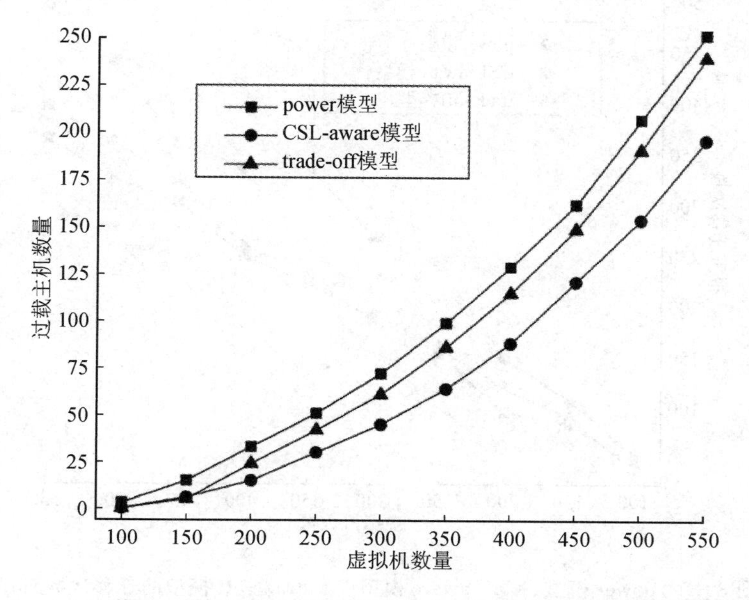

图 3-5　power 模型、CSL-aware 模型以及 trade-off 模型的物理节点过载次数对比

图3-6中三个模型毫无例外都随着虚拟机数量的增加而总体能耗增加，但是CSL-aware的总能耗要高于power模型和trade-off模型的，这在虚拟机从300～550增加的过程中表现尤其明显。CSL-aware模型相对于power模型增加了大约12.6%的能耗。然而，相较于power模型，trade-off只是增加了4.3%左右的能耗。power模型是按照降低能耗为目标的函数适应度设置的，而CSL-aware模型主要专注于提高用户满意度，因此必然会比power模型和trade-off模型消耗更多的能量。

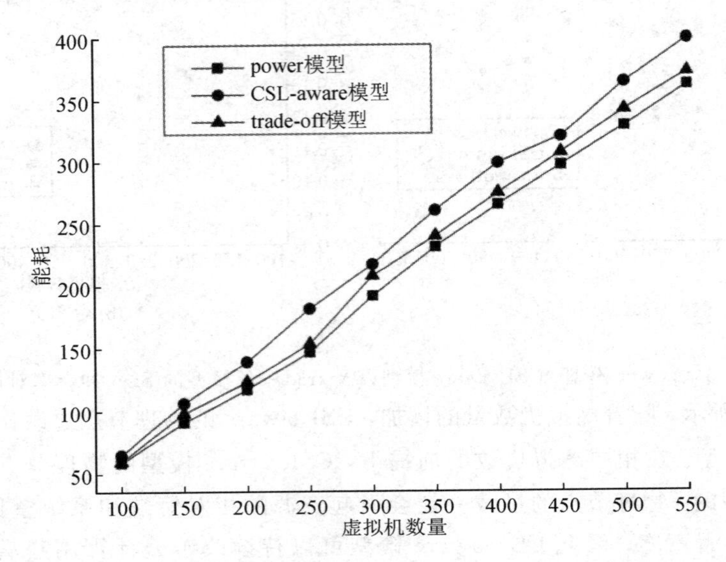

图3-6 power模型、CSL-aware模型以及trade-off模型的能耗对比

如图3-7所示，CSL-aware的虚拟机迁移次数要比trade-off模型和power模型多。在相同虚拟机数量的前提下，CSL-aware的迁移次数总是要高于另外两种模型。假如把虚拟

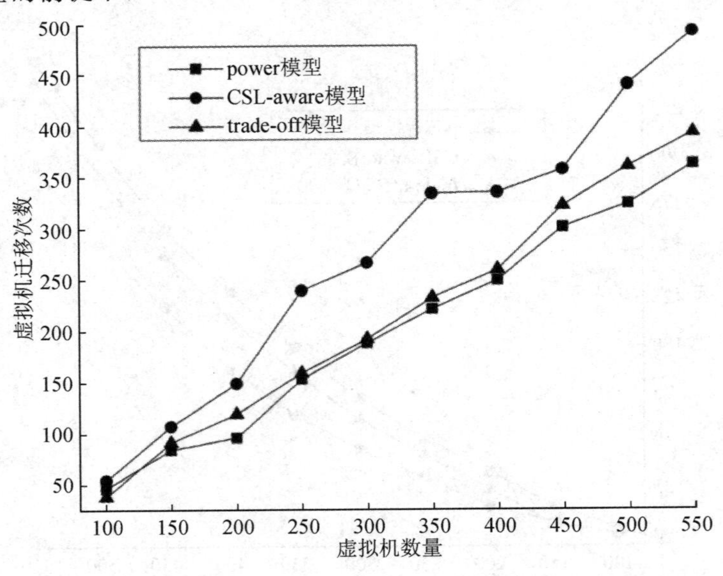

图3-7 power模型、CSL-aware模型以及trade-off模型的迁移次数对比

机的迁移开销考虑进去，云数据中心在 CSL 和能耗两个条件的限制下，降低迁移次数就显得至关重要。在本次实验过程中，每次虚拟机迁移都会耗费等量的资源。模型相对于 power 模型，CSL-aware 模型虚拟机的迁移次数增加了 37.1%，而 trade-off 模型迁移次数只增加了 7.0%，可见为了最大化用户满意度，云数据中心中 CSL-aware 模型触发虚拟机迁移的概率远高于另外两者。

在云计算中，资源均衡度表示横跨多个物理机节点的资源使用状态的度量。提高资源均衡度就是要优化资源的使用效率，最大化吞吐量，最小化响应时间，同时尽量避免单一资源的超载使用。在本次实验中，定义的负载均衡度为

$$\lambda = \frac{\sum_{i=1}^{n} u_i}{n \times \max(u_i)} = \frac{\text{average}(u_i)}{\max(u_i)} \tag{3.17}$$

其中，n 表示物理节点数，u_i 是物理节点 i 的负载。

在本节中，依然沿用了传统的衡量资源均衡度的指标，即利用相关的利用率，比如 CPU 和内存的利用率，取得两者的绝对值，再求得两者绝对值的倒数。当然实际运算过程要复杂得多，但是原理都是基于此。按照前文提到的几种对能耗有贡献的组件的百分比求得一个综合的衡量资源均衡度的指标。

图 3 - 8 所示是 power 模型、CSL-aware 模型以及 trade-off 模型的资源均衡度对比。当虚拟机的数量从 100 增加到 550 时，三种模型的负载均衡度都保持在一个相对稳定的水平上。其中 power 模型的资源均衡度显然是最高的，而 CSL-aware 模型具有最低的资源均衡度。

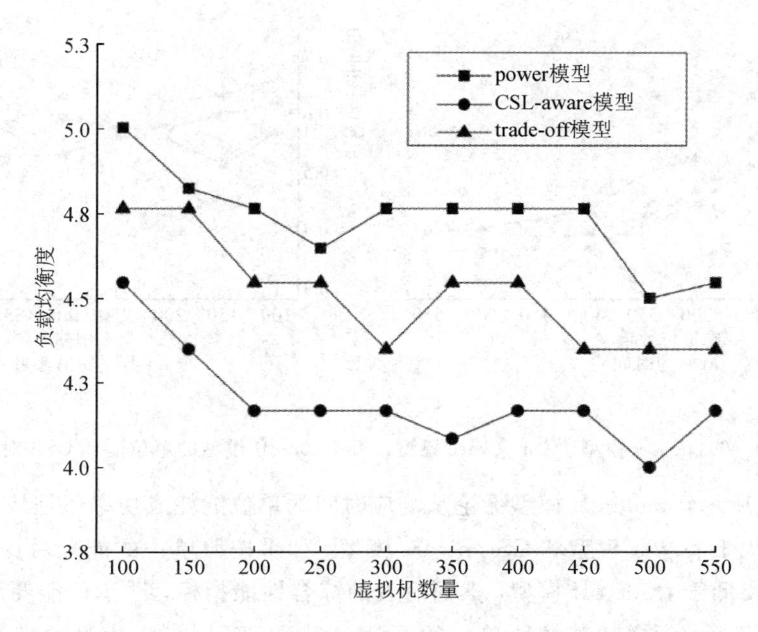

图 3 - 8　power 模型、CSL-aware 模型以及 trade-off 模型的资源均衡度对比

在实验中，本章所提出的 CSL-aware 模型能够有效地降低 SLA 冲突率和物理节点冲突次数。但是这也显著地增加了能耗以及迁移次数，同时也降低了云数据中心的资源均衡度。频繁的虚拟机迁移和较低的资源均衡度将会降低云数据中心的能效。提高 CSL 以及降低能耗是两个相互矛盾的目标，因此，我们使用了 trade-off 模型来对能耗和用户满意度做出均衡。

本研究也评估了旨在最大化单位能耗的 CSL 的 trade-off 模型的性能。图 3-9 显示了使用 power 模型、CSL-aware 模型以及 trade-off 模型的单位能耗的 CSL 对比。

三种模型获取单位能耗的 CSL 趋势的方法十分相似。如图 3-9(a)所示，当虚拟机数从 100 增加到 350 时，三种模型吞吐量的单位能耗 CSL 都呈下降趋势，其后在 400 到 500 间逐渐趋于稳定。从 200 到 500 之间的单位能耗的成功率比较而言，trade-off 总是最高的，这在虚拟机从 200 增加到 400 的过程中尤其明显。总的来说，在整个测试阶段内，trade-off 模型的单位能耗吞吐量成功率比 power 模型和 CSL-aware 模型分别高了 10.0%以及 15.3%。如图 3-9(b)所示，随着虚拟机数量从 100 增加到 300，三种模型的单位能耗 CSL 均保持一个相对平稳的水平。当虚拟机数从 300 增长到 550 时，单位能耗的 CSL 都逐渐下降。在整个测试阶段，就响应时间而言，trade-off 模型比 power 和 CSL-aware 模型的单位能耗的用户满意度分别提高了 22.4%和 11.4%。

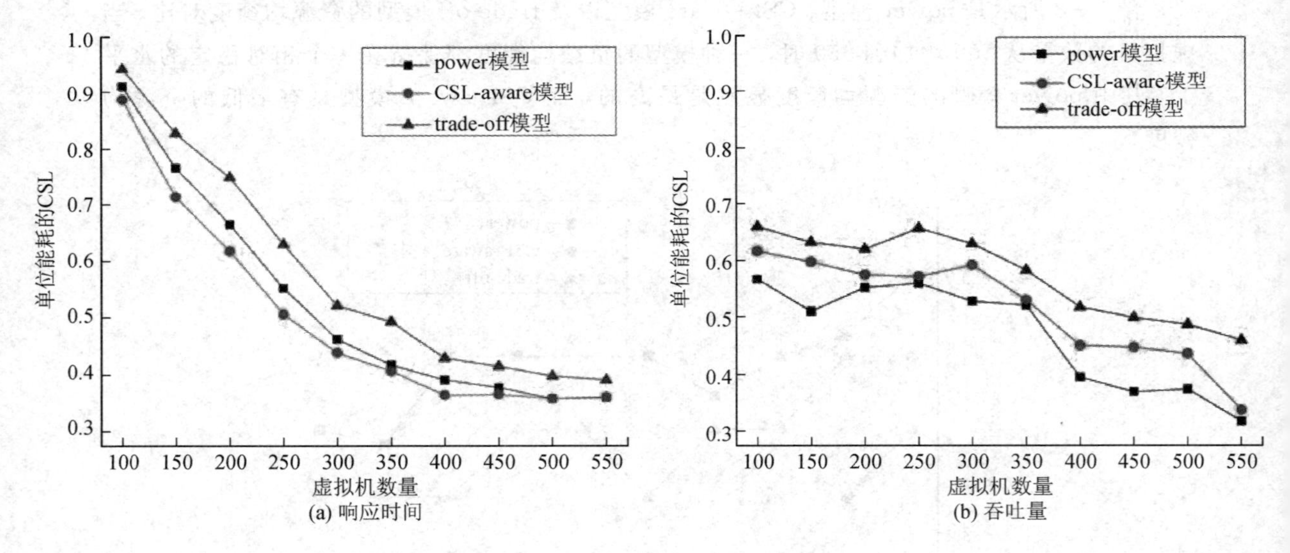

图 3-9　power 模型、CSL-aware 模型以及 trade-off 模型的单位能耗 CSL 对比

如图 3-9 所示，trade-off 模型无论从响应时间的单位能耗成功率还是从吞吐量的单位能耗成功率均优于 power 模型和 CSL-aware 模型。如果按照单一的能耗对比，power 模型的能耗值显然要低于 trade-off 模型，然而后者的综合性能指标，即单位能耗的成功率要明显高出前者 16.3%；同样的若按照单一的 CSL 对比，CSL-aware 模型的满意度必然高于 trade-off 模型，但是 trade-off 模型的单位能耗成功率却高出了前者 12.9%。

本章使用了一种综合的性能指标，即单位能耗的用户满意度。因为高能效所关注的主要有两个方面的内容，一者是能效问题，另一个就是用户的满意度。在定义适应度函数的 3.2.3 节已经给出了具体的算法，结果同样利用这种归一化的方法对于三种模型进行对比。结果证明了 trade-off 模型的有效性。

如图 3-10 所示，trade-off 模型，power 模型和 CSL-aware 模型中开启的物理机节点数均随着虚拟机数量的增加而增加。在相同虚拟机的情况下，trade-off 模型的活动物理机节点数要少于 CSL-aware 模型。与 power 模型相比，trade-off 模型并没有增加太多的启动物理机节点。

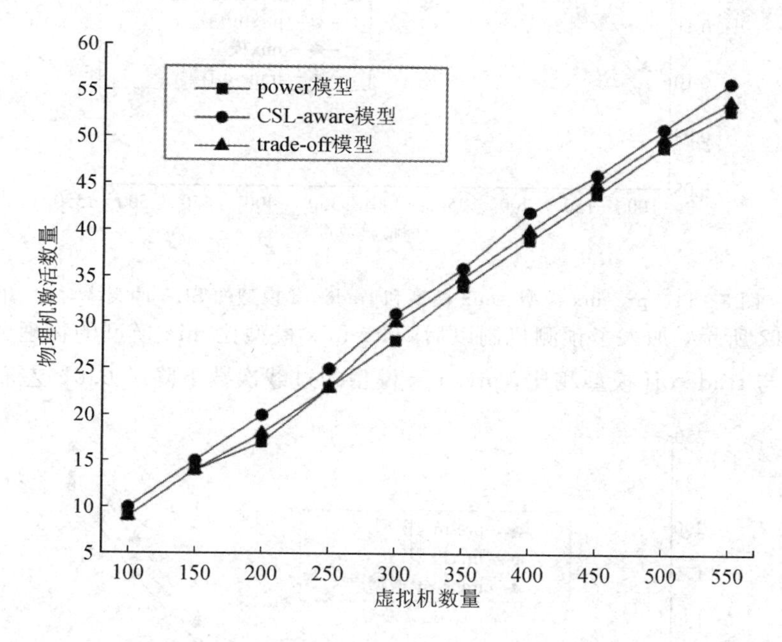

图 3-10 power 模型、CSL-aware 模型以及 trade-off 模型的启动物理节点数对比

在过去的研究中，传统的 power 模型能耗通常作为考虑的唯一指标[22]。Power 模型意在最小化云数据中心的整体能耗，而 CSL-aware 模型则是以最大化云计算中的 CSL 作为其首要目的。对于云服务提供商而言，节省能耗以及提高用户 CSL 都非常重要。然而，节省能耗与提高用户 CSL 是完全相互矛盾的性能指标。

根据成功率划分三个区域的方式尽管优势明显，但存在一个不可不免的缺点。当成功率不断地在三个分区连续变动，往往容易触发更多的虚拟机迁移，而更多的迁移无疑会导致冲突次数的激增，结果是不仅没有降低能耗，反而增加了额外的开销。因此，引入预测机制就显得很有必要了，通过预测算法能够准确掌握成功率的动向，从而在相应的时间段恰好采用最合适的模型。

如图 3-11 所示，三种模型分别是第一组实验中的 trade-off 模型、混合模型和基于预测的混合模型。显然基于预测机制的混合模型 pre-mix 相较于前面所提的 trade-off 模型，SLA 冲突率下降了大约 7.9%，对于单纯的混合模型 mix 也有较好的表现。

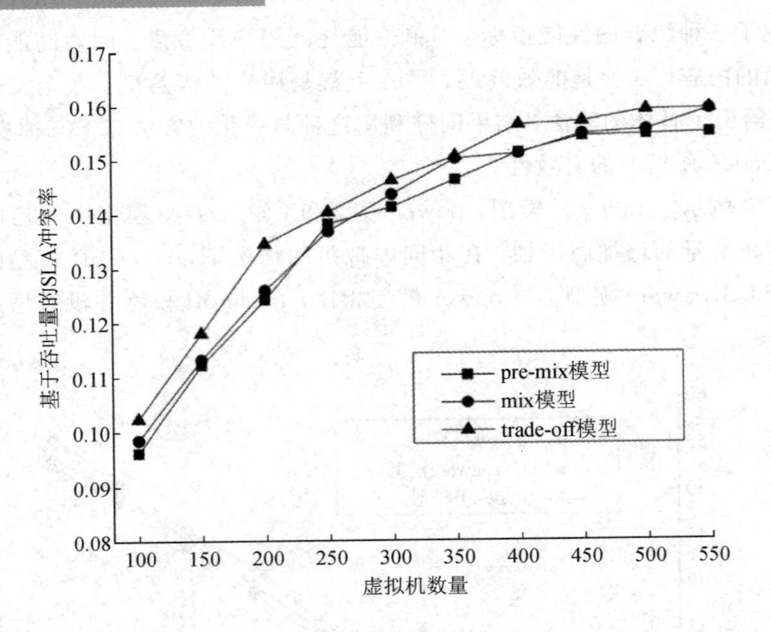

图 3－11　pre-mix 模型、mix 模型和 trade-off 模型的 SLA 冲突率对比

如图 3－12 所示，加入了预测机制以后，pre-mix 模型比 mix 模型的物理节点过载次数进一步降低。与 trade-off 模型相比，pre-mix 模型的过载次数下降了 6.6%左右。

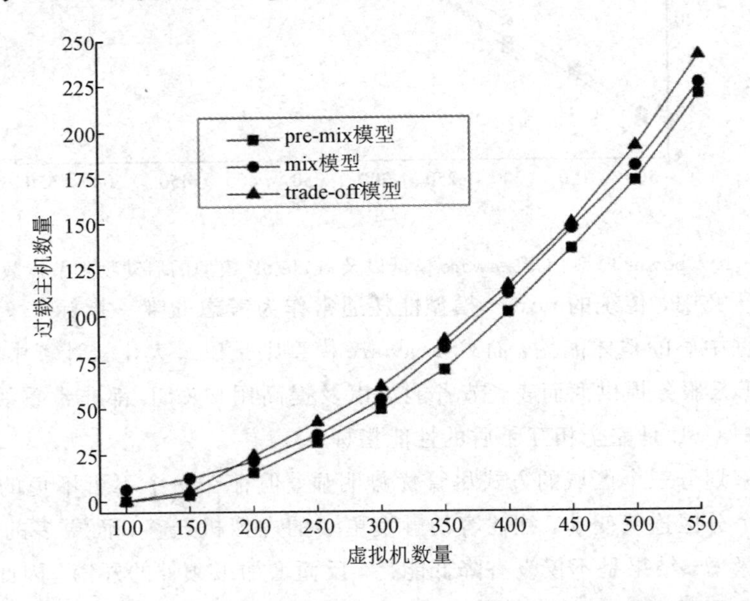

图 3－12　pre-mix 模型、mix 模型和 trade-off 模型的物理节点过载次数对比

参考文献

[1]　ZHU X，YOUNG D，WATSON B J，et al. 1000 islands：an integrated approach to resource management for virtualized data centers[J]. Cluster Computing，2009，

12(1): 45 - 57.

[2] 李强，郝沁汾，肖利民，等. 云计算中虚拟机放置的自适应管理与多目标优化[J]. 计算机学报，2011，34(12)：2253 - 2264.

[3] TIAN W H, ZHAO Y, XU M X, et al. A toolkit for modeling and simulation of real-time virtual machine allocation in a cloud data center[J]. IEEE Transactions on Automation and Engineering, 2015, 12(1): 153 - 161.

[4] AGRAWAL S, BOSE S K, SUNDARRAJAN S. Grouping genetic algorithm for solving the server consolidation problem with conflicts[C]// Proceedings of the first ACM/SIGEVO Summit on Genetic and Evolutionary Computation, ACM, 2009: 1 - 8.

[5] GUPTA R, BOSE S K, SUNDARRAJAN S, et al. A two stage heuristic algorithm for solving the server consolidation problem with item-item and bin-item incompatibility constraints [C] // Proceedings of the 2008 IEEE International Conference on Services Computing (SCC'08). 2008: 39 - 46.

[6] BELOGLAZOV A, RUYYA R. Managing overloaded hosts for dynamic consolidation of virtual machines in cloud data centers under quality of service constrains[J]. IEEE Transactions on Parallel and Distributed Systems, 2013, 24(7): 1366 - 1379.

[7] SRIKANTAIAH S. Abstract energy aware consolidation for cloud computing[J]. Cluster Computing, 2008, 12(1): 10.

[8] LIU Z, WANG S, SUN Q, et al. Energy-aware intelligent optimization algorithm for virtual machine replacement[J]. Journal of Huazhong University of Science and Technology (Natural Science Edition), 2012, 12(40): 398 - 402.

[9] 徐义春，肖人彬. 一种改进的二进制粒子群算法[J]. 模式识别与人工智能，2008，20(6)：788 - 793.

[10] LI H J, DAI Y, LIU R, et al. Energy-efficient virtual machine migration and consolidation algorithm in cloud data center[J]. Telecommunications Science, 2015, 31(1): 65.

[11] BELOGLAZOV A, BUYYA R. Optimal online deterministic algorithms and adaptive heuristics for energy and performance efficient dynamic consolidation of virtual machines in cloud data centers[J]. Concurrency and Computation: Practice and Experience(CCPE), 2012, 24(13): 1397 - 1420.

[12] BELOGLAZOV A, ABAWAJYB J, BUYYA R. Energy-aware resource allocation heuristics for efficient management of data center for Cloud computing[J]. Future Generation Computer Systems, 2012, 28(5): 755 - 768.

[13] KENNEDY J, EBERHART R. Particle swarm optimization[C]// Proceedings of IEEE international conference on neural networks, 1995, 4(2): 1942 - 1948.

[14] RAO S S. Engineering optimization: theory and practice[M]. John Wiley & Sons, 2009.

[15] VALLE Y, VENAYAGAMOORTHY G, MOHAGHEGHI S, et al. Particle swarm optimization: Basic concepts, variants and applications in power systems. IEEE Transactions on Evolutionary Computation [J]. IEEE Computer Society Press, 2008 12(2): 171 - 195.

[16] XU X L, CAO L L, WANG X H. Resource pre-allocation algorithm for low-energy task scheduling of cloud computing [J]. Journal of Systems Engineering and Electronics, 2016,27(2): 457 - 469.

[17] ZENG N, WANG Z, ZHANG H, Alsaadi F E. A novel switching delayed PSO algorithm for estimating unknown parameters of lateral flow immunoassay [J]. Cognitive Computation, 2016, 8(2): 143 - 152.

[18] FARAHNAKIAN F, PAHIKKALA T, et al. Energy-aware VM consolidation in cloud data centers using utilization prediction model [J]. IEEE Transactions on Cloud Computing, 2019, 7(2): 524 - 536.

[19] ZHU Y, HALPERN M, REDDI V J. Event-based scheduling for energy-efficient QoS (eQoS) in mobile web applications [C] // Proceedings of IEEE International Symposium on High Performance Computer Architecture, 2015: 137 - 149.

[20] DAI X, WANG J, BENSAOU B. Energy-efficiency virtual machines scheduling in multi-tenant data centers[J]. IEEE Transactions on Cloud Computing, 2015, 4(2): 210 - 221.

[21] CALHEIRO R, RANJAN R, BELOGLAZOV A, et al. CloudSim: a toolkit for modeling and simulation of cloud computing environments and evaluation of resource provisioning algorithms [J]. Software Practice and Experience, 2011, 41(1): 23 - 50.

[22] WU L, GARG S K, VERSTEEG S, et al. SLA-based resource provisioning for hosted software-as-a-service applications in cloud computing environments. IEEE Transactions on Services Computing, 2014, 7(3): 465 - 485.

第4章　数据中心任务分类及分析

目前用户对云计算的存储、计算、实时交互的需求呈现爆炸式的增长趋势，云数据中心面临海量的异构负载任务，他们具有不同的负载特性，对资源需求和QoS要求特性存在差异性。合理地对这些异构的负载任务进行分类分析，对数据中心资源配置方案的设计及调优影响深远。

目前已有一些关于数据中心负载任务分类分析的研究。如文献[1]针对资源和性能需求的相似特征，采用K-means聚类方法将负载任务分成了几个类。文献[2]对任务的运行时间与资源的使用，如CPU、内存和Disk进行了研究分析。文献[3]研究根据资源的消耗情况(主要是CPU和内存的使用)，把任务负载分为大、中、小及其各种组合类型。文献[4]根据任务特性将任务分为CPU密集型、内存密集型、大任务和小任务等等。

通过分析发现，目前对数据中心负载任务异构特征进行分类分析的研究中，综合一个任务的几个指标参数的任务分类方法研究不够，且分类时大多关注于任务对CPU、内存等资源的需求，没有充分考虑任务QoS需求，导致任务分类的结果和适用性较差。针对这一问题，本章分析了Google集群生产数据中心的跟踪数据，对负载任务进行了特征分类分析，分类时在考虑任务资源需求的同时，充分考虑任务优先级、时延敏感度、持续时间这些反应任务QoS需求的指标。

4.1　Google集群跟踪数据概述

本章使用Google 2014年公开的数据中心工作负载跟踪数据(版本2)[5]作为依据，该版本数据为Google数据中心一个集群中29天的负载跟踪数据信息，其中包含大约12 000台机器，672 003个作业和25 462 157个任务，负载任务跟踪包含调度事件、资源需求和使用记录。该数据集由不同的数据表组成，见表4-1。

表4-1　Google集群跟踪数据表结构

序　号	表　名
1	Machine event
2	Machine attribute
3	Job event
4	Task event
5	Task constraint
6	Resource usage

数据表 Machine event 和 Machine attribute 描述机器事件和机器属性，数据表 Job event、Task event 描述了作业、任务及其生命周期。其中所有的作业和任务都有一个调度类字段信息，粗略地表示工作、任务的时延敏感度，由一个 0～3 的数字表示，值越大表示时延敏感度越高。数据表 Task event 中有一个优先级字段信息，粗略的表示任务的优先级程度，优先级由 0～11 的数字表示，任务优先级针对 4 个不同的任务类型，Google 集群跟踪数据没有明确指定这些任务优先值的含义，仅说明空闲任务具有最低的优先级值，生产任务具有最高的优先级值，而监控任务的优先级值较低。另外，尽管具有较高时延敏感度的任务往往有较高的任务优先级，但调度类与优先级不等同，调度类影响本地机器资源的访问策略，而优先级确定任务是否优先调度在机器上。数据表 Task constraint 描述了任务调度的放置约束。数据表 Resource usage 描述了任务的 CPU、内存、磁盘等资源使用情况。Google 同时提供了该数据集详细介绍，详细参考文献[6]。

数据集中，作业是由一个或多个任务组成的应用程序，每个任务都伴随着一组资源及性能需求，当提交作业时，任务根据指定的资源需求安排到机器上执行，且生命周期内，工作和任务具有几种状态，如图 4－1 所示。

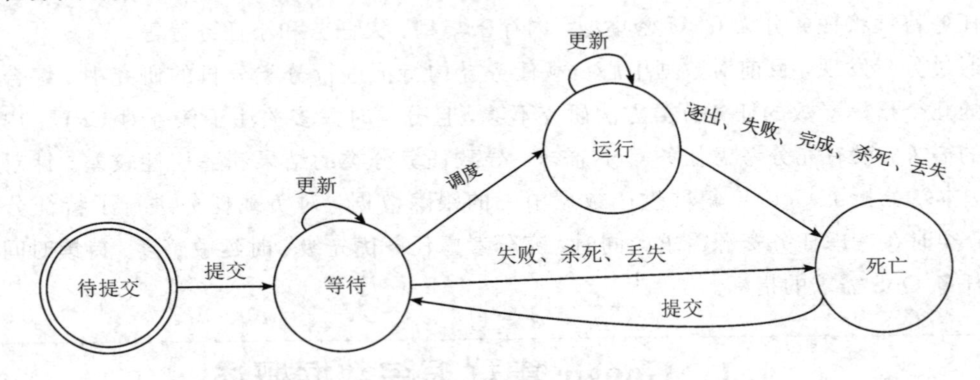

图 4－1　工作/任务生命周期状态转换

在 Google 数据中心跟踪数据中，资源利用率和需求数据被标准化，如文献[6]所述，对在任何一台机器上特定资源的最高数值进行了归一化。在这种情况下，为了获得真实的数据感，本章在表 4－2 中假设了每种资源的最大数值，每个记录的真实数据需乘以相关的值(如内存利用率为 $\text{Real}_{\text{util}} = \text{Recorded}_{\text{util}} \times 4$)。

表 4－2　用于去标准化的每个资源的最大数值

CPU	内存/GB	磁盘/GB
100％的最大机器 CPU 的核心(3.2 GHz)	4	1

4.2　任务分类必要性分析

云计算平台上部署了各种不同的应用，不同的应用具有复杂性和多样性的异构任务[7]，这种异构任务的差异极易造成负载不均衡，对数据中心资源配置提出了更高的要求。因此，如果能针对云计算中平台的具体应用任务特性进行分类分析，根据具体的负载任务特性为其配置相应合适的资源，对数据中心资源配置方案设计和调优很有意义。反之，如果资源配置方案设计不考虑负载任务的异构性，将很难保证负载任务的需求与供应配置的资源之间的相容性，从而导致次优的节能和性能效果。所以对工作负载任务和资源特征进行分类分析很有必要[8]。

4.3　Google集群跟踪数据任务分类研究

4.3.1　任务分类指标

任务分类的目标是将任务划分为具有相似资源需求和性能特征的类，以便有效地分配可用资源。其中聚类标准的选定，对聚类的结果具有重大影响，进而影响资源配置策略的效果，为了达到高能效资源配置目标，任务分类在考虑任务资源需求的同时，必须充分考虑用户QoS需求，为此本章采用以下四个聚类指标：

(1) 任务长度，即任务运行在机器上的持续时间；

(2) 任务优先级，即任务重要性程度，由0～11之间的整数表示为12个优先级级别，值越大优先级越高；

(3) 任务时延敏感度，即任务时间延迟敏感程度，由0～3之间的整数表示为四个时延敏感度级别，值越大敏感度越高；

(4) 任务大小，包括任务对CPU和内存需求的大小。

4.3.2　任务分类方法

本章采用经典K-means算法实现对任务的分类。聚类分析是在衡量数据源相似性的基础上，根据某种规则将数据源分到不同类或者簇的过程，且保证同组分类具有最大的相似性，不同组分类具有较大的差异性。通常的做法是选择数据源的N种特征构成一个N维向量，然后通过数据源集合到N维向量空间的映射完成聚类过程。数据中心负载任务量巨大，以往的分类法都是有类别标签的，比如回归、朴素贝叶斯、SVM等，也就是说样例中已经给出了样例的分类，如果通过预处理使得数据满足这些分类算法的要求，则代价非常大，不划算，也不现实。而K-means算法属于无监督学习聚类，样本中不需给定类别标签，只需设定聚类特征。另外，K-means算法具有简单高效的特性，适用于数据中心海量任务数据的环境，且足以满足本章要求。由此，本章采用经典K-means算法实现对任务的分类。

K-means算法可以表述为：假设提取到原始数据的集合为$D=(x_1, x_2, \cdots, x_i, \cdots, x_n)$，其中每个数据$x_i$为数据源提取的$N$个特征构成的$N$维向量，设定分类组数为$K$，且$K \leqslant n$，K-means聚类目标是实现将原始数据分成$K$类$\boldsymbol{S}=\{S_1, S_2, \cdots, S_k\}$。

K-means 算法步骤如下：

(1) 从数据集 D 中选取 K 个数据对象作为初始聚类中心。

(2) 计算每个数据对象 x_i 到 K 个聚类中心的距离，即相异度，并划归入相异度最低的那个簇。

(3) 通过计算已得到簇中所有数据对象各维度的算术平均数，重新计算 K 个簇的聚类中心。

(4) 按照新的聚类中心对 D 中全部数据对象进行重新聚类。

(5) 重复第(4)步，直至各个簇中心基本稳定或达到最大迭代次数。

(6) 将结果输出。

本章使用 K-means 的 Matlab 实现对任务聚类，输入数据是任务特征的向量，使用上一节中列出的任务特征分类指标，需要说明的是任务大小包括任务 CPU 和内存两个特征标准。因为各聚类指标单位的不一致性，所以在聚类之前需要对聚类指标进行无量纲处理，即统一归一化为[0,1]之间，来确保具有不同单位的数据特征之间的可比性，在本章使用的 Google 数据中心跟踪数据中，如文献[6]所述，资源利用率和需求数据已经被归一化处理。

具体来说，任务 i 建模为一个向量 $\boldsymbol{s}^i=(\boldsymbol{s}^{i1},\cdots,\boldsymbol{s}^{iF})$，$F$ 表示用于聚类的特征标准，N_k 表示任务属于集群 k，集群的中心定义为一个向量 $\bar{\boldsymbol{\mu}}^k=(\bar{\boldsymbol{\mu}}^{k1},\cdots,\bar{\boldsymbol{\mu}}^{kF})$，且 $\bar{\mu}^{kr}=\frac{1}{|N_k|}\sum_{s^i\in N_k}\boldsymbol{s}^{ir}$。任务聚类时 K-means 算法试图最小化以下相似值

$$\text{score}=\sum_{i=1}^{k}\sum_{i\in N_k}\|\boldsymbol{s}^i-\bar{\boldsymbol{\mu}}^k\|^2 \tag{4.1}$$

其中，$\|a-b\|$ 表示特征空间中两个点 a 和 b 之间的欧氏距离。此外，由于不同的初始聚类中心可能导致不同的结果，本章进行了大量次数的重复实验，来确保输入数据，每个初始聚类均值对于每个特征维度具有高概率和低初始值，从而确保得到全局最优解，避免局部最优解。当迭代优化过程中一个簇变空时，将创建一个新的簇，它由距离旧簇均值最远的单个数据点组成。

K-means 算法 K 值，即聚类种数对聚类结果有着很大影响，如果 K 值过小，将会导致一些集群类不能被检测到，而 K 值过大，将会产生一些人为集群边界。以真实聚类数目为分界，随着 K 值即聚类数的增大，数据点距均值的平均距离 score 值下降幅度将出现骤减到趋于平缓的过程，说明当 K 小于真实聚类数时，随着 K 的增大，每个簇的聚合程度提高明显，而当 K 超过真实聚类数时，随着 K 的增大，每个簇的聚合程度提高效果急剧减小。

本章对任务进行分类时采用逐渐增加 K 值，同时跟踪 score 值和聚类分配结构的方法。如果发现自然聚类，score 值会迅速下降，如果发现人为聚类边界，会将数据点重新排列在不同的聚类之间，而不是聚类分割。最终，当 score 值下降幅度和群集重新排列变得缓慢时，将停止增加 K 值。

聚类过程如图 4－2，表示为一个树形结构图，其中每个节点表示一个集群，箭头表示数据点从源集群移动到目的集群。节点的标签通过手动检查集群特征均值得到。当一个簇分成两个簇时，从一个簇的特征均值中减去另一个簇的特征均值，然后根据得到的最高值进行标记。从图中可以看出，随着 K 的增加，作为数据点距均值的平均距离 D 值逐渐减小，在 $K=9$ 之前，D 值下降的百分比为 14％～17％，当 $K=10$ 时，D 值下降的百分比减少至 9％，表明 D 值下降变得缓慢，簇边界已经基本明确，所以在 $K=10$ 时终止。

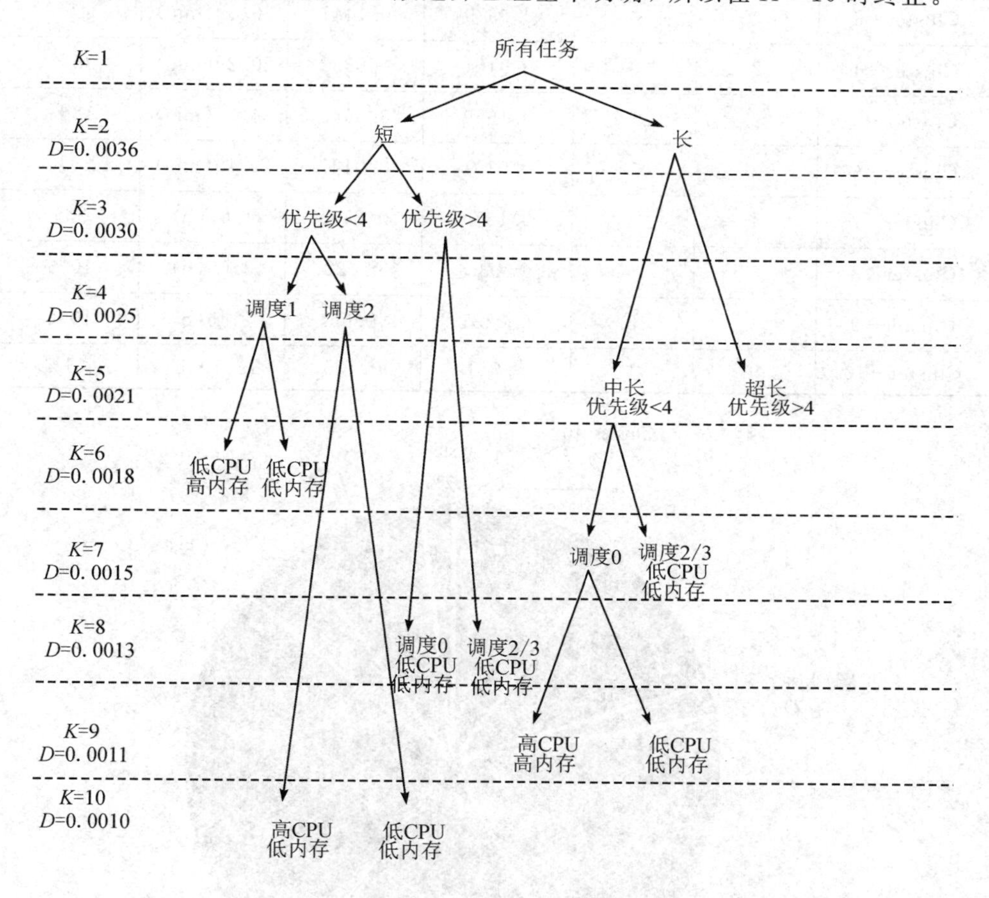

图 4－2　K-means 聚类树

4.4　任务分类结果及分析

4.4.1　任务分类可视化结果

本章通过不断循环分析、实验，对任务进行分类后结果显示有 10 个任务类的存在。详细分类结果信息如表 4－3 所示，其中优先级和时延敏感度值为任务类主要值的平均。图 4－3 展示了各集群任务类占比数据，其中因为 Cluster－10 小于 1％，未在图中显示。

表 4-3 任务分类集群统计数据

类 别	优先级	时延敏感	任务资源需求大小		任务长度	占比
			CPU	内存		
Cluster-1	8	0	0.005	0.0038	6.04(min)	2%
Cluster-2	7	3	0.0213	0.0548	38.66(min)	8%
Cluster-3	0	0	0.0979	0.1441	56.82(min)	4%
Cluster-4	2	0	0.0101	0.0062	20.29(min)	26%
Cluster-5	2	1	0.1659	0.0543	34.39(min)	18%
Cluster-6	3	1	0.0101	0.0127	29.19(min)	20%
Cluster-7	4	0	0.1579	0.2895	1.04(h)	2%
Cluster-8	0	0	0.036	0.022	3.09(h)	10%
Cluster-9	1	2	0.0221	0.05	1.45(h)	10%
Cluster-10	9	1	0.011	0.125	18.19(h)	<1%

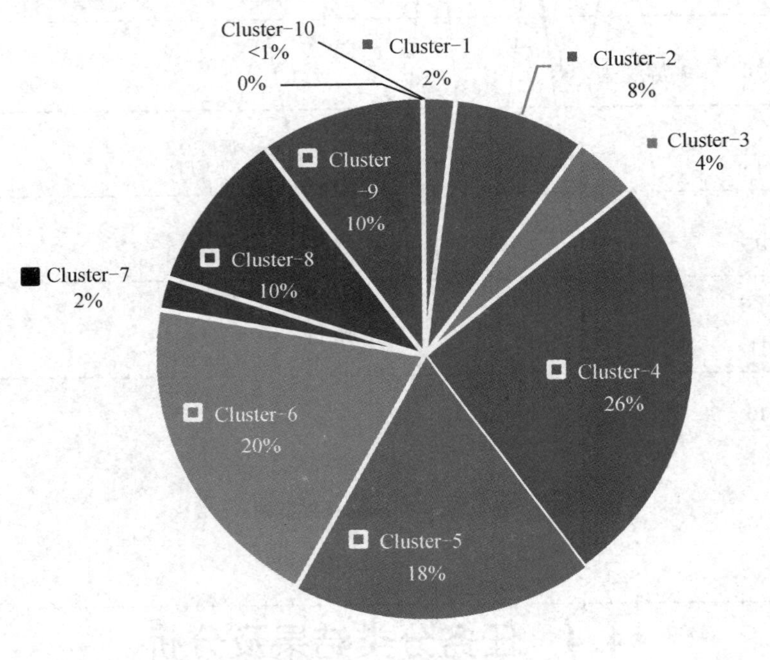

图 4-3 各任务类占比

考虑到为了更好地理解任务集群的特征，在图 4-4 中，使用树形结构展示分类结果。其中任务平均长度 $L<1$ h 和 $L<5$ h 分别表示短时间和中长时间任务，任务平均长度 $L>5$ h 被认为是长时间任务，任务优先级(P)高于 4 被认为是高优先级的，同时任务 CPU>0.1、内存>0.1 被认为视为大任务，用 L 表示，小任务用 S 表示。

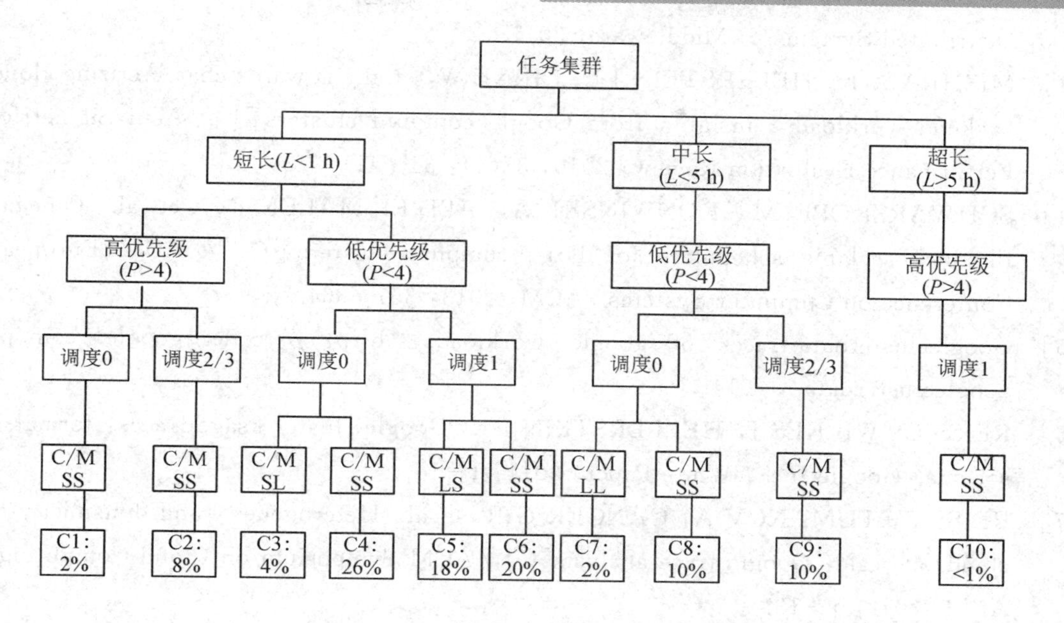

图 4-4 任务分类数据统计树形展示

4.4.2 任务类特征分析

聚类结果显示近 78%的任务属于较短的类别(Cluster-1～Cluster-6)，且超过 50%的任务都是很短的(少于 100 s)；此外，最长持续时间任务，都具有较高的优先级(Cluster-10)；绝大部分任务都具有较低的资源需求，其余少部分任务要么是 CPU 密集型任务(Cluster-5)要么是内存密集型任务(Cluster-3)，只有极少的任务 CPU 和内存利用率均高(Cluster-7)。

Cluster-1、Cluster-2 均为短时间高优先级任务类，Cluster-2 时延敏感度更高，且平均长度较长；Cluster-3～Cluster-6 为短时间低优先级任务类，占比最多，为 68%，且从 Cluster-3～Cluster-6 优先级和时延敏感度相应都有所提高；Cluster-7～Cluster-9 为中等时间低优先级任务，Cluster-8 时间最长，Cluster-9 时延敏感度最高。长时间高优先级任务只有一个类 Cluster-10，其延迟敏感度较小，同时作为最长持续时间任务，都具有较高的优先级，使其资源不太可能被抢占，这个逻辑是在 Google 集群调度程序中实现的，以避免在执行过程中重新启动长任务导致的资源浪费，这与本章实验聚类结果相符。

参考文献

[1] ZHANG Q, ZHANI M F, BOUTABA R, et al. Harmony: dynamic heterogeneity-aware resource provisioning in the cloud[J]. IEEE Transactions on Cloud Computing, 2014, 2(1): 14-28.

[2] ZHANG Q, HELLERSTEIN J L, BOUTABA R. Characterizing task usage shapes in google's compute clusters[R]. Proc. 5th International Workshop on Large Scale

Distributed Systems & Middleware, 2011.

[3] MISHRA A K, HELERSTEIN J L, CIRNE W, et al. Towards characterizing cloud backend workloads: insights from Google compute clusters[J]. Acm Sigmetrics Performance Evaluation Review, 2010, 37(4): 34-41.

[4] SCHWARZKOPF M, KONWINSKI A, ABD-EL-MALEK M, et al. Omega: flexible, scalable schedulers for large compute clusters[C]// ACM European Conference on Computer Systems. ACM, 2013: 351-364.

[5] Googleclusterdata-traces of google workloads, http: // code. google. com/p/googleclusterdata/, 2014.

[6] REISS C, WILKES J, HELLERSTEIN J L. Google cluster-usage traces: format+schema. Google Inc., White Paper, 2011: 1-14.

[7] REISS C, TUMANOV A, GANGER G R, et al. Heterogeneity and dynamicity of clouds at scale: Google trace analysis[C]// ACM Symposium on Cloud Computing. ACM, 2012: 1-13.

[8] MISHRA A K, HELLERSTEIN J L, Cirne W, et al. Towards characterizing cloud backend workloads: insights from Google compute clusters[J]. Acm Sigmetrics Performance Evaluation Review, 2010, 37(4): 34-41.

第 5 章　数据中心基于任务分类的高能效资源配置研究

在云计算高速发展的今天，一方面云数据中心拥有大规模的基础设施，导致能耗问题突出；另一方面在云数据中心存在资源分配不合理，利用率较低问题。面对高能耗和低利用率并存问题，如何提高云数据中心资源利用率、减少能源消耗同时保证 QoS，即提高云数据中心能效是云计算的一个主要研究方向。云数据中心资源的分配调度方案的优劣作为影响系统性能的重要因素，直接关系到云服务的稳定性、服务质量 QoS、资源利用效率和运营成本等。因此，探索高能效的云数据中心资源配置方案，具有非常重要的理论和实际意义。当前针对云数据中心高能效资源配置方案研究还存在一些不足：

(1) 目前针对云数据中心资源配置问题的研究大多着眼于虚拟机的粒度，主要通过对负载情况的监控和预测来对虚拟机进行调度，从而满足资源的需求[1-2]。或者通过改进负载均衡算法来优化调度策略[3-4]。但是云计算环境下以虚拟机为资源调度单位，不可避免产生额外的资源消耗代价，包括对大量历史数据的记录成本、对虚拟机的实时监控成本以及在记录和监测基础上进行的大量虚拟机的迁移整合成本。

(2) 云数据中心普遍存在的异构性，在以前云数据中心的资源调度方案中往往被忽视，而工作负载的异构性对资源配置方案的设计有着深远的影响[5]。特别是，云数据中心异构负载任务量巨大，多样性的任务对资源需求和 QoS 要求特性差异性复杂。资源配置时对异构性的忽略，会产生工作负载需求与配置资源之间的不相容，从而导致低资源利用率和高能耗[6]。另外，设计异构感知的资源配置方案需要对工作负载进行精确的表征，以平衡能耗和性能。

(3) 结合任务特性建立资源管理模型方面的研究较少，针对任务特性，往往只考虑任务资源需求参数指标，而忽略任务 QoS 要求指标，从而导致资源配置方案不能保证 QoS。如文献[6]只考虑了任务对 CPU 的需求特性进行了分析预测，没有考虑其他任务特性。

针对以上问题，本章提出一个基于负载任务分类的高能效资源配置方案(CBRAS)。仿真实验结果表明，对比传统资源配置算法，本章提出的 CBRAS 方案能有效提高数据中心的能效。

5.1 相关工作

5.1.1　资源配置问题描述

云数据中心作为云计算的重要组成部分的，是能够实现海量信息计算与存储的大规模共享虚拟 IT 资源池。对用户而言，只需向云服务提供商提交任务，任务到达云数据中心后由调度程序按照某种调度策略把用户提交的任务分配给系统中的可用资源去完成。云数据中心给发出请求的消费者在一定时间内进行的这一资源分配的动态活动，称为资源调度，或者资源配置。

在一般情况下，每一个调度问题的实例须明确三个组成部分：

(1) 负载即资源的消费者，是由作业组成，定义为一个计算任务的集合。

(2) 资源即执行负载所需要的，是由一套有一个或多个处理核心的分布式节点或计算机，包括主存储器、存储设备、网络访问及整个计算单元组成，以虚拟资源形式呈现。

(3) 调度要求即调度目标和其他必须满足的解决方案的要求。

任务调度是云数据中心资源调度的一个重要内容，调度程序根据用户任务的需求配置相应的虚拟资源来执行并返回结果，其核心就是任务与虚拟资源的映射过程。调度目的是实现任务执行针对用户的透明性，资源的充分合理利用以及保证用户的服务体验。判断一个资源调度策略的优劣主要看其能否保证任务需求和配置资源之间的相容性，实现更高的资源利用率，在降低能耗成本同时保证用户的服务质量，实现数据中心高能效的资源管理。而云环境的异构性条件下，设计高能效任务调度策略是一个很有挑战性的问题。

云计算环境下的任务调度其实是一个 NP-hard 问题[7]，实质是实现将 n 个任务合理调度给 m 个异构资源，以便高效地完成任务。调度目标将不仅以任务完成时间跨度度量，而是作为一个 QoS 评价指标，以执行能耗成本约束、资源可靠性约束和任务完成时间约束来度量[8]。

5.1.2 相关研究总结

当前虚拟化技术已广泛应用于云计算数据中心，云计算中关于资源调度方面的研究多集中在虚拟资源的调度。如文献[9]提出一种资源调度方法，在考虑云计算基础架构特点的同时，重点满足用户对虚拟机的需求。文献[10]针对虚拟资源分配问题提出了一个效用模型，该模型以达到效用最大为调度目标。文献[11]提出了一种能耗感知的动态虚拟资源整合模型，来最小化数据中心的能耗，并考虑了虚拟机迁移的代价问题。然而作者没有对资源的负载状态(是否过载、过闲等)进行评估，只是周期性优化虚拟资源分配。

另外，文献[12]研究了任务、能耗和资源利用率之间的关系，并重点研究了资源负载的整合方式与能耗和性能的关系。文献[6]在考虑了任务的执行时间、资源成本和利用率(CPU、Memory)情况下，提出了一个云计算中多输入多输出反馈控制的动态资源调度算法，通过强化学习来调整自适应参数，以保障在时间约束下实现最优的应用效益。文献[13]提出了一个资源整合方法，来平衡云计算中任务执行的性能和能耗。但是这些研究都是面向具体应用负载而实现的资源整合和调度，对应用负载有很强的依赖性。文献[14]根据任务特性，将任务分为 CPU 密集型、内存密集型、大任务和小任务等，并提出了一个调度框架，但没有针对这些任务特性提出新的调度策略。

云数据中心资源调度作为一个 NP-hard 问题，目前还有很多研究通过采用启发式算法得到近似最优解，如文献[15]～[17]采用或改进蚁群算法来优化资源调度，以实现更短调度延迟和负载均衡的目标。

由以上研究发现，数据中心资源调度有两个侧重点：一是以虚拟资源为核心，侧重应用级的调度；二是以用户提交的任务为核心，侧重作业级的调度。当前的研究多是侧重于应用级调度。但是云计算环境中，以虚拟机为资源调度单位，针对虚拟机的监控、记录和迁移整合不可避免地会带来大量额外的开销。另外，云数据中心负载任务的异构性，在调度方案中往往被忽视或仅考虑任务资源需求的异构性，没有考虑QoS需求的差异性。

面对当前研究现状的不足，本章提出基于任务分类的资源配置方案(CBRAS)，实现云数据中心既保证QoS又降低能耗的高能效目标。

5.2　CBRAS资源配置策略

5.2.1　系统架构

系统基于云计算环境规范，用户从云服务提供商请求服务来执行任务。系统由两个主要部分组成：用户和提供者，如图5-1所示。用户向云提交作业(由一组任务组成)，包含基本资源需求的同时，也包含隐含的QoS需求，本章通过任务优先级和调度延迟这两个参数来反映任务的QoS需求。提供者接收用户的作业，在云数据中心执行后，将结果返回给用户。提供者通过本地资源管理器周期性的监控本地节点虚拟资源的CPU、Mem等负载情况，并周期性地提交给全局资源管理器，而全局资源管理器按CPU和Mem利用率从小到大将资源排序，维护资源队列信息。

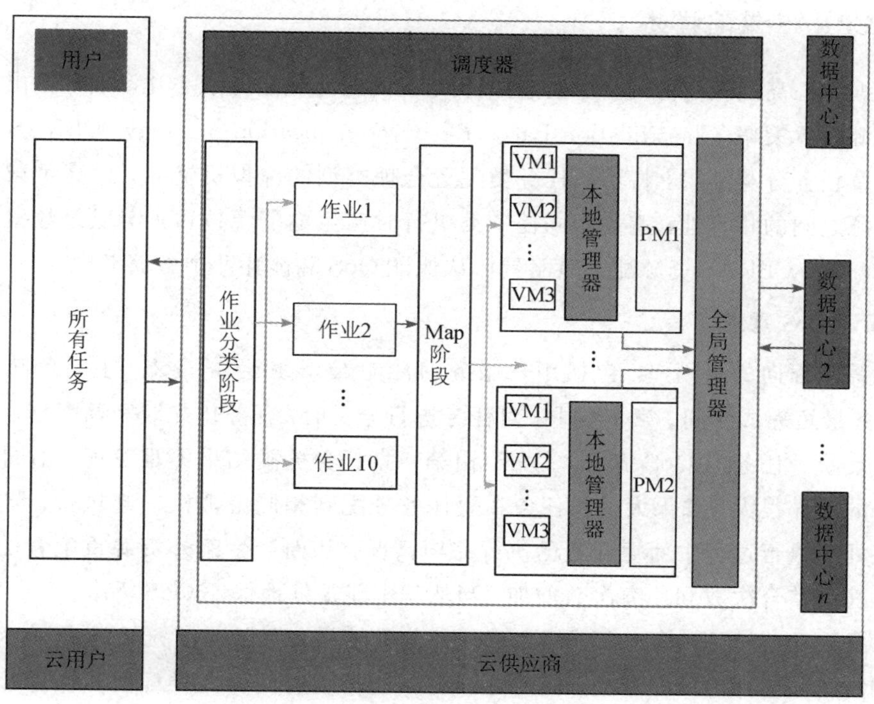

图5-1　系统架构图

资源调度作为用户和云基础设施之间的接口，分析提交任务的需求，并根据合适的策略进行资源配置，以便在保证任务 QoS 要求的同时减少能耗。本系统资源调度模型主要包括任务分类阶段、映射阶段。在任务分类阶段，本章对负载任务进行分类，得到 10 个任务类，每个到达的任务被确定其所属类型，生成任务队列。而映射阶段将在任务分类的基础上进行，根据任务信息和资源信息采用本章提出的 CBRAS 策略对任务进行调度。

资源配置中，系统 S 建模为 $(D,\mathrm{PM},\mathrm{VM},T)$。$D$ 为数据中心集合，且 $D_d \in D$ 代表系统中的一个数据中心，本章仅关注于数据中心内的资源配置策略；PM 为数据中心物理机的集合，且 $\mathrm{PM}_{k,d} \in \mathrm{PM}$ 代表数据中心 D_d 的一个物理机 PM_k；VM 为数据中心物理机上的虚拟机集合，且 $\mathrm{VM}_{j,\mathrm{PM}_k,d} \in \mathrm{VM}$ 代表数据中心 D_d 中 PM_k 上的一个虚拟机 VM_j；T 为云任务集合，$T_{i,\mathrm{VM}_j} \in T$ 代表分配到 VM_j 上的一个云任务 T_i。用户提交任务 T_i 的输入参数为任务持续时间、优先级、时延敏感度、CPU 需求和内存需求，分别由 L_i、P_i、S_i、C_i 和 M_i 表示。则输入任务数据集合表示为 $\{T_1,T_2,\cdots,T_i,\cdots T_n\}$，任务特性为 $T_i=(L_i,P_i,S_i,C_i,M_i)$，$T_{\mathrm{cluster}_x}$ $(1 \leqslant x \leqslant 10)$ 表示第 4 章聚类分析所得到的 10 个任务类，$T_{i,\mathrm{cluster}_x}$ 表示任务集群 T_{cluster_x} 中的一个任务 T_i。本章所使用的实验数据来自 Google 生产数据中心历史跟踪数据，用户提交任务的需求信息具有一定可信度和准确性，另外由于实验中根据历史数据模拟任务提交，不存在任务参数临时改变情况，同时真实环境中，此种情况出现也较少。因此为了研究方便，本章假设用户提交任务的需求信息是可信的、准确的，且任务参数是固定不变的。详细资源配置策略模型将在下节描述。

5.2.2 CBRAS 策略描述

云数据中心高能效资源配置，通过保证 QoS 同时实现能耗最小化，本章提出基于任务分类的资源配置策略(Classification-Based Resource Allocation Strategy, CBRAS)，该策略基于第 4 章任务分类结果，将不同任务类配置合理类型的虚拟机资源，提高负载任务需求与配置资源之间的相容性，避免相同任务类执行时产生的资源抢占，实现云数据中心高能效的资源配置。CBRAS 资源配置策略具体从保证 QoS 和能耗两个方面考虑。

1. 保证 QoS 需求

QoS 需求面向的是用户，包括用户服务的性能 QoS 和经济 QoS，主要反映为最优跨度，即任务最短完成时间。第 4 章中，对任务进行分类时，任务优先级和调度延迟两个指标参数侧面反映了任务的 QoS 需求。另外，由第 4 章任务分类结果不难发现，不同类型任务持续时间的差异很大，如果大量长任务和短任务分配到相同虚拟机一起执行，将出现众多长任务正处于执行过程中而短任务已执行完毕情况，从而产生额外资源重配置的代价，导致虚拟机迁移整合次数和冲突次数增加，当然就不能很好地保证 QoS 需求。

本章提出的 CBRAS 策略根据第 4 章任务分类结果，为保证任务 QoS 需求，优先配置优先级和时延敏感度高的任务类，同时选择将相同持续时间任务类配置相同虚拟机，以降低长任务执行过程中短任务已执行完毕时重配置资源的代价。

2. 降低能耗

能耗面向的是数据中心，即系统中的提供者。能耗由数据中心物理机 CPU、磁盘、内存和网络影响[17]，且 CPU 为最主要因素，网络因素能耗很小，可以忽略。因此本章能耗评估选取 CPU、磁盘、内存三个因素，使用 PM_i 表示一个物理机，使用 P_{cpu}、P_{memory} 和 P_{disk} 分别表示物理机 CPU、内存和磁盘的能耗。它们之间的关系如下：

$$PM_i^P = P_{cpu} + P_{memory} + P_{disk} \tag{5.1}$$

CPU 作为物理机能耗主要因素，其能耗由动态和静态两部分组成，使用 $P_{cpu\_dynamic}$、P_{cpu_static} 分别表示 CPU 动态和静态时的能耗[17]，CPU 能耗定义如下：

$$P_{cpu} = P_{cpu\_dynamic} + P_{cpu\_static} \tag{5.2}$$

P_{cpu_static} 为一个常量，使用 ω 表示。$P_{cpu\_dynamic}$ 如下：

$$P_{cpu\_dynamic} = ACV^2 f \tag{5.3}$$

其中，A 表示频率门限开关的活动因子，C 表示输出的总电流容量，V 表示 CPU 电压，f 表示 CPU 运行频率。因为电压 V 可以表示为频率 f 的线性函数，如下：

$$V = \alpha f \tag{5.4}$$

其中，α 为常数。本章把所有常数(ω, A, C)归一化为一个常量 β，由式(5.2)、式(5.3)、式(5.4)得

$$P_{cpu} = \beta f^3 \tag{5.5}$$

即 CPU 的能耗由其运行频率决定。

使用 n 表示任务数，x_i 表示 PM_i 的状态，即 x_i 为 0 时表示 PM_i 处于关闭状态，为 1 时表示 PM_i 处于开启状态。数据中心执行所有任务总能耗 TP_d 如下：

$$TP_d = \sum_{i=1}^{n} x_i \times PM_i^p \tag{5.6}$$

显然，资源配置减小能耗目标要最小化式(5.6)，即需尽量降低活跃物理机数目及其 CPU 运行频率[式(5.5)]。

本章提出的 CBRAS 策略，为降低能耗，一是将高 CPU 需求和高内存需求任务交错配置，避免相同任务类执行时产生的资源抢占，提高资源利用率，以减少活跃物理机数目，这是由于任务执行时 CPU 和内存的使用是不冲突的；二是灵活配置虚拟机类型，虚拟机类型配置时，除针对少数高 CPU 利用率任务如 Cluster－5 采用空间共享策略(即一个 VM 享有一个或多个 CPU 核心)外，更多采用时间共享策略(即两个或多个 VM 共享一个 CPU 核心)[18]，以最小化 CPU 核心运行频率。

5.2.3　CBRAS 策略流程

CBRAS 策略原则就是将长短不同、CPU 和内存需求相同的任务错开执行，同时优先执行高优先级和高时延敏感的任务，从而充分利用资源，降低能耗同时保证 QoS。CBRAS 策略流程描述如表 5－1 所示。

表 5-1 CBRAS 调度算法

输入：$\{T_1, T_2, \cdots, T_i, \cdots, T_N\}$，$T_i = (L_i, P_i, S_i, C_i, M_i)$，$Q_{\text{TLB}}$，$Q_{\text{TSB}}$，$Q_{\text{TSuB}}$，$Q_{\text{RLT}}$，$Q_{\text{RST}}$，$Q_{\text{RSS}}$。
输出：(T_i, Q_{Rx})。

1. 遍历 $i=1$ 到 N。
2. 如果 T_i 属于 $T_{\text{cluster-10}}$ 或者 $T_{\text{cluster-9}}$ 或者 $T_{\text{cluster-7}}$ 或者 $T_{\text{cluster-8}}$，那么 $T_i \to Q_{\text{TLB}} \to Q_{\text{RLT}}$。
3. 如果 T_i 属于 $T_{\text{cluster-2}}$ 或者 $T_{\text{cluster-1}}$ 或者 $T_{\text{cluster-6}}$ 或者 $T_{\text{cluster-4}}$，那么 $T_i \to Q_{\text{TSB}} \to Q_{\text{RST}}$。
4. 如果 T_i 属于 $T_{\text{cluster-5}}$ 或者 $T_{\text{cluster-3}}$，那么 $T_i \to Q_{\text{TSuB}} \to Q_{\text{RSS}}$。
5. 算法结束。

首先，CBRAS 策略需要根据用户提交任务请求的信息，在任务分类阶段按照第 3 章所述将任务进行分类，并将任务类划分成三个任务队列，队列内任务集群次序按任务优先级和时延敏感度降序排列。其中任务队列 1 为长时间且 CPU、内存需求均衡的任务，依次包括任务集群 Cluster-10、Cluster-9、Cluster-7、Cluster-8；任务队列 2 为短时间且 CPU、内存需求均衡的任务，依次包括任务集群 Cluster-2、Cluster-1、Cluster-6、Cluster-4；任务队列 3 为短时间且 CPU、内存需求不均衡的任务，包括高 CPU 需求任务集群 Cluster-5 和高内存需求任务集群 Cluster-3。各任务队列依次表示如下：

$$Q_{\text{TLB}} = \{T_1, T_2, \cdots, T_{i(\text{cluster-10/9/7/8})}, \cdots, T_a\} \tag{5.7}$$

$$Q_{\text{TSB}} = \{T_{a+1}, T_{a+2}, \cdots, T_{a+i(\text{cluster-2/1/6/4})}, \cdots, T_{a+b}\} \tag{5.8}$$

$$Q_{\text{TSuB}} = \{T_{a+b+1}, T_{a+b+2}, \cdots, T_{a+b+i,(\text{cluster-5/3})}, \cdots, T_{N-a-b}\} \tag{5.9}$$

其中，N 为任务总数，a，b 分别为前两个队列任务数。

第二，CBRAS 策略需要资源负载信息，本地资源管理器周期性的监控本地节点虚拟资源的 CPU、内存等负载情况，并周期性地提交给全局资源管理器，而全局资源管理器按 CPU 和内存利用率从小到大将资源排序，并形成三个资源队列。其中资源队列 1 为执行长时间任务采用时间共享策略设置的低 CPU 频率虚拟的资源队列；资源队列 2 为执行短时间任务采用时间共享策略设置的低 CPU 频率虚拟的资源队列；资源队列 3 为执行短时间任务采用空间共享策略设置的高 CPU 频率虚拟的资源队列。各资源队列依次表示如下

$$Q_{\text{RLT}} = \{V_1, V_2, \cdots, V_j, \cdots, T_a\} \tag{5.10}$$

$$Q_{\text{RST}} = \{V_{a+1}, V_{a+2}, V_{a+3}, \cdots, T_{a+b}\} \tag{5.11}$$

$$Q_{\text{RSS}} = \{V_{a+b+1}, V_{a+b+2}, V_{a+b+3}, \cdots, T_{M-a-b}\} \tag{5.12}$$

其中，M 为虚拟资源总数，a、b 分别为前两个队列虚拟资源数。

最后，CBRAS 策略将任务配置相应资源队列上。

图 5-2 显示映射阶段任务调度至资源的过程。包括任务和资源两种队列，同时两种队列又各包括三个队列。调度时将长短任务分别对应相应资源，避免出现众多长任务正处于执行过程中而短任务已执行完毕情况而增加资源重配置的代价；将高 CPU 需求和高内存需求任务配置同一资源队列，提高资源利用率，避免资源抢占现象；资源队列针对任务类 CPU 需求，虚拟机采用时间共享策略和空间共享策略灵活配置，降低 CPU 运行频率，减少

能耗；而各任务队列内任务集群次序按任务优先级和时延敏感度降序排列，保证任务QoS需求，最终有效实现资源配置的高能效目标。

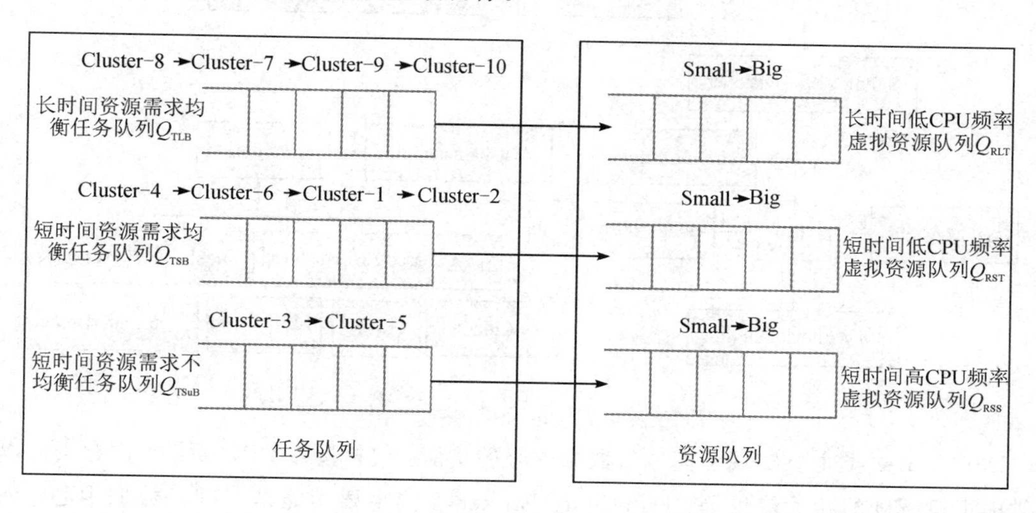

图5-2　CBRAS策略调度示意图

5.2.4　CBRAS策略有效性分析

CBRAS策略基于任务分类对云数据中心进行资源配置。虚拟化技术逐渐发展成熟，在从物理机上虚拟出具有不同资源比重的各种类型的虚拟机比较容易的前提下，可以实现为特定类型的任务分配相应类型的虚拟机，提高资源利用率。CBRAS策略实现简单，仅需维护任务和资源队列，不涉及微分、积分等复杂运算，复杂度较低。同时能够实现为各类型任务配置其相应的虚拟机资源，使各类资源得到充分利用，保证负载任务与配置资源的相容性，避免相同任务类执行时产生的资源抢占，减小甚至避免运行过程中实时监测虚拟机的开销以及频繁地整合和迁移虚拟机的开销，有效保证了数据中心资源配置时降低能耗和保证QoS之间的有机统一，实现高能效目标。

5.3　仿真实验与结果分析

由于现实条件下无法构建真实的云环境，同时为了更好地对实验进行控制和重复，本章使用CloudSim云计算模拟平台对数据中心进行仿真实验，对传统基于轮询(Round-Robin, RR)、MBFD(Modi-fied Best Fit Decrease)算法的资源配置策略和本章提出的CBRAS资源配置策略在相同负载任务数下的能效表现进行模拟评估。

5.3.1　仿真实验平台的扩展

云计算模拟平台CloudSim使用Java语言编写，其主要类及其之间的关系如图5-3所示。

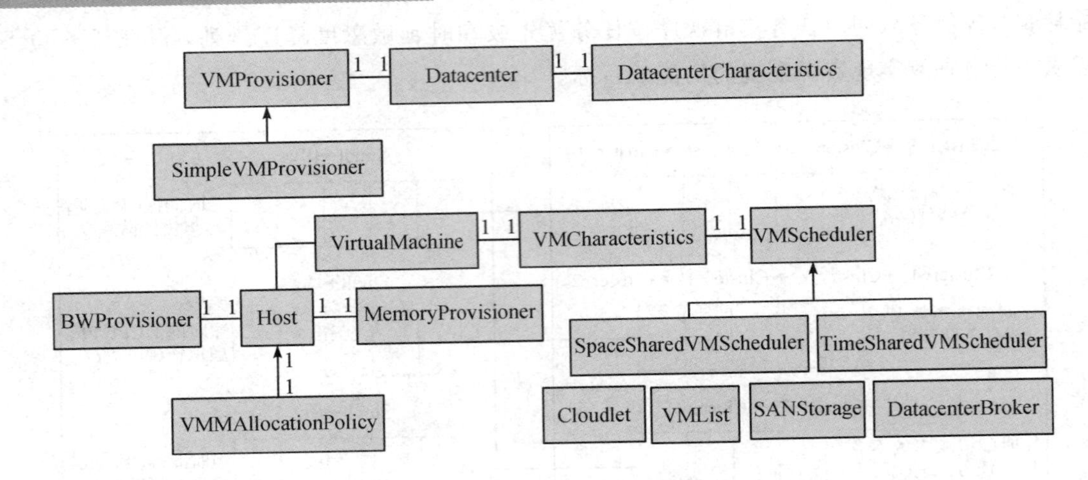

图 5-3 CloudSim 类设计图

DataCenter 类主要实现了模拟云数据中心的功能，包括模拟 CPU 资源、内存资源以及提供虚拟机调度的相关信息等；DataCenterBroker 类的主要功能是管理云数据中心，创建和删除虚拟机以及提交自定义云任务等；Cloudlet 类的主要功能是模拟云任务；Host 类的主要功能是模拟物理节点，根据需求用户可以自定义相关参数；VirtualMachine 类的主要功能是模拟虚拟机；VMScheduler 类的主要功能是实现虚拟机的调度策略；VMProvisioner 类的主要功能是映射物理节点与虚拟机之间的关系。

为实现提出的 CBRAS 资源配置策略，本章对 CloudSim 源程序中的 Cloudlet、DataCenterBroker、VMScheduler、VMProvisioner 主要类进行了相应扩展。当要为数据中心分配多个云任务时，CloudSim 的源程序使用 DataCenterBroker 类连续向 DataCenter 类传送云任务请求，然后 DataCenter 使用 processVmCreate 接口创建虚拟机以运行云任务，在完成分配后使用 VMProvisioner 类中的接口添加物理主机与虚拟机的映射关系。在 CloudSim 源程序中，Cloudlet 类中模拟云任务是随机的，为反应更真实的数据中心负载情况，本章扩展了 Cloudlet 类，实现 Google 集群负载跟踪数据与平台的对接；为实现 CBRAS 资源策略中描述的对不同类型任务的合理资源配置，本章在 DataCenterBroker 和 CloudletScheduler 类中进行相应扩展实现；为实现虚拟机自定义配置，本章自定义了 processVmListCreate 接口，其主要功能是创建和运行云任务所需的虚拟机序列。CloudSim 源程序中，默认使用 MBFD 算法实现物理节点与虚拟机之间的映射关系，而本章使用基于多目标背包算法模型(MCKP)，并在 VMScheduler 和 VMProvisioner 类中实现。

5.3.2 实验设置说明

根据 Google 数据中心及其在研究跟踪期间的主机配置，本章定义了数据中心三种服务器配置，如表 5-2 所示。Google 集群中的主机在 CPU、内存和磁盘容量方面是异构的，Google 数据中心有三种类型的平台，同一平台 ID 内主机的架构却是相同的，为了最小化任务的放置约束的影响，本章选择了包含最多任务提交的平台，且只考虑在此平台中运行的任务。对于本章定义的三种服务器配置类型，实现的架构是一样的。本章针对任务分类结果自定义了模拟中使用的 10 个 VM 实例类，使用 CloudSim 平台对基于轮询(RR)、MBFD 算法的资源配置策略和本章提出的 CBRAS 资源配置策略进行模拟和评估，分别模拟任务提交数为 1500～4500 的数据中心情况。

为了避免结果的偶然性，本章在进行仿真时，每次重复实验 10 次，结果取其平均值。

表 5－2　服务器配置

服务器类型	核心数量	核心频率/GHz	内存/GB	磁盘/GB	待机能耗/W	最高能耗/W
Type_1	32	1.6	8	1000	70.3	213
Type_2	32	1.6	16	1000		
Type_3	32	1.6	24	1000		

5.3.3　实验结果与分析

本章通过数据中心资源配置策略在降低能耗效果和保证 QoS 效果两方面进行对比，来评价基于轮询(RR)、MBFD 算法的资源配置策略和本章提出的 CBRAS 策略的优劣。

1. 降低能耗效果对比

本章通过使用两个指标来反映数据中心能耗情况。首先，将数据中心的能效因子 δ 作为评价资源配置策略降低能耗效果优劣的一个指标。数据中心的能效因子是指云数据中心所有物理节点能效状态与最佳能效状态偏差的总欧氏距离之和，本章根据文献[11]中实测得到的实验结果，设定物理结点的最佳状态为 CPU 利用率 70%，磁盘利用率 50%。不难发现，能效因子值越小，则数据中心所有物理节点能效状态与最佳能效状态偏差的总欧氏距离之和越小，能耗就越低。另外，将物理节点启用数量作为评价资源配置策略降低能耗效果优劣的另一个指标。物理节点启用数量指的是数据中心活跃状态的物理机器个数。如果物理机处于空闲状态，可以将节点关掉或转换成低功耗的待机状态。即物理节点启用数目越少，能耗越低。各算法策略在相同负载任务数下的能耗表现的实验结果对比如图 5－4、图 5－5 所示。

图 5－4、图 5－5 描述了传统 RR 和 MBFD 资源配置算法和本章提出的 CBRAS 策略相同负载任务数下总能效因子和物理节点启用数量对比情况。由图可知，CBRAS 策略比 RR、MBFD 算法的总欧氏距离都小，物理节点启用数量都少，并且随着任务数增多，CBRAS 策略优势更加明显。另外在相同物理节点启用数量下，CBRAS 策略具有更小的总能效因子。CBRAS 策略有更好的能耗表现是由于传统资源配置算法忽略了任务及资源异构性，资源配置时仅粗暴地将负载任务配置可运行的资源，资源得不到充分利用，导致能耗较高。而 CBRAS 策略资源配置时考虑任务特征，将不同资源需求的任务类交错配置，避免相同资源需求类型任务的资源抢占，保证资源得到充分利用，提高工作负载需求与配置资源之间的相容性，从而降低能耗。

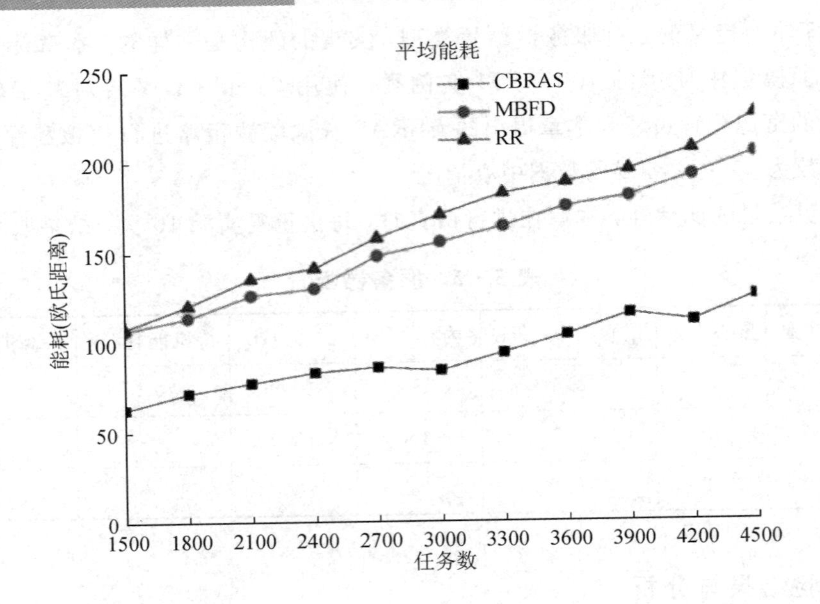

图 5-4　总能效因子对比

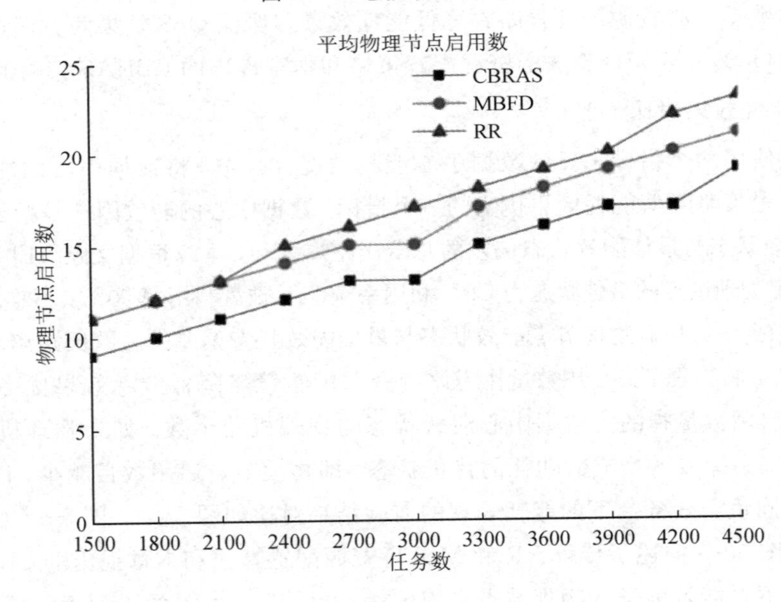

图 5-5　物理节点启用数对比

2. 保证 QoS 效果对比

本章通过使用虚拟机的迁移次数和冲突次数来反映数据中心资源配置策略保证 QoS 效果情况。虚拟机的迁移次数是指资源配置过程中，根据一段时间内的资源使用情况，对数据中心的虚拟机进行迁移整合过程中，物理节点上虚拟机改变位置的次数。而冲突次数是指迁移整合过程中，虚拟机迁移至目标物理节点上失败的次数。在迁移整合过程中，不可避免地对任务 QoS 带来消极影响，尤其在发生冲突时。因此，为保证服务质量，应尽量减少虚拟机的迁移和冲突次数。另外，需要说明的是，虚拟机迁移整合的减少，也有利于降低能耗开销，这里主要考虑对 QoS 的影响。各算法策略在相同负载任务数下的实验结果如图 5-6、图 5-7 所示。

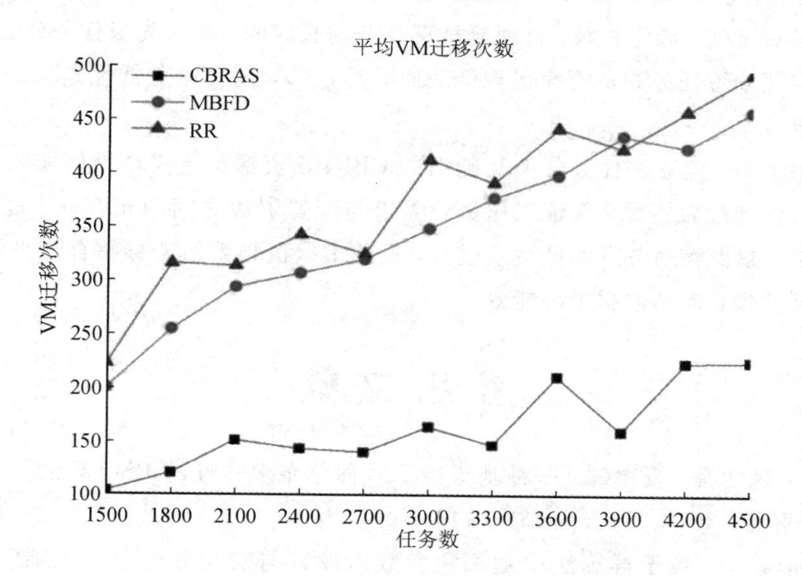

图 5-6　VM 迁移次数对比

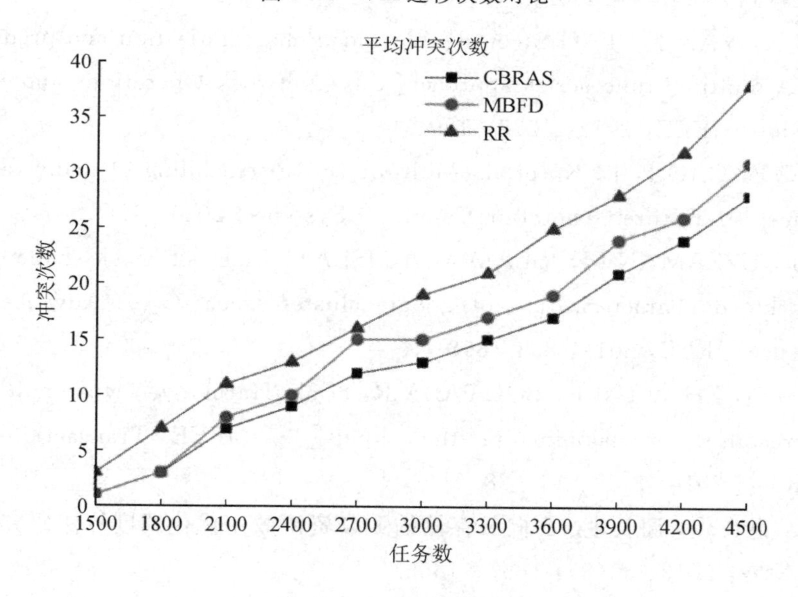

图 5-7　冲突次数对比

图 5-6、图 5-7 描述了传统 RR、MBFD 资源配置算法和本章提出的 CBRAS 策略相同负载任务数下虚拟机迁移次数和冲突次数对比情况。由图可知，CBRAS 策略比 RR、MBFD 算法的虚拟机迁移次数和冲突次数都少，尤其在迁移次数方面，CBRAS 策略显著降低，并且随着任务数增多，CBRAS 策略优势更加明显，说明 CBRAS 策略能有效减少虚拟机迁移及冲突，使云任务更稳定地运行，从而保证 QoS。这是由于传统资源配置算法没有充分考虑负载任务的异构性，而 CBRAS 策略在对任务分类的基础上进行资源配置，且任

务分类时不仅仅考虑不同类型任务资源利用率(CPU、内存)，还充分考虑任务持续时间、优先级、时延敏感度等 QoS 需求。资源配置时将相同类型的任务配置合理类型的虚拟机，避免出现大量短时间、低优先级、低时延敏感任务与长时间、高优先级任务分配到一起，以免任务周期内部分短任务先执行完出现低载而导致迁移，同时避免低优先级任务对高优先任务的资源抢占。

实验结果证明，建立在任务分类基础上的 CBRAS 资源配置策略能够实现将特定类型的任务有针对性地配置资源，保证工作负载需求与配置资源之间的相容性，提高数据中心资源的利用率，减少物理节点的低载或过载，避免虚拟机频繁的迁移整合带来的 QoS 负面影响以及能耗开销，提高数据中心能效。

参考文献

[1] 孙越泓，魏建香，夏德深. 一种基于粒子对称分布多样性的 PSO 算法[J]. 模式识别与人工智能，2010，23(2)：137-143.

[2] 刘志雄，梁华. 粒子群算法中随机数参数的设置与实验分析[J]. 控制理论与应用，2010，27(11)：1489-1496.

[3] KHAN A，YAN X，TAO S，et al. Workload characterization and prediction in the cloud：A multiple time series approach[C]// Network Operations and Management Symposium. IEEE，2012：1287-1294.

[4] ZHANG F，CAO J，LI K，et al. Multi-objective scheduling of many tasks in cloud platforms[J]. Future Generation Computer Systems，2014，37(7)：309-320.

[5] RASHEDUZZAMAN M，ISLAM M A，ISLAM T，et al. Task shape classification and workload characterization of google cluster trace[C]// Advance Computing Conference. IEEE，2014：893-898.

[6] ZHANG Q，ZHANI M F，BOUTABA R，et al. Harmony：Dynamic heterogeneity-aware resource provisioning in the cloud[J]. IEEE Transactions on Cloud Computing，2014，2(1)：14-28.

[7] 王健宗，谌炎俊，谢长生. 面向云存储的 I/O 资源效用优化调度算法研究[J]. 计算机研究与发展，2013，50(8)：1657-1666.

[8] 王治东. 云计算环境下任务调度研究综述[J]. 中国新通信，2017，19(9)：78.

[9] CARDOSA M，KORUPOLU M R，SINGH A. Shares and utilities based power consolidation in virtualized server environments[C]// Ifip/ieee International Symposium on Integrated Network Management. IEEE，2009：327-334.

[10] CHAUKWALE R，KAMATH S S. A modified ant colony optimization algorithm with load balancing for job shop scheduling[C]// International Conference on Advanced Computing Technologies. IEEE，2014：1-5.

[11] VERMA A, AHUJA P, NEOGI A. pMapper: Power and migration cost aware application placement in virtualized systems[C] // Acm/ifip/usenix International Conference on MIDDLEWARE. Springer-Verlag New York, Inc. 2008: 243 - 264.

[12] SRIKANTAIAH S, KANSAL A, ZHAO F. Energy aware consolidation for cloud computing[C] // Conference on Power Aware Computing and Systems. USENIX Association, 2008: 10.

[13] 魏赟，陈元元. 基于改进蚁群算法的云计算任务调度模型[J]. 计算机工程，2015, 41(2): 12 - 16.

[14] SCHWARZKOPF M, KONWINSKI A, ABD-EL-MALEK M, et al. Omega: flexible, scalable schedulers for large compute clusters[C] // ACM European Conference on Computer Systems. ACM, 2013: 351 - 364.

[15] 查英华，杨静丽. 改进蚁群算法在云计算任务调度中的应用[J]. 计算机工程与设计，2013, 34(5): 1716 - 1719.

[16] GUENTER B, JAIN N, WILLIAMS C. Managing cost, performance, and reliability tradeoffs for energy-aware server provisioning[J]. Proceedings - IEEE INFOCOM, 2011, 2(3): 1332 - 1340.

[17] CHAUDHRY M T, LING T C, MANZOOR A, et al. Thermal-Aware Scheduling in Green Data Centers[J]. Acm Computing Surveys, 2015, 47(3): 1 - 48.

[18] CALHEIROS R N, RANJAN R, BELOGLAZOV A, et al. CloudSim: a toolkit for modeling and simulation of cloud computing environments and evaluation of resource provisioning algorithms[J]. Software Practice & Experience, 2011, 41(1): 23 - 50.

第6章 QoS感知的多QoS分组模型

最近越来越多的互联网应用利用云计算基础设施来提供弹性和经济高效的服务。云服务商为租户提供计算、内存、存储和网络资源，以满足不同应用的需求。海量的应用混合共享在同一数据中心，这些应用往往对资源需求和QoS要求存在差异。对这些应用的资源需求和QoS要求进行合理地分类分析，对云数据中心高效地分配和调度资源具有重要的意义。

目前已经存在一些关于数据中心负载任务分类分析的研究。如文献[1]从Google数据中心负载跟踪数据中，分析了每个类别的作业分布、作业执行持续时间的分布和作业等待时间的分布。文献[2]根据资源的类型(如CPU和内存)和执行类型计算相关Google应用程序的任务事件和资源利用率的统计信息，并将其分为大、中、小及各种组合类型。文献[3]表征了工作负载并通过K-means聚类算法将任务分类为资源和性能需求相似的多个类别。

上述研究中对任务负载或应用程序多QoS指标参数的研究不够深入，分类时往往只关注CPU、内存等资源的需求，而没有充分考虑QoS需求，导致任务分类结果的适用性较差。为解决该问题，本章以Google集群生产数据中心的跟踪数据为依据，对应用程序的负载任务进行了综合分析，综合指标参数既考虑了应用程序的物理资源需求，又充分考虑了应用程序的优先级、时延敏感度、持续时间这些QoS需求的指标。

6.1 多QoS分组指标

多QoS分组的目标是将应用程序划分为具有相似资源需求和QoS要求的应用程序组，以便于高效地分配可用资源。聚类标准的选定，将对聚类的结果产生巨大的影响，并会影响资源分配策略的效果。为了达到高能分配资源的目标，对应用程序进行分类既要考虑物理资源需求，也必须充分考虑用户QoS需求，因此本章采用的聚类指标如下：

(1) 虚拟机的数量：在真实的生产环境中，应用程序的资源需求往往通过多组不停配置的虚拟机来提供，包含任务对虚拟机数量的要求。因此将应用程序所需的虚拟机数量作为聚类指标可以很好地反映资源需求。

(2) 虚拟机容量：主要指应用程序对虚拟机的CPU和内存需求的大小。

(3) 网络带宽：指应用程序的最低带宽要求，由于数据中心承载应用的多样性和架构的复杂性，数据中心内的网络存在一定的波动，最低带宽要求可以确保应用程序的稳定运行，如网络密集型应用。

(4) 优先级：即任务的重要性程度，在Google跟踪数据集中由0～11之间的整数表示，值越大优先级越高。如用于网络手术的医疗软件、用于实时灾难管理的物联网应用程序或截止日期受限的科学应用程序，在云资源管理中需要更严格的策略。

(5) 时延敏感度：任务对时间延迟的敏感程度，由0~3之间的整数表示，值越大敏感度越高。

(6) 持续时间：任务在机器上的运行时间。该参数反映了任务的大小，如大型科学应用等计算密集型应用需要更多的执行时间。

6.2 多QoS分组模型

6.2.1 Google集群跟踪数据概述

Google是一个著名的云平台，每天要在数百个数据中心上处理百万计的请求。Google公司发布了两个不同版本的集群跟踪数据，在本章中，我们使用Google公司2014年公开的数据中心工作负载跟踪数据(版本2)作为聚类分析的数据集。该数据是在29天的时间内从包含12 500多台机器的Google集群中收集到的真实跟踪信息，其中包含大约672 003个作业和25 462 157个任务。跟踪信息由几个数据集组成，如表6-1所示，包含资源需求、调度事件和使用记录。

表6-1 Google集群跟踪数据集构成

序　号	表　名
1	Machine events
2	Machine attributes
3	Job events
4	Task events
5	Task constraints
6	Resource usage

机器由两个表进行描述：机器事件表(Machine events)和机器属性表(Machine attributes)。作业事件表(Job events)和任务事件表(Task events)描述了作业、任务及其生命周期。所有的作业和任务都有一个调度类，可以大致表示其对延迟的敏感性。调度类由单个数字表示，其中数字3表示对延迟更敏感的任务(例如，服务于产生收入的用户请求)，数字0表示非生产任务(例如，开发、非关键业务分析等)。调度类不同于优先级，调度类影响本地资源的访问策略，而优先级决定是否将任务调度到机器上。任务事件表中有一个优先级字段，每个任务都有一个优先级，用一组整数表示，其中0为最低优先级(最不重要)。优先级较高的任务通常比优先级较低的任务更偏好资源。Google集群跟踪数据给出了一些特殊的优先级范围：空闲任务具有最低的优先级，在这些任务上请求的资源几乎不会产生内部费用；生产任务是最高优先事项，群集调度程序试图防止这些任务由于机器资源的过度分配而被逐出；监测任务旨在监测其他低优先事项工作的健康状况。任务约束表(Task constraints)描述了任务放置约束，这些约束限制了任务可以调度到的机器。资源使用表(Resource usage)统计了每个测量周期内工作或任务对CPU、内存、磁盘等资源的使用情况。Google官方给出了该数据集详细介绍，具体内容可以参考文献[4]。

数据集中的作业是由一个或多个任务组成的应用程序，每个任务都伴随着一组资源及性能需求，当提交作业时，任务根据指定的资源需求安排到机器上执行，且生命周期内，工作和任务具有几种状态，如图6-1所示。

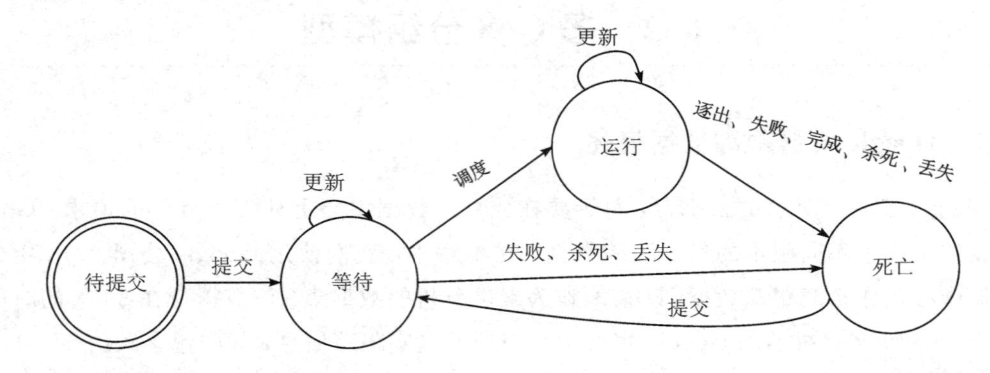

图6-1　作业/任务生命周期状态转换

谷歌集群由打包成机架的机器构成，通过高带宽集群网络连接。一组机器是一个单元，通常都在一个集群中，共享一个为机器分配工作的通用集群管理系统。工作以作业的形式到达单元。作业由一个或多个任务组成，每个任务都伴随一组用于将任务调度到机器上的资源需求。任务的资源需求和使用数据来自单元的管理系统和单元中的各个机器提供的信息。每个任务代表一个运行在一台机器上的Linux程序，可能由多个进程组成。任务和作业根据图6-1描述的生命周期状态转换被调度到机器上。作业和任务事件指示这些状态之间的转换。基本上有两种类型的事件：影响调度状态的事件(例如，提交作业，或者作业被调度并变得可运行，或者其资源请求被更新)，以及反映任务状态变化的事件(例如，任务退出)。图6-1中的顶部路径显示了最简单的情况：提交一个作业并将其放入挂起的队列中；不久之后，它被调度到一台机器上并启动运行；一段时间后，它成功完成。

在该跟踪数据集中，资源利用率测量和请求数据已经被标准化。CPU频率、内存大小、磁盘空间、磁盘运转速度等分别被进行了归一化处理。归一化是相对于跟踪中任何机器上的最大资源容量(1.0)的缩放。在该数据集中并未提供具体的机器容量数值，而是以归一化后的数值进行表示。

6.2.2　多QoS分组模型构建过程

6.1小节描述和分析了本章采用的多QoS分组指标。多QoS分组方法是在分组指标的基础上，运用K-means算法对Google集群跟踪数据中的负载任务数据进行聚类，将其聚类为具有指标相似度的多个类或簇，并对这些类或簇进行排序和分组形成多QoS分组模型，该过程的描述如图6-2所示。

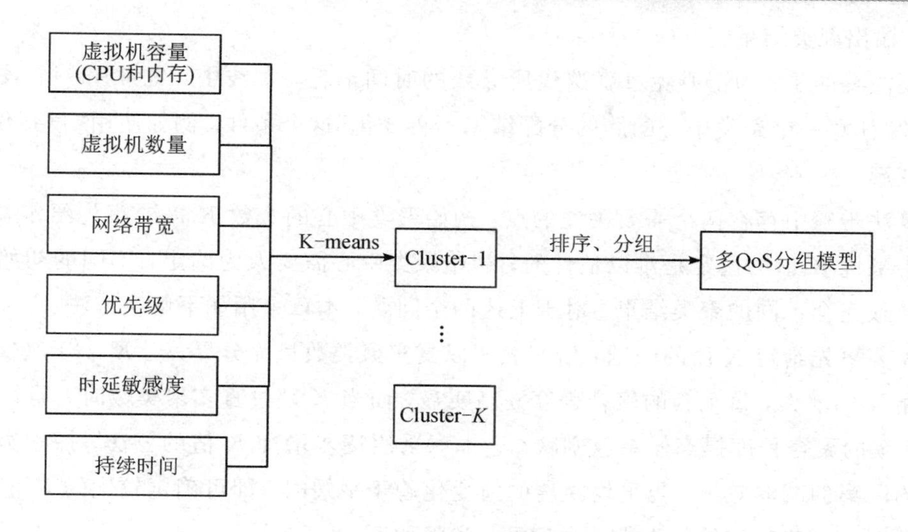

图6-2　多QoS分组模型构建过程

本章为实现多QoS分组的目标，采用了K-means算法对数据进行聚类分析。K-means算法是聚类分析中的经典算法。聚类分析的目的是通过衡量数据之间的相似性将数据进行分组，同一分组内数据的相似性越大，不同分组间的数据的差异越大，聚类的效果就越好。聚类和分类都可以用来分组，它们之间的区别在于：聚类是无监督的学习算法，而分类是有监督的学习算法。有监督就是在已知标签的训练集上训练算法，学习到相关参数并应用到测试集上。聚类算法并不需要标签，只是把相似的数据聚集到一起。数据中心的工作负载或任务的数量庞大，采用需要分类标签的有监督算法的代价很大，不符合实际生产环境。K-means算法是无监督聚类方法，无需给定样本标签，只需设定聚类特征即可。K-means算法简单、高效、收敛速度快，已被用作基于云环境的数据管理技术。因此，本章采用K-means算法对数据进行分组。

K-means聚类算法可以形式化描述为：设输入的原始数据的集合为$D=(x_1, x_2, \cdots, x_i, \cdots, x_n)$，其中每个数据$x_i$为数据源提取的$n$个特征构成的$n$维向量，分类数为$K$，且$K \leqslant n$，K-means算法的聚类结果是将原始数据划分为$K$类别$\boldsymbol{S}=\{\boldsymbol{S}_1, \boldsymbol{S}_2, \cdots, \boldsymbol{S}_k\}$。

K-means算法步骤如下：

(1) 从输入的数据集D中选取(通常为随机选择)K个数据对象作为初始聚类中心。

(2) 计算每个数据对象x_i分别到K个聚类中心的距离，将其分配到距离最近的聚类中心的簇中。

(3) 计算已形成的簇中所有数据对象各维度的算术平均数，得到新的K个簇的聚类中心。

(4) 基于新的聚类中心，按照步骤(2)的方法将数据集D中全部数据对象重新聚类。

(5) 重复第(3)步和第(4)步，直到任意一个聚类中心的簇的分配结果不再变化或达到最大迭代次数。

（6）输出聚类结果。

需要注意的是：为了避免过度迭代所导致的时间消耗，实践中，也常用一个较弱的条件替换掉“任意一个聚类中心的簇的分配结果不再变化”这个条件。例如使用“直到仅有1%的点改变簇”这一条件。

该算法步骤中存在两个需要关注的点：初始聚类中心的个数 K 需要事先给定，但在实际操作中最优 K 值的选定是难以估计的；初始聚类中心需要人为确定，不同的初始聚类中心可能导致完全不同的聚类结果。对于上述两个问题，本章采用如下解决方法：

对需要事先给定 K 值的问题：研究表明以真实聚类数目为分界，当 K 小于真实聚类数时，随着 K 的增大，每个簇的聚合程度提高明显，而当 K 超过真实聚类数时，随着 K 的增大，每个簇的聚合程度提高效果急剧减小。本章采用逐步增加 K 值的方法，探索数据点距均值平均距离的减弱效果，当平均距离的值变化趋于平缓时，即可确定较优的 K 值。

对需要人为确定初始聚类中心的问题，步骤如下：

（1）从输入的数据点集合中随机选择一个点作为第一个聚类中心。

（2）对于数据集中的每一个点 x，计算它与最近聚类中心（指已选择的聚类中心）的距离 $D(x)$。

（3）选择一个新的数据点作为新的聚类中心，选择的原则是：$D(x)$ 较大的点，被选取作为聚类中心的概率较大。

（4）重复（2）和（3）直到 K 个聚类中心被选出来。

本章使用Java语言编写的K-means算法实现任务聚类，输入数据是应用程序的任务特征向量，使用6.1节中列出的分类指标。因各聚类指标单位不一致性，在聚类前需对所有聚类指标进行归一化处理，以确保不同数据特征之间的可比性。此外，在进行聚类分析之前，需要先清理数据。将缺少信息的记录、离群值（例如在时间0发生的事件）和未进行分析的数据列删除，这样可以加快数据处理速度。

聚类过程具体为，将任务 i 建模为一个向量 $\boldsymbol{s}^i=(\boldsymbol{s}^{i1},\cdots,\boldsymbol{s}^{iF})$，$F$ 表示用于聚类的特征标准，N_k 表示任务属于集群 k，集群的中心定义为一个向量 $\bar{\boldsymbol{\mu}}^k=(\bar{\boldsymbol{\mu}}^{k1},\cdots,\bar{\boldsymbol{\mu}}^{kF})$，且 $\bar{\boldsymbol{\mu}}^{kr}=\frac{1}{|N_k|}\sum_{s^i\in N_k}\boldsymbol{s}^{ir}$。任务聚类时K-means算法试图最小化以下相似值

$$\text{score}=\sum_{i=1}^{k}\sum_{i\in N_k}\| s^i-\bar{\boldsymbol{\mu}}^k \|^2 \tag{6.1}$$

其中，$\| a-b \|$ 表示特征空间中两个点 a 和 b 之间的欧氏距离。此外，聚类过程中存在初始聚类中心和 K 值的选择问题，本小节前面部分已进行了描述和解决。

6.2.3 多QoS分组模型定义

经过上面的分析，本章通过迭代实验，得到的分类结果如表6-2所示。

表6-2　谷歌集群任务分类统计数据

类别	优先级	时延敏感	任务资源需求大小		任务长度	占比
			CPU	内存		
Cluster-1	8	0	0.005	0.0038	6.04 min	2%
Cluster-2	7	3	0.0213	0.0548	38.66 min	8%
Cluster-3	0	0	0.0979	0.1441	56.82 min	4%
Cluster-4	2	0	0.0101	0.0062	20.29 min	26%
Cluster-5	2	1	0.1659	0.0543	34.39 min	18%
Cluster-6	3	1	0.0101	0.0127	29.19 min	20%
Cluster-7	4	0	0.1579	0.2895	1.04 h	2%
Cluster-8	0	0	0.036	0.022	3.09 h	10%
Cluster-9	1	2	0.0221	0.05	1.45 h	10%
Cluster-10	9	1	0.011	0.125	18.19 h	<1%

Google集群跟踪数据中的任务根据任务长度、优先级、时延敏感度和资源需求量可以分为10个类别。其中Cluster-1和Cluster-2是短时间的和高优先级的任务，且Cluster-2具有更高的时延敏感度和更长的平均长度。Cluster-3、Cluster-4、Cluster-5和Cluster-6是短期的和低优先级的任务。Cluster-7、Cluster-8和Cluster-9是中等时间的和低优先级的任务。Cluster-10是长期的且高优先级的任务，其时延敏感度较小，长时间执行的任务往往具有较高的优先级，以避免在任务执行中重启长任务造成资源的浪费，实验聚类结果和谷歌集群调度逻辑相符合。

基于以上聚类分析的结果，本章提出应用程序的多QoS分组的模型。

对聚类结果按照优先级从高到低排序，同等优先级按照时延敏感度由大到小进行排序，将聚类结果划分为三个组($List_{low}$、$List_{mid}$、$List_{high}$)，形成多QoS分组模型。应用程序多QoS分组模型定义如下：

$$Level_{QoS}=\begin{cases}1 & QoS_{app}\text{为}List_{low}\\ 2 & QoS_{app}\text{为}List_{mid}\\ 3 & QoS_{app}\text{为}List_{high}\end{cases}\tag{6.2}$$

其中，$Level_{QoS}$表示请求的应用程序的QoS等级，其值越大表明应用程序的QoS等级越高，QoS等级值为1为低QoS等级，QoS等级值为2为中QoS等级，QoS等级值为3为高QoS等级；QoS_{app}表示应用程序的QoS请求，$List_{low}$，$List_{mid}$，$List_{high}$表示聚类后划分的组，$List_{low}$表示低QoS等级分组，$List_{mid}$表示中QoS等级分组，$List_{high}$表示高QoS等级分组。

对上述的聚类结果，运用多QoS分组模型，有以下结论：首先按照优先级对10个类进行排序，Cluster-1、Cluster-2和Cluster-10为高优先级，其余为低优先级，然后按照时延敏感度进行排序，Cluster-2和Cluster-9具有较高的时延敏感度，其余的时延敏感度较低。综上，Cluster-1、Cluster-2和Cluster-10为高QoS等级分组，Cluster-5、

Cluster - 6 和 Cluster - 9 为中 QoS 等级分组，Cluster - 3、Cluster - 4、Cluster - 7 和 Cluster - 8 为低 QoS 等级分组。

此外，对提交到系统中应用程序的资源分配，本章根据应用程序的 QoS 等级值进行排序：首先，从应用程序序列中选择前 k 个元素，按照应用程序的 QoS 等级值创建一个大小为 k 的小顶堆；然后，遍历应用程序序列中的第 $k+1$ 个元素至最后一个元素，遍历的每个元素都与堆顶元素进行比较，如果当前遍历的元素大于堆顶元素，用当前元素替换堆顶元素并调整最小堆；最后，得到应用程序序列中 QoS 等级较高的前 k 个元素，去除这 k 个元素，对余下的元素重复进行上述两个步骤的操作，最终得到若干个大小为 k 的序列，按照序列的先后顺序形成应用程序的请求队列。

由于云数据中心中应用程序 QoS 要求存在差异以及云服务提供商难以保证云中不同应用的 QoS 需求，本章提出了多 QoS 分组模型，在任务分类的基础上，综合考虑了影响了应用程序 QoS 要求的多个参数，使得分类的结果更具有适用性，对于实际生产环境中的资源分配也具有指导作用。此外，需要注意的是，虽然该模型基于集群架构的 Google 数据中心实例，但其对 SDN 云数据中心仍具有通用性。在本书中，为了便于对后续虚拟机和网络带宽分配算法的分析和讨论，多 QoS 分组模型将聚类后的 Google 集群跟踪数据分为三个 QoS 等级，在实际应用环境中，可以根据云数据中心对应用分组的要求，进行更细粒度的划分。

参考文献

[1] MINET P, RENAULT E, KHOUFI I, et al. Analyzing traces from a google data center[C]//2018 14th International Wireless Communications & Mobile Computing Conference (IWCMC). Limassol: IEEE Press, 2018: 1167 - 1172.

[2] DI S, KONDO D, CAPPELLO F. Characterizing cloud applications on a google data center[C]// International conference on parallel processing. Lyon: IEEE Press, 2013: 468 - 473.

[3] ALAM M, SHAKIL K A, SETHI S. Analysis and clustering of workload in google cluster trace based on resource usage[C]// 2016 IEEE Intl Conference on Computational Science and Engineering (CSE). Paris: IEEE Press, 2016: 740 - 747.

[4] REISS C, WILKES J, HELLERSTEIN J L. Google cluster usage traces: format and schema[C]//Mountain View. California: Technical Report, 2012.

第 7 章　基于多 QoS 分组模型的虚拟机和网络带宽分配算法

随着具有不同 QoS 需求的应用共享同一云数据中心，云数据中心中的资源经常被超额预订，以节省云提供商的运营成本，但是却会违反服务等级协议。如何在提高数据中心资源利用率，减少能源消耗的同时保证应用程序 QoS 要求，是云数据中心资源配置的一大挑战。本章在多 QoS 分组模型的基础上提出了虚拟机和网络带宽配置算法，确保了不同级别应用程序的可靠性和 QoS 要求。

7.1　系统整体架构

图 7-1 显示了 QoS 感知的虚拟机和网络带宽管理系统的总体架构以及不同组件之间的交互流程。应用程序的请求以所需的资源和 QoS 要求的形式提交给系统，每个应用程序

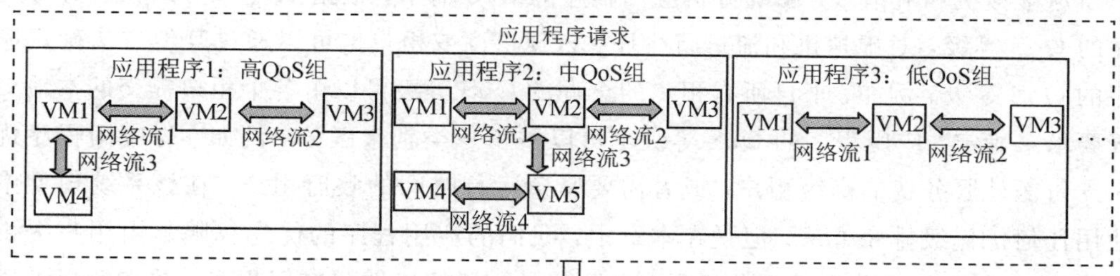

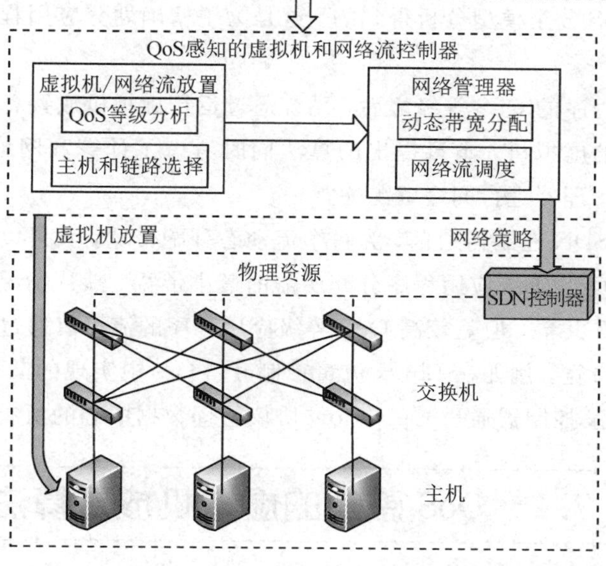

图 7-1　QoS感知的虚拟机和网络带宽管理系统的体系结构

的请求由任意数量的虚拟机和具有详细规范的流组成。在虚拟机和流放置之前，需要分析应用程序的 QoS 等级[1-4]，以便为相应等级的应用程序提供足够的资源，同时对网络流量进行校验。基于分析的结果，主机和链路选择算法确定虚拟机和网络流的分配。应用程序所需的流量信息也被发送到网络管理器，网络管理器与 SDN 控制器通信，用于动态带宽分配和流量调度[5]。每个组件的细节描述如下：

首先，云租户创建应用程序请求，请求信息包括虚拟机类型和流量信息。虚拟机类型由处理核心的数量、每个核心的处理能力、内存量和存储大小组成。在本章中，我们主要关注计算能力，忽略内存和存储大小，以降低问题的复杂性。应用程序请求还包括由源虚拟机和目标虚拟机以及所需带宽组成的流量规范。虚拟机和流量规范参照商业化的云提供商，如亚马逊 AWS 和微软 Azure，它们提供预定义的虚拟机类型和定制的虚拟网络。我们在这个模型中增加了一个额外的实体——应用程序 QoS 等级，用来区分不同类型的应用程序。QoS 等级通过多 QoS 分组模型来判断，在本章的系统框架中，该模型对开发数据中心资源分配算法具有重要的作用，是本章提出的 QoS 感知的虚拟机和网络带宽分配算法的基础。各种 QoS 等级的应用程序请求可以在任意时间提交，系统会在提交应用程序时提供可用的资源。如果在其他 QoS 等级应用程序之后提交高 QoS 等级应用程序，系统会使用不同的资源调配方法将剩余资源分配给高 QoS 等级应用程序。

给定虚拟机和流请求，系统分析应用程序的 QoS 需求，根据多 QoS 分组模型计算应用程序的 QoS 等级，对虚拟机和流进行排序。云提供商或租户也可以通过其他方法确定应用程序的 QoS 等级。例如，来自所有租户的全局的 QoS 等级可以由各个租户提交的本地 QoS 等级要求来确定。应用程序的 QoS 等级也可以按租户类别来区分。例如，为应用程序优先等级支付额外服务费的高级租户，或者需要紧急运行时间的政府租户。在该系统模型中可以使用任何优先级排序方法，但是在本章中，我们的应用程序的优先权限是由用户提供的请求信息经过多 QoS 分组模型分析得到的。这是为了精确划分应用程序，并有效提高资源分配算法的效率。

在分析了应用程序的 QoS 等级之后，系统通过运行虚拟机放置算法选择主机和链路来放置应用程序请求的虚拟机，本章提出的算法同时考虑了计算和网络需求。选择完成后，结果将传递给网络管理器进行网络资源配置。

网络管理器与 SDN 控制器通信，为每个流动态分配带宽，其可以保证即使在网络拥塞的情况下也能为高 QoS 等级应用程序分配所需的最小带宽。默认情况下，链路的带宽在通过链路的流之间平等共享，但是较高 QoS 等级应用程序的流可以通过在交换机上实现优先级队列来获得更多带宽，例如在 Linux 流量控制套件(tc)中实现的队列规则(qdisc)和层次令牌桶(HTB)。SDN 控制器通过 OpenFlow 协议管理数据中心的所有交换机。

7.2 QoS 感知的虚拟机放置算法

在本小节中，将详细描述虚拟机放置算法。采用多 QoS 分组模型对应用程序的 QoS 等级进行建模，每个应用程序提交时都提供了其所需的物理资源和QoS要求，这些信息可以由向云提供商提交应用请求的租户手动设置，也可以由云提供商根据应用信息自动配置。如果将所有的应用程序都设置为相同的等级，那么它们将得到同等的服务。在分配资源时，由于没有对高QoS等级应用程序进行任何特殊考虑，而这些等级应用程序需要确保获得足够的计算能力和优先的网络传输能力，因此在数据中心中合理混合多种QoS等级的应用程序的做法可以验证所提出算法的有效性。

对于应用程序的虚拟机分配，本节提出了多QoS感知的虚拟机放置算法，即MQVA算法，如表7-1所示，该算法利用网络拓扑信息为高QoS等级的应用程序的虚拟机分配紧密连接的主机。在该算法中，我们综合考虑了应用程序的QoS等级以及数据中心中物理主机的网络连通性。在分配虚拟机之前，系统收集数据中心的网络拓扑，数据中心中的所有主机都按其连接性分组。例如，同一机架中连接到同一边缘交换机的主机将分配在一起。同时，虚拟机也根据应用程序分组。

表7-1　算法7-1：多QoS感知的虚拟机放置算法

输入：VM是放置的虚拟机；

输入：rd是VM的资源需求；

输入：app是VM中的应用程序信息；

输入：H是数据中心中的主机列表；

输出：VM与主机之间的映射关系。

1. 收集数据中心网络拓扑信息，按照网络连接性对数据中心主机分组H_{group}，形成主机分组队列；
2. 初始化候选主机队列Q_h；
3. 若应用程序为高QoS等级，判断该应用程序的已分配主机列表H_{app}是否为空，不为空跳到步骤4，为空跳到步骤5；
4. 将已分配的主机列表中每个主机h_a所在的主机组H_{edge}加入候选主机队列Q_h中，同一个pod中的主机H_{pod}也加入候选主机队列Q_h中；
5. 将主机组按照可用容量从高到低进行排序，并将其加入候选主机队列；
6. 将主机从候选主机队列中按照资源容量从高到低依次出队，得到满足虚拟机资源需求的主机；
7. 虚拟机请求资源rd小于出队主机h_q的空闲资源R_h时执行步骤8，否则重复步骤7，进行下一次判断，直至队列为空；
8. 将待放置的虚拟机放置到出队的主机中，并且更新出队主机的空闲资源，同时将该出队主机加入该应用程序的已分配主机列表中，重复步骤7。

注：对于非高QoS等级应用程序的虚拟机，直接使用FFD算法进行放置。

在对主机进行分组后，执行MQVA算法，以找到合适的虚拟机到主机映射，从而为相应QoS等级的应用程序放置虚拟机。MQVA算法试图将高QoS等级的应用程序的一组虚拟机放在拥有更多计算和网络资源的主机组上。如果该组虚拟机不能容纳在单个主机组中，虚拟机将被放置在连接关系最近的多个主机组中，例如，放置在同一pod中的不同边缘交换机下。注意，一个pod表示：数据中心机房平面布局通常采用矩形结构，为了保证制冷效果，通常将 10 至 20 个机柜背靠背并排放置成一行，形成一对机柜组，称为一个 pod。这样，同一应用程序中的虚拟机将被紧密放置，以保持网络传输的最小跳数。例如，位于同一主机内的虚拟机之间的网络流量通过主机内存传输，而不会产生网络设备的流量。因此，如果虚拟机托管在同一边缘网络或同一 pod 中，则这些虚拟机之间的网络传输成本可以降低，同时被其他应用程序干扰的概率也会降低。MQVA 算法通过将高 QoS 等级的应用程序的虚拟机放置在具有足够容量且在网络拓扑中相同或相近的主机上，来降低网络通信成本。对于其他 QoS 等级的应用程序，本节采用降序首次适应(FFD)算法来进行虚拟机的放置。

MQVA 算法的详细执行过程如图 7 - 2 所示。

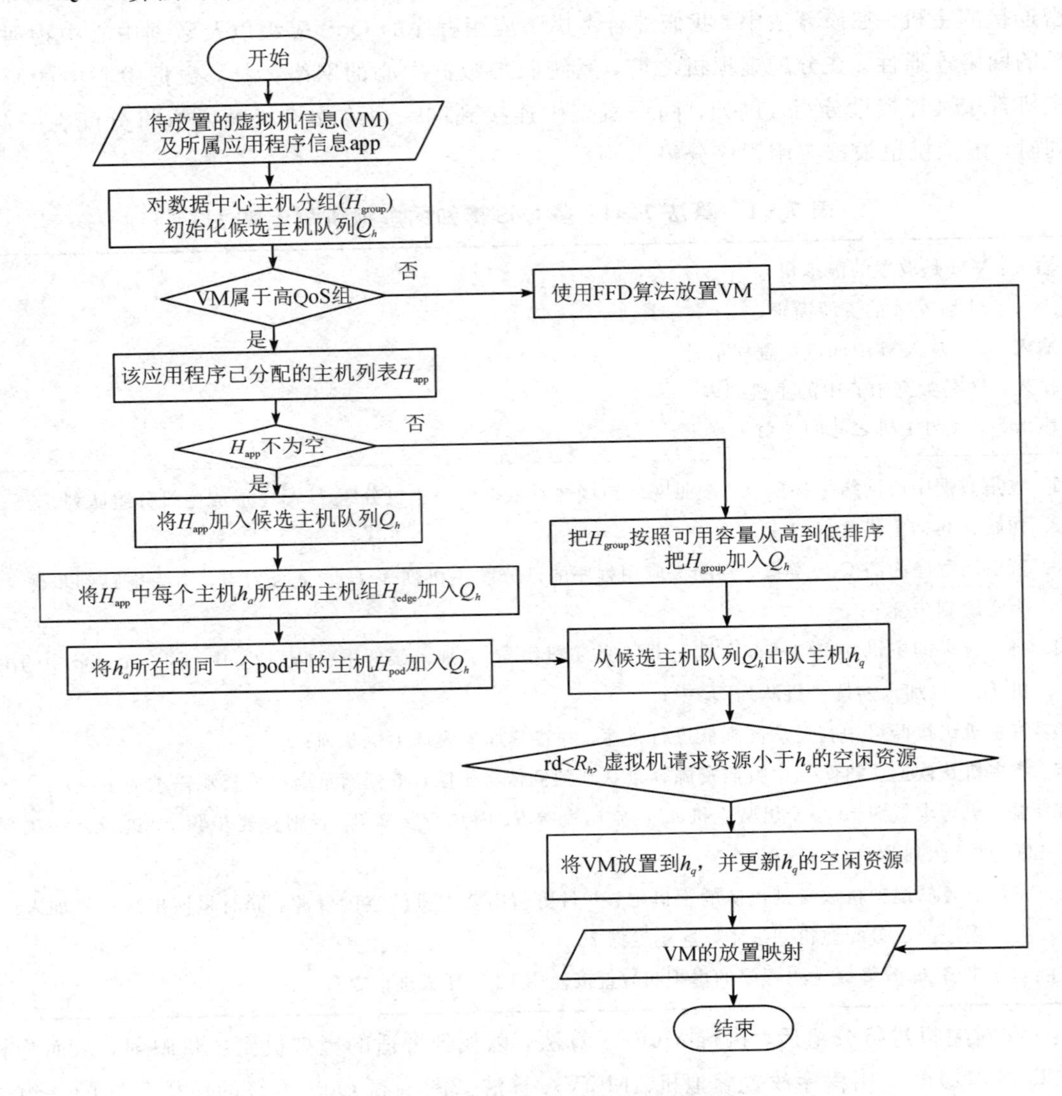

图 7 - 2　MQVA 算法的执行过程

(1) 收集数据中心网络拓扑信息，按照网络连接性对数据中心主机分组（H_{group}），形成主机分组队列，并初始化候选主机队列 Q_h。主机分组队列的构成：根据网络拓扑信息，将同一机架中连接到同一边缘交换机的主机分为一组，将主机组按照资源的容量从高到低排序，形成资源队列。

(2) 对于非高 QoS 等级应用程序的虚拟机，直接使用 FFD 算法进行放置。基于可用资源容量，通过 FFD 算法在主机的递减序列中搜寻主机，将虚拟机放置在第一个满足需求的位置。此算法可以将更多的虚拟机整合到具有足够资源的主机中。一个主机的资源容量可以满足多个虚拟机的需求，使用该算法可以充分利用主机资源，减少资源消耗。其中，虚拟机的 QoS 等级信息根据多 QoS 分组模型中得到的应用程序 QoS 等级信息确定。

(3) 对于高 QoS 等级应用程序的虚拟机，先判断应用程序包含的虚拟机中是否存在已经分配的物理主机，即判断该应用程序的已分配主机列表 H_{app} 是否为空(未分配则该应用程序的已分配主机列表为空)，若未分配则将主机组按照可用容量从高到低进行排序，并将其加入候选主机队列；若存在已分配，则将已分配的主机列表中每个主机 h_a 所在的主机组 H_{edge} 加入候选主机队列 Q_h 中，同一个 pod 中的主机 H_{pod} 也加入候选主机队列 Q_h 中，至此得到高 QoS 等级虚拟机的候选主机队列。随后将主机从候选主机队列中按照资源容量从高到低依次出队，得到满足虚拟机资源需求的主机。若虚拟机请求资源 rd 小于出队主机 h_q 的空闲资源 R_h，则将待放置的虚拟机放置到出队的主机中，并且更新出队主机的空闲资源，同时将该出队主机加入该应用程序的已分配主机列表中，由此完成虚拟机与物理主机的映射。

7.3　QoS 感知的网络带宽分配算法

由于云数据中心的网络基础设施由不同租户共享，因此提供稳定的网络带宽对于应用程序的 QoS 至关重要，也可以避免因其他租户造成的网络拥塞导致的应用程序性能下降。本节提出 QoS 感知的网络带宽分配算法，即 QABA 算法来分配高 QoS 等级应用程序所需的带宽，如表 7－2 所示。该算法利用虚拟化网络的流量管理功能，SDN 控制器可以通过配置交换机中的优先级队列来管理交换机，以分配请求的带宽，从而保证高 QoS 等级应用程序的流量传输。

表 7－2　算法 7－2：QoS 感知的网络带宽分配算法

1：输入：F 是网络流量的列表；
2：输入：topo 是数据中心的网络拓扑；
3：输出：交换机中的优先级队列配置。

1. 遍历数据中心网络流集合 F 的每一个网络流 f；
2. 根据网络拓扑 topo 得到其源主机和目的主机之间的所有交换机，遍历交换机集合 S_f 中的每个交换机 s；
3. 若是高 QoS 等级的应用程序的网络流，则将其源主机地址 h_{src}、目的主机地址 h_{dst}、网络流 f、虚拟局域网标识 vlandId、最小带宽需求 bandwidth 放入交换机的队列中，根据高 QoS 等级应用程序所需带宽按照从大到小的顺序进行排序，得到应用程序网络流优先级队列。

虚拟机放置过程完成后，高 QoS 等级的应用程序的带宽要求和虚拟网络信息被发送到 SDN 控制器。SDN 控制器随后为链路上的每个交换机上的高 QoS 等级应用流建立优先级队列，例如 Linux qdisc 和 HTB。高 QoS 等级应用程序的虚拟机生成的网络流量将使用优先级队列，以便能够获得其所需的带宽。该方法仅适用于高 QoS 等级的应用程序，以便于在共享网络的数据中心中，将网络传输优先于其他流量，保证高 QoS 等级应用程序即使在由其他应用程序引起的拥塞网络中也能够获得足够的带宽。为高 QoS 等级的网络流设置的优先级队列可以保证应用程序所需的最小带宽。对于所有网络流，该算法使用 ECMP 设置默认路径，ECMP 根据源主机和目标主机的地址分配网络流量。对于 QoS 等级较高的网络流，该算法在路径上的每个交换机中设置一个额外的流规则。

QABA 算法的详细执行过程如图 7-3 所示，遍历数据中心网络流集合 F 的每一个网络流 f，根据网络拓扑 topo 得到其源主机和目的主机之间的所有交换机，遍历交换机集合 S_f 中的每个交换机 s，若是高 QoS 等级的应用程序的网络流，则将其源主机地址 h_{src}、目的主机地址 h_{dst}、网络流 f、虚拟局域网标识 vlandId、最小带宽需求 bandwidth 放入交换机的队列中，根据高 QoS 等级应用程序所需带宽按照从大到小的顺序进行排序，得到应用程序

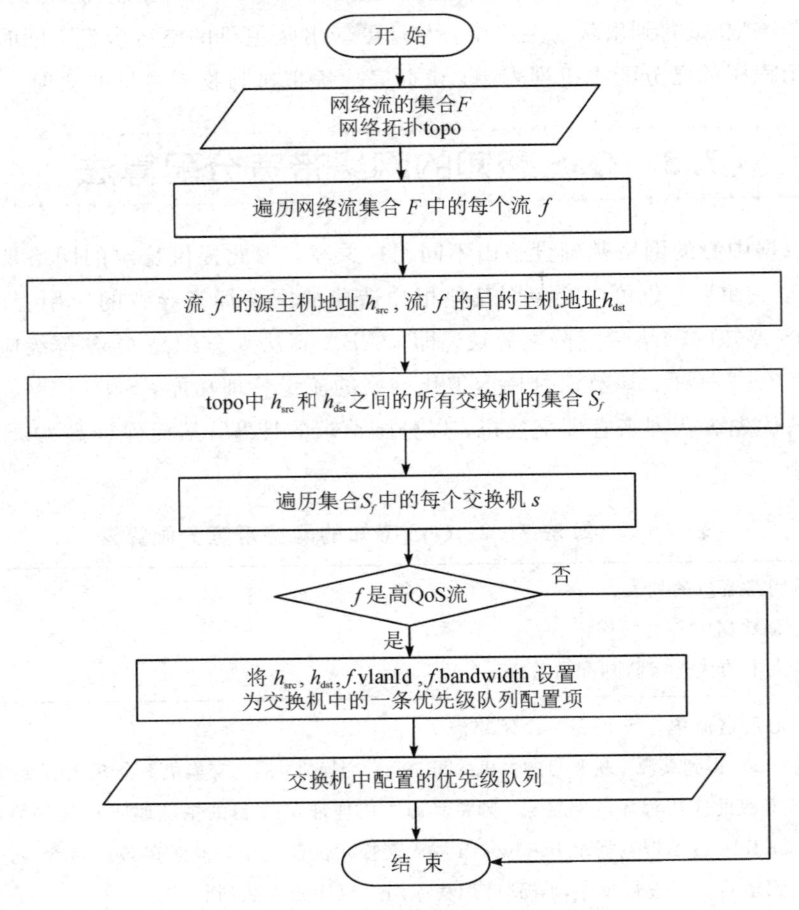

图 7-3　QABA 算法的执行过程

网络流优先级队列。SDN 控制器通过应用程序网络流优先级队列来管理交换机，当多个应用程序的网络流经过交换机时，根据配置的网络流队列，优先通过排序靠前的高 QoS 等级应用程序的网络流。

7.4　基准算法分析

本章将所提出的方法与四种基准算法[独占资源分配(ERA)算法、轮询(RR)算法、最佳适应(BF)算法和降序首次适应(FFD)算法]进行了比较。

ERA 算法专门为关键应用程序分配复杂的主机和网络，因此资源不会与任何其他租户共享。该关键应用程序可以充分利用专用资源的容量来处理其工作负载，可以在不受其他应用程序干扰的情况下获得所需的计算和网络资源。但是，云计算的所有好处都会丧失，包括弹性和动态性。这是不切实际的，因为专门分配的资源将导致云提供商的成本高昂，并将之转嫁给客户。在本章中，我们仅使用该算法来测量关键应用程序的预期响应时间，以计算 QoS 违规率。

RR 算法把应用程序需要创建的虚拟机轮流分配给数据中心的主机，从第 1 个主机开始，直到第 N 个主机，然后重新开始循环。

BF 算法将虚拟机放置在能够为虚拟机提供足够资源的最适合的主机上，如果没有该主机，则开启空闲的主机。

FFD 算法将虚拟机置于由所需处理能力和带宽量确定的第一次拟合递减顺序的主机上。它将更多的虚拟机整合到具有足够资源的主机中，并且不会将它们分散在数据中心。虚拟机被放置在一组较小的主机中，而其他空主机可以进入空闲模式，这可以提高整个数据中心的能效。除了主机节能之外，FFD 算法还可以降低交换机的能耗。当更多虚拟机放置在同一主机上时，同一主机中虚拟机之间的内存传输的可能性增加，这会降低交换机的网络传输概率。表 7－3 给出了该算法。

表 7－3　算法 7－3：降序首次适应算法

输入：VM 是待放置的虚拟机列表； 输入：H 是能放置虚拟机的主机列表； 输出：虚拟机放置映射。
1. 对可获得的主机列表进行降序排序； 2. 遍历每一台主机，若虚拟机需要的资源小于主机 h 的空闲资源，则跳转至步骤 3； 3. 将该虚拟机放置在该主机上并重复步骤 2。

7.5　实验环境

本节首先介绍云仿真实验平台 CloudSim-SDN 和维基百科页面访问数据集的相关概

念。随后介绍进行本次实验需要在 CloudSim-SDN 平台上做的基础设置。最后从响应时间、QoS 违约率、能耗等多个方面分析实验结果。分析结果表明基于多 QoS 分组模型的虚拟机和网络带宽分配算法在提高云数据中心能效方面表现良好。

7.5.1 云仿真实验平台 CloudSim-SDN

CloudSim-SDN 是在 CloudSim 之上构建的一种新的模拟工具，该框架的设计和构建方式能够评估适用于支持 SDN 的云数据中心的资源管理策略。它模拟云数据中心、物理机器、交换机、网络链路和虚拟拓扑测量性能指标，确保 QoS 和能耗要求。它具有易安装且便于操控的特点，使研究者们从繁杂的环境搭建过程中解放出来，简化和加快了使用云计算作为应用程序供应环境的实验研究过程。

图 7-4 为 CloudSim-SDN 的体系结构。最底层是 CloudSim 模拟引擎，它的主要作用是模拟搭建云数据中心环境。CloudSim-SDN 层包含最终用户的请求描述(构成模拟的输入工作负载)、拓扑配置、调度策略(如虚拟机放置算法和网络策略)、虚拟机服务、资源调配和云资源模拟。最顶层为用户编写自定义代码使用，它封装了部分已经实现的对象。本章研究的算法主要在 CloudSim-SDN 层实现。

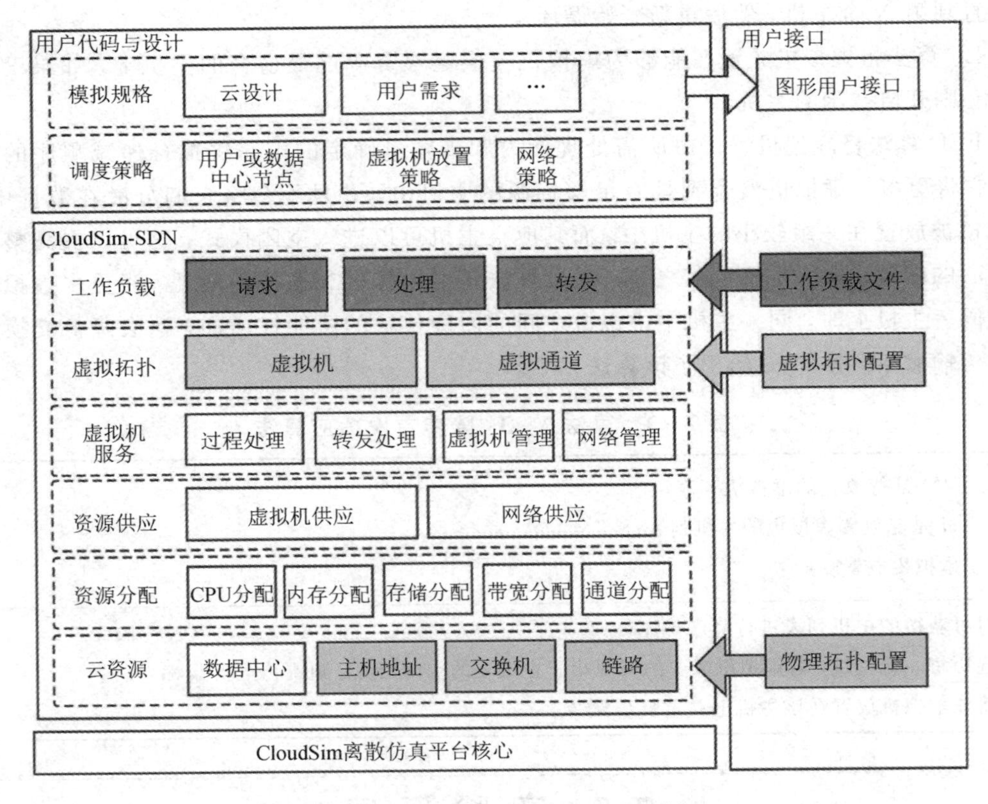

图 7-4 CloudSim-SDN 体系结构[1]

7.5.2　维基百科页面访问数据集

Wikimedia 是包含了 Wikipedia、Wikidata 等在内的一系列网站的集合，维基媒体项目的页面视图统计提供原始访问数据下载，数据按照小时分割存储在单独的文本文件中。每行数据有四项，分别是网站名称、页面标题、访问数量和数据大小。页面统计信息可以帮助确定页面的受欢迎程度，但并不表示主题的知名度。本节根据维基百科项目页面视图统计数据，从三层应用模型中生成维基百科工作负载。

7.5.3　实验场景和配置

在模拟中，生成了一个 8-pod fat-tree 拓扑结构的数据中心网络，128 台主机通过 32 个边缘交换机、32 个聚合交换机和 16 个核心交换机连接。每个 pod 有 4 个聚合交换机和 4 个边缘交换机，每个边缘交换机连接到 4 台主机。交换机和主机之间的所有物理链路都设置为 125 MB/s。图 7-5 显示了实验配置的云数据中心拓扑结构。

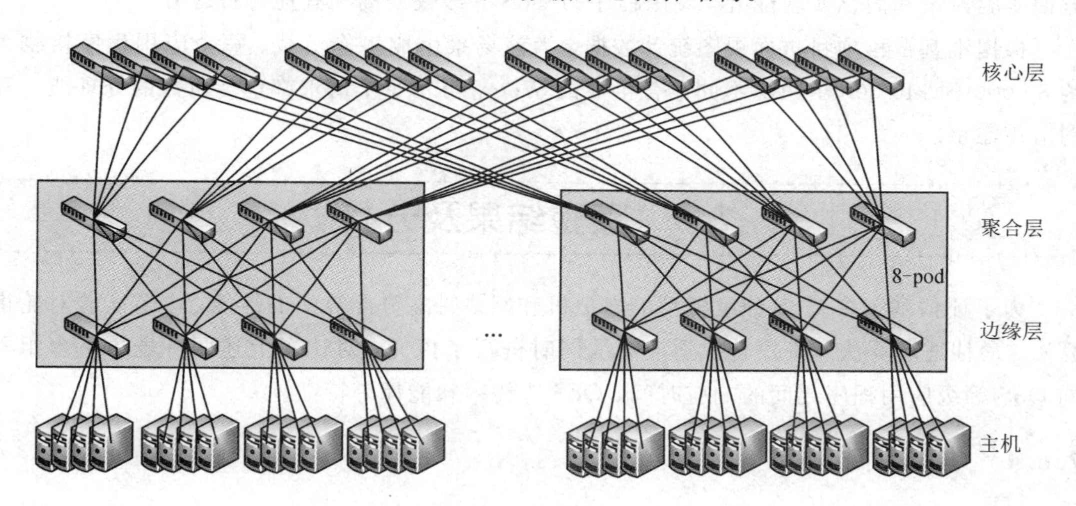

图 7-5　8-pod fat-tree 拓扑结构

在上述模拟环境下，在以下两种场景中评估本章提出的算法。

1. 场景 1：合成工作负载

该场景是将高 QoS 等级的应用程序放在过载的数据中心环境中。为了使数据中心过载，首先将 10 组非高 QoS 等级的应用程序放入数据中心，每组包含 10 个应用程序，每个应用程序中包含 3 个虚拟机，这些应用程序不断产生网络流量。放置这些虚拟机后，由相同数量的虚拟机组成的高 QoS 等级的应用程序将提交给数据中心，为了比较高 QoS 等级应用程序的状态，依次提交 4 组高 QoS 等级的应用程序到云数据中心。使用本章提出的 MQVA 算法放置所有虚拟机后，合成工作负载提交给具有计算和网络负载的高 QoS 等级应用程序。QABA 算法用于传输高 QoS 等级应用程序工作负载的网络部分。这个场景是为了测试 MQVA 算法和 QABA 算法，尤其是 QABA 算法在高 QoS 等级应用程序受到其他应用程序显著干扰的情况下的有效性。

2. 场景 2：维基百科工作负载

该场景反映了一种更实际的情况，即应用程序被放置在大规模公共云中，每分钟都会提交大量虚拟机创建和删除请求。频繁地虚拟机创建和删除导致数据中心碎片化，分散的虚拟机产生的网络流量会增加数据中心网络的整体负载，使得网络流量管理对应用程序的性能更加重要。

根据经典的三层 Web 应用程序架构创建 14 组不同的应用程序请求，每组包含 10 个应用程序，每个应用程序由 1 个数据库服务器、1 个应用服务器和 1 个相互通信的 Web 服务器组成。这些应用程序有 4 组被设定为高 QoS 等级，其余都是普通的应用程序。虚拟机的大小根据层而变化，例如，数据库层服务器被定义为处理能力是应用层服务器的 2 倍。同一应用程序中的所有虚拟机之间还定义了虚拟网络，这样任何虚拟机都可以将数据传输到同一应用程序中的任何其他虚拟机。高 QoS 等级应用程序所需的带宽被设置为物理链路带宽的一半，而普通应用程序被设置为物理带宽的四分之一，以区分等级。注意：本章中为了方便实验讨论和简化实验配置，应用程序的 QoS 等级仅以高和其他进行区分。

根据维基百科项目页面视图统计数据，为该场景生成工作负载。每个应用程序接收大约 80 000 到 140 000 个跟踪不同语言生成的 Web 请求，每个请求都包括所需的处理能力和网络传输量。

7.6 实验结果及分析

为了评估基于多 QoS 分组模型的虚拟机和网络带宽分配算法的性能，本节实验对轮询算法、最佳适应算法和降序首次适应算法同时进行了探究，对比了上述两种场景下多组不同 QoS 等级应用程序之间的响应时间、QoS 违约率和能耗等特征。

7.6.1 响应时间分析

云服务的响应时间表示的是从发出一个虚拟机请求开始到运行该任务的虚拟机结束的一个时间段。通过测量高 QoS 等级应用程序的平均响应时间，以及每种算法的虚拟机处理和网络传输时间来评估所提出算法的性能。注意：在计算响应时间的平均值时，不考虑 QoS 违规。

图 7-6 显示了场景 1 中的结果，其中数据中心网络经常被其他应用程序过载。如图 7-6(a)所示，同时运用 MQVA 算法和 QABA 算法(MQVA-QABA 组合算法)的平均响应时间与轮询算法相比有明显的差异，4 组实验中平均减少了 39.7%，这主要是由于网络传输时间平均减少了 52.5%，如图 7-6(c)所示。从图 7-6(b)可以看出，本章提出的 MQVA 算法以及 MQVA-QABA 组合算法与其他算法相比，虚拟机处理工作负载的平均完成时间基本保持不变，这表明虚拟机获得了足够的处理能力。

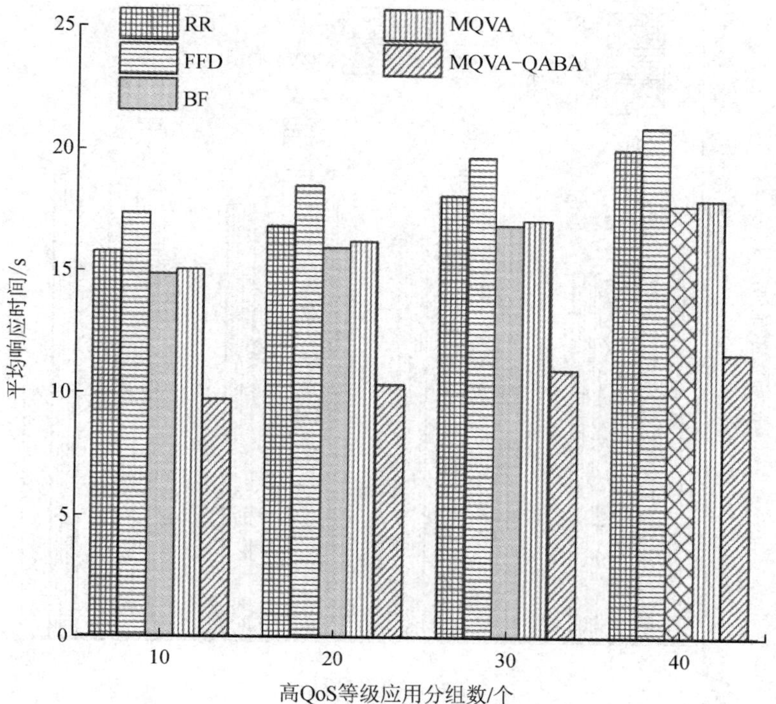

(a) 高QoS等级应用程序的平均响应时间

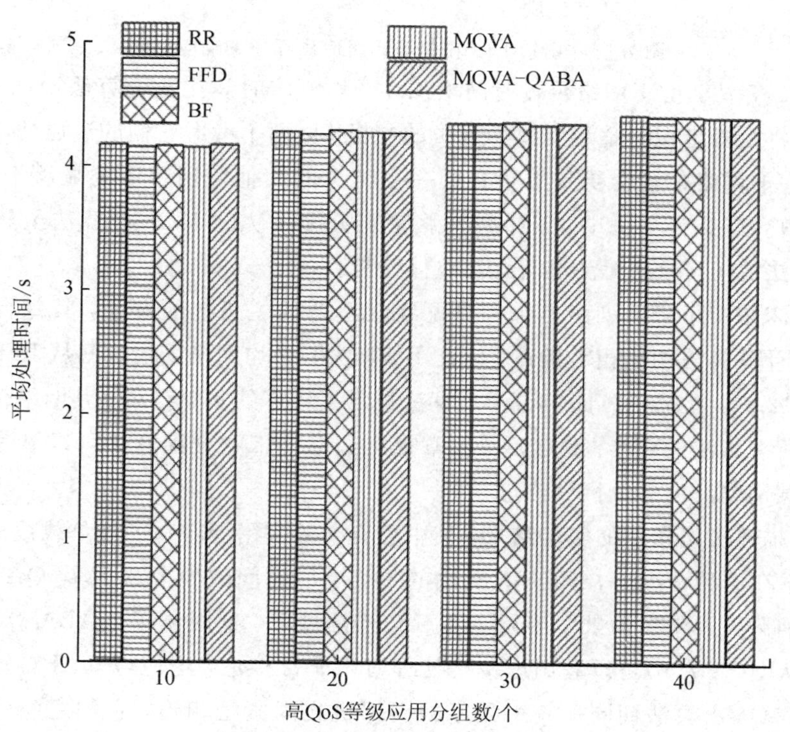

(b) 高QoS等级应用程序的平均虚拟机处理时间

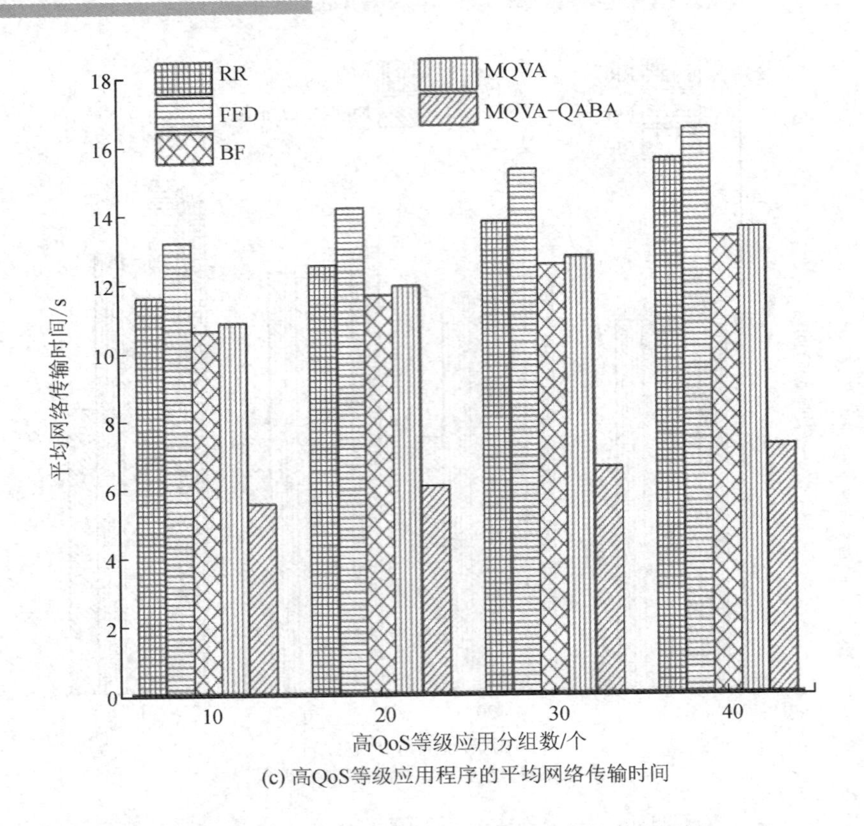

(c) 高QoS等级应用程序的平均网络传输时间

图 7-6　场景 1 中高 QoS 等级应用程序的响应时间

对于 FFD 算法，由于网络传输时间增加，平均响应时间比轮询算法增加了 8.1%。由于 FFD 算法将更多虚拟机整合到更少数量的主机中，而不考虑它们的连通性，因此高 QoS 等级应用程序的网络传输会受到放置在同一主机上的其他应用程序的显著干扰。同样地，由于虚拟机整合到共享主机中，未采用网络带宽分配算法的 MQVA 算法虽然平均响应时间比 FFD 算法的短，但却无法显著提高整体性能。

BF 算法未采用下降队列而是采用分配在最适合的主机中的方法，其每台主机上整合的虚拟机与 FFD 算法相比相对稀疏，因此 BF 算法的平均网络传输时间从 FFD 算法的 14.84 s 减少到 12.08 s。另一方面，QABA 算法显示了较好的实验结果，其网络传输时间几乎减少到其他所有算法的一半。这表明，本章提出的网络带宽分配算法可以显著提升关键应用程序在过载网络环境中的网络性能。

图 7-7 描述了场景 2 的实验结果，其中更复杂的应用程序和工作负载被提交给大规模云数据中心。在这种情况下，MQVA 算法的平均响应时间减少了 2.7%，QABA 算法不如前一种情况有效。因为在场景 2 中，网络不会经常过载，这限制了 QABA 算法的有效性。另一方面，从图 7-7(b)可以看出虚拟机处理时间非常接近，这使得 QABA 算法变得更为有效。由于 MQVA 算法使同一应用程序的虚拟机之间紧密相连，它们之间的网络传输时间减少了 21.1%，从轮询算法的 0.95 s 减少到 MQVA 算法的 0.75 s。高 QoS 等级应用程序的网络工作负载仅通过低级交换机(边缘交换机或聚合交换机)传输，因为虚拟机位于同

一边缘网络或同一 pod 下，因此不会受到其他应用程序网络流的干扰。

与场景 1 类似，由于虚拟机整合到共享主机，FFD 算法增加了平均响应时间。BF 算法使得共享主机中虚拟机的整合相对稀疏，因此减少了网络传输时间，这使得 BF 算法的平均响应时间变得类似于轮询算法。无论使用何种算法，虚拟机处理时间几乎相同。简言之，与启发式的 FFD 算法和 BF 算法相比，MQVA-QABA 组合算法将场景 1 的高 QoS 等级应用程序的平均响应时间分别降低了 34.8%和 29.1%，场景 2 的响应时间分别降低了 3.8%和 2.9%。由于工作负载的来源不同，场景 2 的改进不如场景 1 的显著，例如，网络密集型工作负载可以从所提出的算法中获得更大的改进。

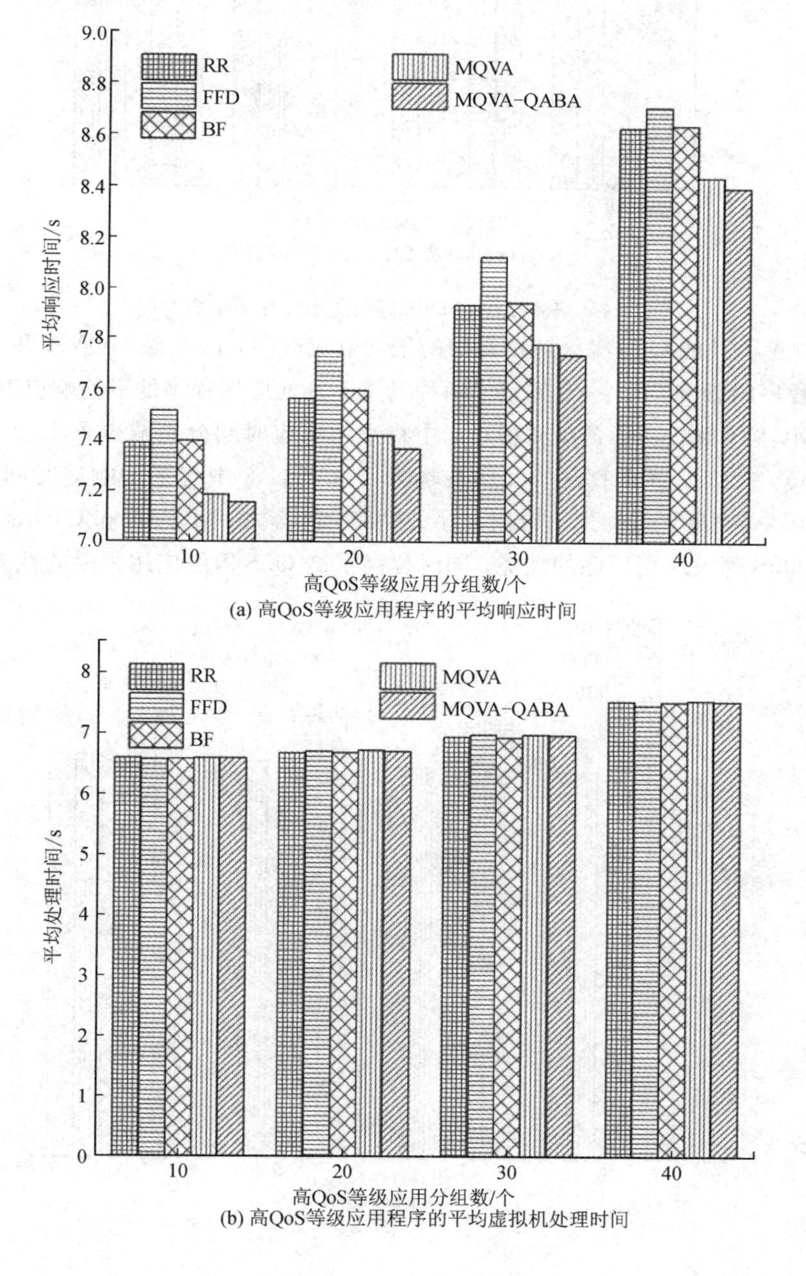

(a) 高QoS等级应用程序的平均响应时间

(b) 高QoS等级应用程序的平均虚拟机处理时间

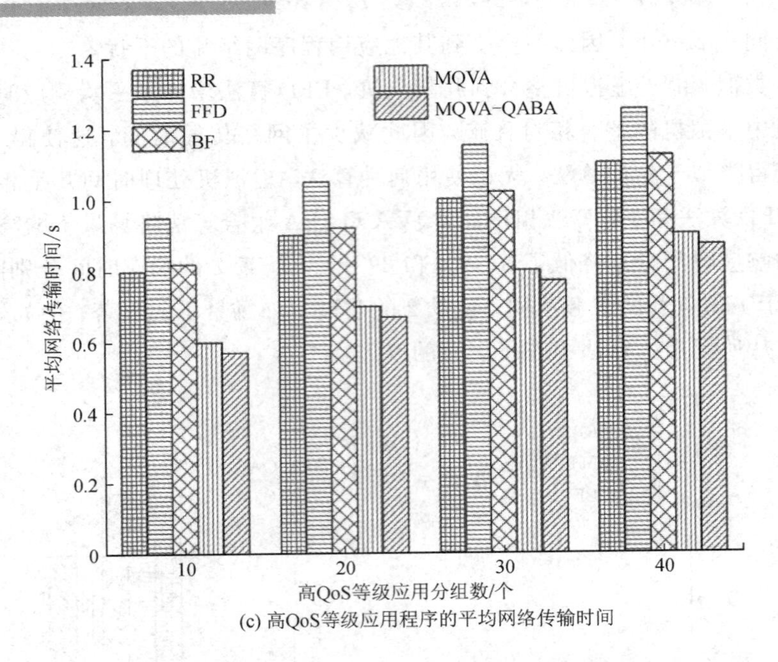

(c) 高QoS等级应用程序的平均网络传输时间

图 7－7　场景 2 中高 QoS 等级应用程序的响应时间

此外，测量了其他 QoS 等级应用程序的平均响应时间，以查看 MQVA 和 QABA 算法对其他应用程序的影响。图 7－8 显示了两种场景下其他应用程序的平均响应时间。与轮询算法相比，MQVA 算法在场景 1 和场景 2 中将平均响应时间分别减少了 13.6%和 3.3%，联合使用 MQVA 和 QABA 算法的实验在场景 1 和场景 2 中将平均响应时间分别减少了 13.6%和 3.0%，提高了低优先级应用程序的性能。简言之，MQVA 和 QABA 算法保持甚至提高了低 QoS 等级应用程序的性能，同时提高了高 QoS 等级应用程序的性能。

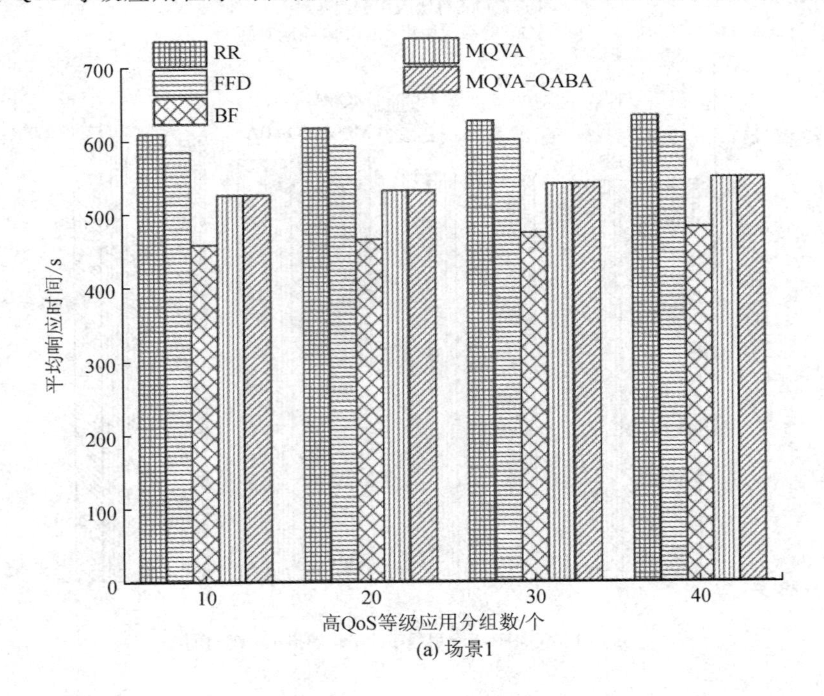

(a) 场景1

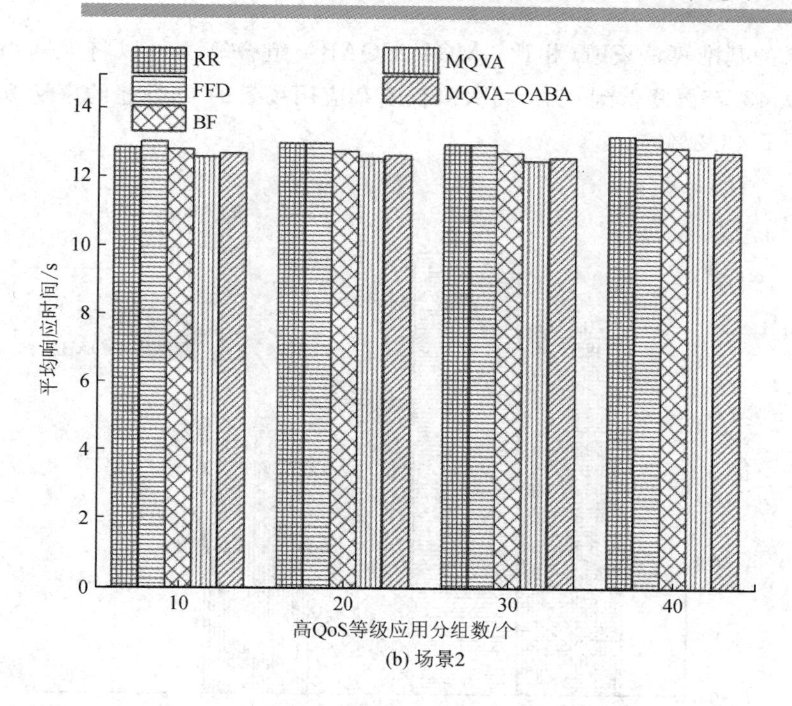

(b) 场景2

图 7－8　其他 QoS 等级应用程序的平均响应时间

7.6.2　QoS 违约率分析

QoS 违约率是通过比较 ERA 算法和其他算法的响应时间来计算的。假设 ERA 算法可以完全达到预期的响应时间(因为它为应用程序中需要的每个虚拟机分配了足够的资源)，如果响应时间超过 ERA 算法的响应时间，就比较每个工作负载的响应时间，并计算违反 QoS 的工作负载。下面的公式描述了根据工作负载集(W)计算 QoS 违约率(r_v)的过程：

$$r_v = \frac{|\{w_v \in W \mid t_X(w_v) > t_{\mathrm{ERA}}(w_v)\}|}{|W|} \tag{7.1}$$

其中，t_X 和 t_{ERA} 分别表示指定算法和 ERA 算法的工作负载(w_v)的响应时间。

高 QoS 等级应用程序的平均 QoS 违约率如图 7－9 所示。在场景 1 中，MQVA 算法导致 34.38％的 QoS 违约率，而 MQVA-QABA 组合算法没有发生违约，如图 7－9(a)所示。这与上一小节中讨论的一致，QABA 算法在其他租户产生大量流量负载的过载网络中更有效。如图 7－9(b)所示，在场景 2 中也能找到相似的结论，其中 MQVA 算法与 MQVA-QABA组合算法的 QoS 违约率分别为 1.34％和 1.26％。可以看到，与场景 1 的 0％至65.36％的 QoS 违约率相比，场景 2 中的违约率在 1.26 ％至 3.70 ％之间。这是因为场景 1 中网络性能显著下降，其他 QoS 等级应用程序的网络过载会干扰高 QoS 等级应用程序。场景 2 中的 QoS 违约率不如场景 1 中的高，但本章算法的影响仍然很明显，可以将违约率从 2.60％降低到 1.26％，改进了 51.5％。对于应该保证 QoS 要求的高 QoS 等级应用程序来说，这是一个比较大的改进。尽管 QABA 算法不如场景 1 中有效，但与单独的 MQVA 算法相比，QABA 算法仍然可以将违约率降低 0.08％。

与启发式的基准算法 FFD 相比，MQVA-QABA 组合算法可以将大网络流量场景的 QoS 违约率从 43.75％降低到 0％，将大规模复杂应用场景的 QoS 违约率从 2.22％降低到 1.26％，降低了 43.2％。

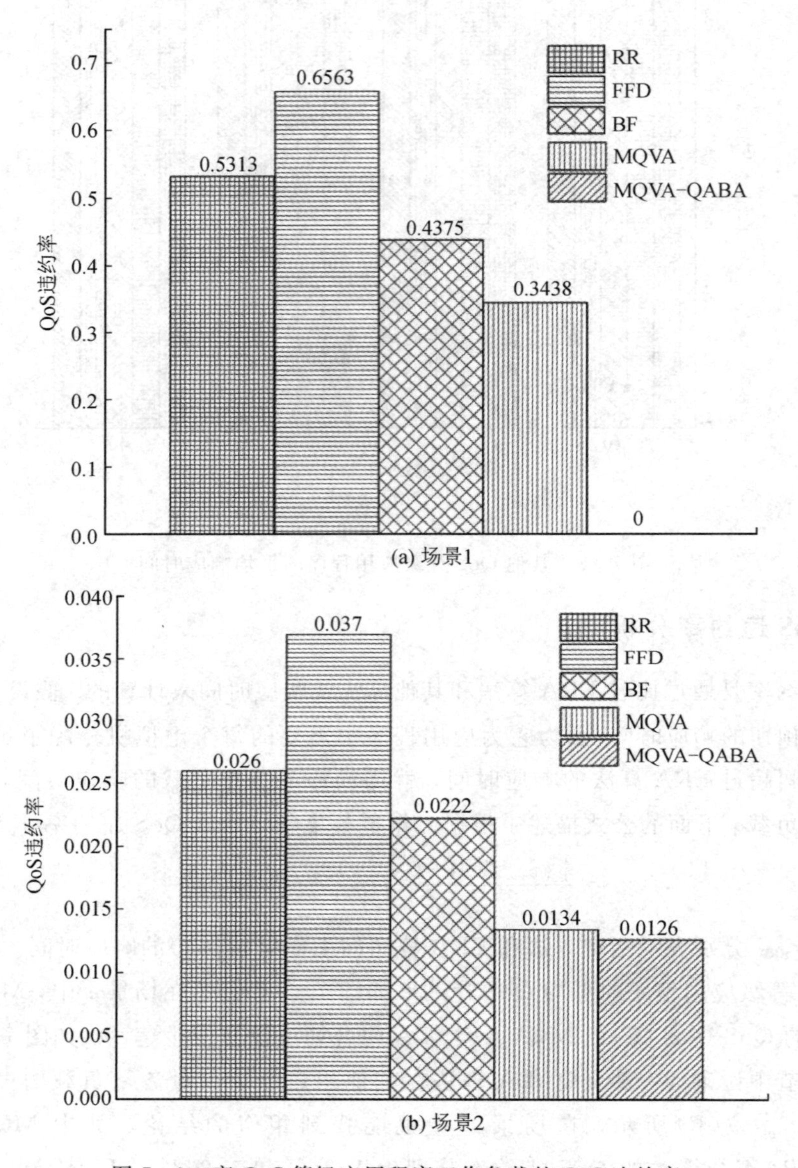

图 7－9 高 QoS 等级应用程序工作负载的 QoS 违约率

7.6.3 能耗分析

本小节对能耗进行评估，以评估所提出的算法对云数据中心运营成本的影响。测量一段时间内主机和交换机的利用率，并分别使用主机和交换机的功率模型[2-3]来计算总能耗。假设未使用的主机和交换机处于空闲模式，根据主机和交换机活动端口的利用率计算活动主机和交换机的功耗。

主机的能耗模型(主机 i 的功耗基于主机 CPU 利用率百分比建模)如下:

$$P(h_i)=\begin{cases}P_{\text{idle}}+(P_{\text{peak}}-P_{\text{idle}})\cdot u_i & \sigma_i>0\\ 0 & \sigma_i=0\end{cases} \tag{7.2}$$

其中,$P(h_i)$ 为主机 i 的功耗,P_{peak} 为主机峰值功耗,P_{idle} 为主机空闲功耗,u_i 为主机 i 的 CPU 利用率百分比,σ_i 为放置在主机 i 上的 VM 的数量。

空闲功率消耗是主机消耗的恒定因素,无论它接收多少工作负载,仅当主机关闭时,才可以减少它。主机在处理更多工作负载时会消耗更多能量,从而 CPU 利用率会更高。由于主机是同质的,因此如果 CPU 使用率相同,则主机的功耗将彼此相同。

交换机的能耗模型(交换机 i 的功耗根据活动端口计算)如下:

$$P(s_i)=\begin{cases}P_{\text{static}}+P_{\text{port}}\cdot q_i & s_i \text{ 是 on}\\ 0 & s_i \text{ 是 off}\end{cases} \tag{7.3}$$

其中,$P(s_i)$ 为交换机 i 的功耗,P_{static} 为无流量的交换机功耗,P_{port} 为交换机上每个端口的功耗,q_i 为交换机 i 上活动端口的数量,s_i 为数据中心的第 i 个交换机。

与主机的能耗类似,无论网络流量如何,交换机的功耗都具有静态影响。除了静态消耗之外,当更多端口处于活动状态且流量通过交换机时,会消耗更多能量。使用式(7.3)描述的线性模型,其中交换机的能耗与交换机中活动端口的数量呈正比关系。

图 7-10 和图 7-11 显示了整个数据中心的实测能耗,以及两种情况下主机和交换机的详细功耗。在场景 1 中,与轮询算法相比,MQVA 算法和 MQVA-QABA 组合算法节省了 50.4%的总数据中心能耗,而 FFD 算法和 BF 算法分别节省了 35.9%和 51.2%的能耗。这种差异主要来自交换机,因为场景 1 中的工作负载由巨大的网络流量和虚拟机上的少量计算负载组成。

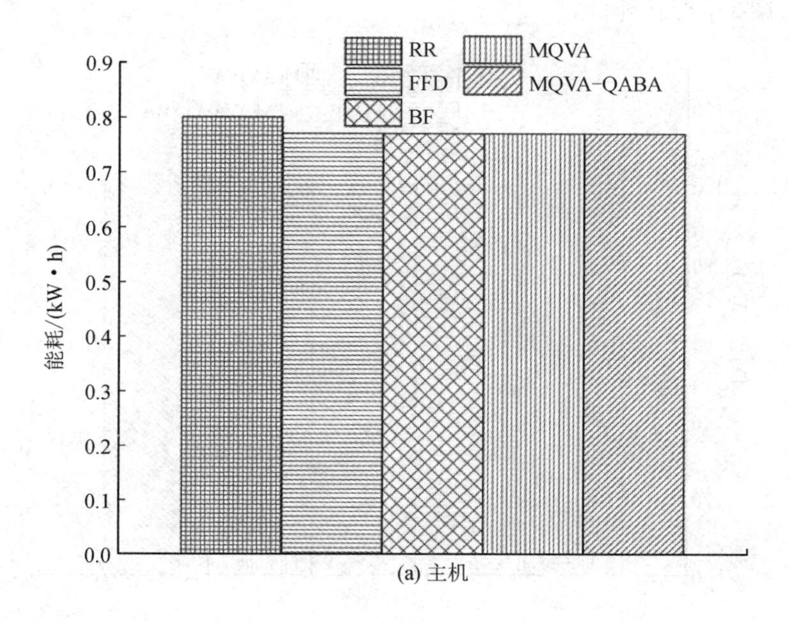

(a) 主机

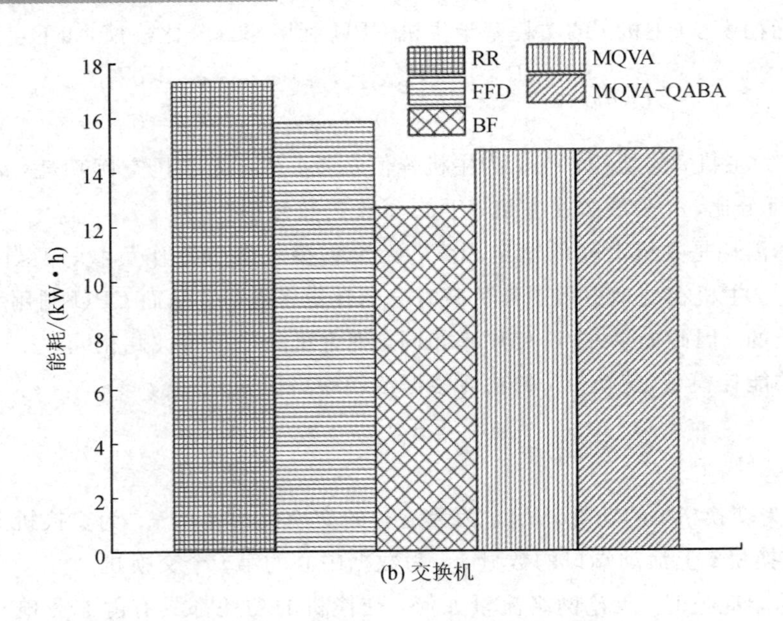

(b) 交换机

图 7-10 场景 1 的详细能耗

在场景 2 中，所有算法中，MQVA 算法和 MQVA-QABA 组合算法消耗的能量最少。就主机能耗而言，与轮询算法相比，其他四种算法或组合算法消耗的能量更少，因为 MQVA 算法和 FFD 算法都将虚拟机整合到较少数量的主机中，并关闭了许多未使用的主机。对于交换机，FFD 算法和 BF 算法相比轮询算法消耗的能量更多，而 MQVA 算法和 MQVA-QABA 组合算法的消耗低于轮询算法。这是由于同一应用程序组中的虚拟机紧密放置在同一边缘网络或同一 pod 中，网络流量通过较少的交换机进行整合。因此，活动的交换机的数量减少，能耗降低。

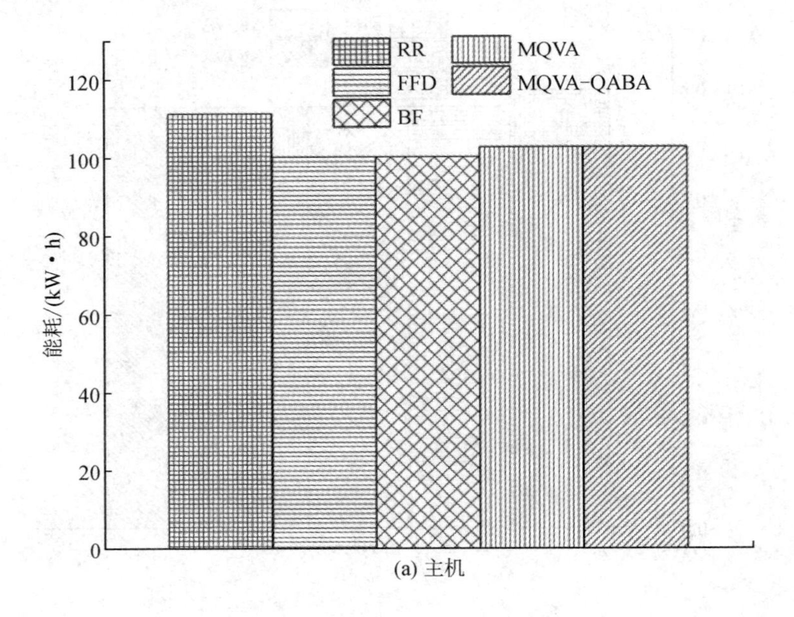

(a) 主机

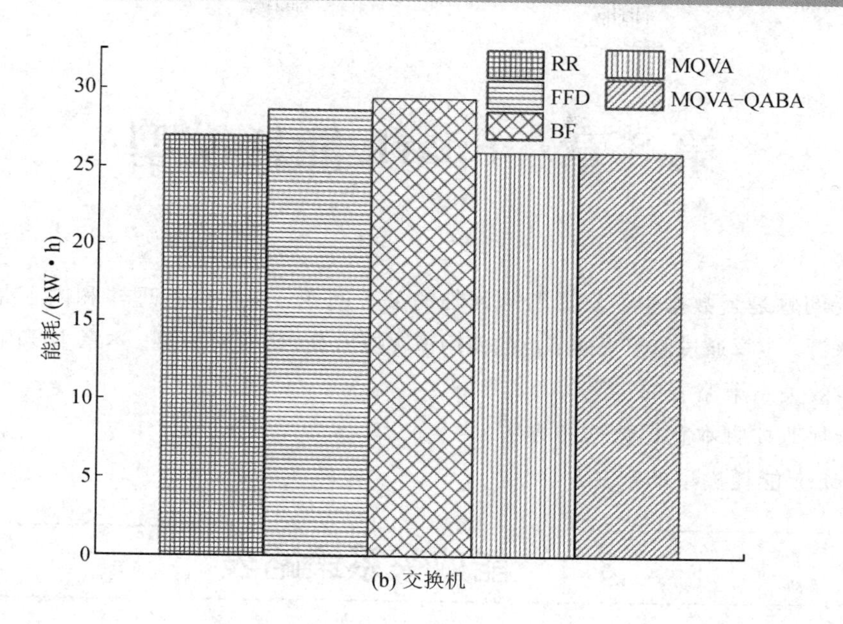

图 7-11　场景 2 的详细能耗

通过以上对比可以发现，本章所提出的算法至少不会增加数据中心的能耗，与启发式的基准算法相比，维基百科工作负载甚至减少了能耗。实际上，它可以通过将虚拟机整合到更少的主机中帮助云服务提供商降低运营成本，同时为高 QoS 等级的应用程序提供所需的 QoS。

参考文献

［1］ SON J, DASTJERDI A V, CALHEIROS R N, et al. CloudSimSDN: modeling and simulation of software-defined cloud data centers［C］// 2015 15th IEEE/ACM International Symposium on Cluster. Cloud and Grid Computing (CCGrid). Shenzhen: IEEE Press, 2015: 475-484.

［2］ PELLEY S, MEIENER D, WENISCH T F, et al. Understanding and abstracting total data center power［C］// Workshop on Energy-Efficient Design (WEED). 2009: 1-6.

［3］ WANG X, YAO Y, WANG X, et al. CARPO: Correlation-aware power optimization in data center networks［C］// international conference on computer communications. Munich: IEEE Press, 2012: 1125-1133.

［4］ LI H J, ZHU G, ZHAO Y, et al. Energy-efficient and QoS-aware model based resource consolidation in cloud data centers［J］. Cluster Computing, 2017, 20(3): 2793-2803.

［5］ SON J, RAJKUMAR B. Priority-aware VM Allocation and Network Bandwidth Provisioning in Software-Defined Networking (SDN)-enabled Clouds［J］. IEEE Transactions on Sustainable Computing (T-SUSC), 2019, 4(1): 17-28.

第8章 Spark能耗模型

高能耗问题是云数据中心资源管理面临的关键问题，而中央处理器和内存是计算机能耗的主要来源。本章通过监控集群节点的使用情况提出Spark能耗模型。本章主要内容包括：

(1) 能效关系策略表的定义。

(2) 能耗监控脚本获得数据的方法。

(3) Spark能耗模型的定义。

8.1 能效关系策略表

8.1.1 原因及目的

Spark原生调度策略[1-5]中并没有考虑能效问题，每次运行Spark应用时总是将任务按照数据本地性原则放在混洗后的进程上运行。原生的调度策略具有随机性，不能有效降低能耗。为了解决这个问题，本章提出了能耗感知的Spark节能调度策略。该策略通过对历史能效的感知来影响当前的任务调度方式，因此，需要一种载体记录历史能效，该载体就是能效关系策略表。

能效关系策略表详细地记录了任务在任意进程上的运行能耗以及运行时间。Spark应用与能效关系策略表是一一对应关系。Spark应用运行结束后会更新对应的能效关系策略表。这样做的好处是增加了能耗感知调度策略的动态性，即当集群中增加新的节点或随着时间推移节点能效情况发生变化时，能效关系策略表会及时更新，保证能耗感知调度策略在任何情况下都能有效降低Spark集群能耗。

引入能效关系策略表使本章提出的能耗感知调度策略具有了动态调整任务分配的特点，且克服了原生调度策略随机放置任务不能有效降低能耗的问题。

8.1.2 结构

能效关系策略表详细记录了任务在任意进程上的运行能耗以及运行时间。能效关系策略表的结构如表8-1所示，task_{ij}^{k} 表示在 Stage_{ij} 中的第 k 个任务，ex_l 表示集群中第 l 个进程，e_{ij}^{kl} 表示 task_{ij}^{k} 在 ex_l 上执行消耗的能量，p_{ij}^{kl} 表示 task_{ij}^{k} 在 ex_l 上执行消耗的时间。

实验中用Scala代码表示的能效关系策略表如图8-1所示。代码中的数据结构由三层HashMap嵌套，这样做的目的是通过哈希的方式快速查找内容。最外层HashMap的key值为当前任务属于Spark应用的Job和Stage的组合id信息，即表8-1中的 i，j 信息，其格式为“JobId;StageId”。最外层 HashMap 的 value 值是中间层 HashMap 对象。中间层 HashMap 对象的 key 值为当前任务的 id 值，其 value 值是内层 HashMap 对象。内层 HashMap 对象的 key 值是进程的 id 值，value 值是有且仅有两个元素的一维数组，分别记录了运行能耗(e_{ij}^{kl})和运行时间(p_{ij}^{kl})。

表 8-1 能效关系策略表结构

任务	ex_0	ex_1	…	ex_l	…	ex_{p-1}
task_{ij}^0	e_{ij}^{00}, p_{ij}^{00}	e_{ij}^{01}, p_{ij}^{01}	…	e_{ij}^{0l}, p_{ij}^{0l}	…	$e_{ij}^{0(p-1)}$, $p_{ij}^{0(p-1)}$
task_{ij}^1	e_{ij}^{10}, p_{ij}^{10}	e_{ij}^{11}, p_{ij}^{11}	…	e_{ij}^{1l}, p_{ij}^{1l}	…	$e_{ij}^{1(p-1)}$, $p_{1(p-1)ij}$
…	…	…	…	…	…	…
task_{ij}^k	e_{ij}^{k0}, p_{ij}^{k0}	e_{ij}^{k1}, p_{ij}^{k1}	…	e_{ij}^{kl}, p_{ij}^{kl}	…	$e_{ij}^{k(p-1)}$, $p_{ij}^{k(p-1)}$
…	…	…	…	…	…	…
task_{ij}^{o-1}	$e_{ij}^{(o-1)0}$, $p_{ij}^{(o-1)0}$	$e_{ij}^{(o-1)1}$, $p_{ij}^{(o-1)1}$	…	$e_{ij}^{(o-1)l}$, $p_{ij}^{(o-1)l}$	…	$e_{ij}^{(o-1)(p-1)}$, $p_{ij}^{(o-1)(p-1)}$

```
HashMap[String, HashMap[String, HashMap[String, Array[String]]]]
```

图 8-1 Scala 能效关系策略表代码

8.1.3 更新

Spark 应用在运行完成后需要更新对应的能效关系策略表。更新的时间点是 Spark 应用运行完成后的空闲时间，不会增加运行时的额外 I/O 开销，从而不会造成额外的性能下降。在 Spark 应用多次运行后，得益于更新策略表的探测机制，其对应的策略表最终将会记录任务在任意进程上的运行能耗和运行时间。

能效关系策略表的更新总体分为两个阶段：探测阶段和非探测阶段。

(1) 探测阶段。在初始状态下，任务在任意进程上的运行能耗和运行时间均为 0，这表示当前任务和进程之间的能效没有历史记录，本章将其定义为未知状态。能耗感知调度策略优先将任务调度到未知状态的进程上运行，将这种做法定义为探测未知数据。策略表记录任务运行的能耗和时间，并用这次记录替换 0 值。

(2) 非探测阶段。当未知状态很少或不存在时，进入非探测阶段。本章提出的能耗感知调度策略按照预定的规则将任务调度到合适的进程上运行，求上次值和本次值的均值，并将均值更新到策略表。非探测阶段更新策略表中值的过程实质上是一个求加权平均值的过程。当前数据的权值为 1/2。上一次历史数据到当前数据的距离为 1，其权值为 $(1/2)^2$。可以得出到本次结果距离为 i 的数据的权值为 $(1/2)^{i+1}$。随着同一个 Spark 应用运行次数的增多，能效关系策略表中的数据总会记录最近一段时间的加权平均结果。历史非常久远的结果的权值将以指数级速度减小。

探测阶段和非探测阶段之间的界限是模糊的。在一次 Spark 应用运行中，可能同时存在需要探测的任务和已经探测到结果的任务。

8.2 能耗监控脚本

8.2.1 监控脚本介绍

相关能耗研究[1-3]证明，数据中心能耗的主要来源为 CPU 和内存。当前能耗建模方法层出不穷，例如有基于性能计数器的能耗建模方法，有基于系统使用率的能耗建模方法，以及能耗数据的回归分析方法[1]等。本章采用了基于系统使用率的能耗建模方法。利用监控脚本记录每秒进程 CPU 使用率和内存使用率，再通过现有成熟的基于系统使用率的能耗模型[1]计算出当前 1 s 内产生的能耗，最后通过累加的方式计算进程在一段时间内的能耗。由于网络 I/O 开销和磁盘 I/O 开销造成的能耗所占比例非常小，因此本章没有考虑拉取数据造成的能耗。

通过能耗监控脚本可以获得进程在一段时间内产生的总能耗。一个进程包含多个处理任务的线程，每个线程运行一个任务。任务的运行时间与任务的能耗服从正相关性，即任务运行时间越长，任务产生的能耗越大。通过对 SparkLog 分析可以得到任务在该进程上的运行时间。本章按照时间的比例计算每个任务在节点上的运行能耗，由此通过监控脚本的方式获得能效关系策略表中 e_{ij}^{kl} 和 p_{ij}^{kl} 的值。

8.2.2 监控脚本实现

在 Linux 系统下通过 Shell 提供了大量实用的与系统交互的命令。本章提出的能耗监控脚本使用 Shell Script 获得进程资源利用率的数据。首先，能耗监控脚本通过进程名称获得当前进程 id(Pid)。之后，脚本通过 Pid 获得此进程的资源使用情况。最后，将资源使用情况重定向到本地文件。以上三个步骤是一个循环体，每秒循环一次。如图 8－2 所示，＄1 是传入的进程名称参数，＄2 是传入的重定向路径参数，监控数据脚本主要用到的 Shell 命令有 jps、awk、date 和 top。

```
while :
 do
  jps_pid=$(jps | grep $1| awk '$1>0 {print $1}')
  if [ -n "$jps_pid" ]; then
   current=$(date "+%Y-%m-%d %H:%M:%S")
   timeStamp=$(date -d "$current" +%s)
   echo "time;$timeStamp;$current" >> $2
   eval top -Hbp $jps_pid -n 1 | awk 'NR>7{if(NF>0) print $1";"$9";"$10";"$11}' >> $2
  fi
  sleep 1
```

图 8－2　Shell Script 获得监控数据代码

本章以守护进程的形式在每台服务器节点上启动监控脚本，用以记录进程的资源使用情况。如图 8－3 所示，监控进程名称为“CoarseGrainedExecutorBackend”的进程且重定向目录为“../logs/monitor－171”。

```
#current dir
dir=$(dirname $0)
#lunch monitor
nohup $dir/monitor CoarseGrainedExecutorBackend $dir/../logs/monitor-171 &
```

图 8－3　Shell Script 启动监控代码

8.3　Spark 能耗模型

8.3.1　Spark 数学模型

一个 Spark 应用(Application)分布式地运行在多个物理节点组成的集群上。在 Spark 应用提交后，RDD 转换关系图(DAG 图)每遇到一个 RDD Action 就产生一个作业(Job)。

$$App = \{Job_0, Job_1, Job_2, \cdots, Job_{m-1}\} \tag{8.1}$$

$$Job_i = \{Stage_{i0}, Stage_{i1}, Stage_{i2}, \cdots, Stage_{i(n-1)}\} \tag{8.2}$$

$$Stage_{ij} = \{task_{ij}^0, task_{ij}^1, task_{ij}^2, \cdots, task_{ij}^{o-1}\} \tag{8.3}$$

本节对 Spark 应用的定义如式(8.1)所示，App 表示 Spark 应用由 m 个作业组成。Job_i 表示 App 第 i 个作业。DAGScheduler 根据 RDD 之间的依赖关系将 Job 划分为多个阶段(Stage)。本节对 Job_i 定义如式(8.2)所示，Job_i 由 n 个阶段组成。$Stage_{ij}$ 表示 Job_i 上第 j 个阶段。DAGScheduler 根据阶段中最后一个 RDD 的分区将阶段划分为多个任务(Task)。本节对 $Stage_{ij}$ 的定义如式(8.3)所示。$Stage_{ij}$ 由 o 个任务组成。$task_{ij}^k$ 表示 $Stage_{ij}$ 上的第 k 个任务。

8.3.2　集群计算资源的抽象

在 Spark 调度环境下，Master 节点分发任务到集群中的 Worker 节点上运行。Worker 节点负责与 Master 节点通信以及管理 Executor。每个 Executor 包含一个 Executor 对象，Executor 对象拥有一个线程池。一个线程能够运行且只能够运行一个任务。在默认的 Standalone 模式下，一个 Worker 节点上只运行一个 Executor 并且此 Executor 占有 Worker 节点上的所有计算资源。下式中，Exe 表示集群上所有可用的 Executor 资源的集合。

$$Exe = \{ex_0, ex_1, ex_2, \cdots, ex_{p-1}\} \tag{8.4}$$

8.3.3　任务与计算资源的关系抽象

TaskScheduler 将阶段内的任务调度到其中一个物理节点上的 Executor 运行。在 Spark 运行的第一个阶段，来自分布式文件系统的文件将转化为 RDD。RDD 的每个分区对应一个任务。后一个阶段从前一个阶段的运行结果中拉取数据。每个阶段按照血缘关系依次执行。最后一个阶段(FinalStage)将结果输出到分布式文件系统。

本章提出的 Spark 能耗模型认为集群是异构的，因此任务在不同的 Executor 上运行所需要的时间和能量不相同，即能效关系策略表中任务的 e_{ij}^{kl} 和 p_{ij}^{kl} 值在不同 Executor 上运行是不同的。

使用 R_{ij}^{kl} 表示任务 task_{ij}^{k} 与进程 ex_l 之间的关系，定义如下：

$$R_{ij}^{kl}=\begin{cases}1 & \text{task}_{ij}^{k}\ \text{分配到}\ ex_l\\ 0 & \text{否则}\end{cases} \tag{8.5}$$

当 task_{ij}^{k} 分配到 ex_l 上时 $R_{ij}^{kl}=1$，否则 $R_{ij}^{kl}=0$。

8.3.4 能耗模型

由式(8.3)、式(8.4)、式(8.5)可得 Job_i 上第 j 个 Stage 产生的能耗为 $\text{Stage}_{ij}^{\text{ec}}$。本节定义 Spark 阶段能耗模型如下：

$$\text{Stage}_{ij}^{\text{ec}}=\sum_{0\leqslant k<|\text{Stage}_{ij}|}\sum_{0\leqslant l<p}e_{ij}^{kl}R_{ij}^{kl} \tag{8.6}$$

由式(8.2)、式(8.6)可得 App 第 i 个 Job 产生的能耗 Job_i^{ec}。本节定义 Spark 作业能耗模型如下：

$$\text{Job}_i^{\text{ec}}=\sum_{0\leqslant j<|\text{Job}_i|}\sum_{0\leqslant k<|\text{Stage}_{ij}|}\sum_{0\leqslant l<p}e_{ij}^{kl}R_{ij}^{kl} \tag{8.7}$$

根据式(8.1)、式(8.7)可得大数据 App 产生的能耗为 App^{ec}。本节定义 Spark 应用能耗模型如下：

$$\text{App}^{\text{ec}}=\sum_{0\leqslant i<|\text{app}|}\sum_{0\leqslant j<|\text{job}_i|}\sum_{0\leqslant k<|\text{Stage}_{ij}|}\sum_{0\leqslant l<p}e_{ij}^{kl}R_{ij}^{kl} \tag{8.8}$$

以上公式必须满足的限定条件如下面两公式：

$$\sum_{0\leqslant l<|\text{Exe}|}R_{ij}^{kl}=1,\ \forall\ \text{task}_{ij}^{k}\in\text{Stage}_{ij} \tag{8.9}$$

$$i,j,k,l\in N \tag{8.10}$$

式(8.9)保证每个任务只能分配到一个 Executor 上，式(8.10)保证 i、j、k、l 都是自然数。

参考文献

[1] 罗亮，吴文峻，张飞. 面向云计算数据中心的能耗建模方法[J]. 软件学报，2014，7：1371 - 1387.

[2] 张安站. Spark 技术内幕：深入解析 Spark 内核架构设计与实现原理[M]. 北京：机械工业出版社，2015.

[3] LI H，WANG H，FANG S，et al. An energy-aware scheduling algorithm for big data applications in Spark[J]. Cluster Computing，2020，23(2)：593 - 609.

[4] ISLAM M T, KARUNASEKERA S, BUYYA R. dSpark: Deadline-based Resource Allocation for Big Data Applications in Apache Spark[C]// Proceedings of the 13th IEEE International Conference on e-Science (e-Science). IEEE Press, 2017.

[5] MUHAMMED T I, SATISH N. Srirama, Shanika Karunasekera, and Rajkumar Buyya, Cost-efficient Dynamic Scheduling of Big Data Applications in Apache Spark on Cloud[J]. Journal of Systems and Software (JSS), 2020, 162: 1-14.

第9章 能耗感知的 Spark 节能调度算法

Spark 平台为各领域提供了快捷的大数据计算服务。本章在 Spark 计算框架下提出了 EASAS-A 调度策略。EASAS-A 适用于任务数较多的计算密集型工作负载。EASAS-A 存在的问题也较为突出，由于贪心策略的特点，在任务较少的情况下整体完成时间远远高出原生调度策略。为了解决该问题，本章提出了 EASAS-B 调度策略。EASAS-B 在较少任务的情况下依然能贪心地将任务分配在集群一半的节点上运行。本章使用 HiBench 基准测试集分析了在不同情况下的能耗表现。EASAS-B 在小分区情况下有效缩短了运行时间，但付出的代价是节能效果没有 EASAS-A 明显。EASAS-B 的局限在于完全不考虑数据的本地调度，造成任务运行超时，因此 EASAS-B 并不能完全取代 EASAS-A 调度策略。EASAS-A 与 EASAS-B 均有各自适合的运行场景。

EASAS-A 适合使用的场景为：

(1) 工作负载为计算密集型且任务数较多。

(2) SLA 要求的完成时间宽松并对节能要求较高。

EASAS-B 适合使用的场景为：

(1) 工作负载任务数较少。

(2) SLA 对完成时间的要求较高且对节能效果有要求。

9.1 能耗感知的 Spark 节能调度 A 型算法

9.1.1 Spark 原生调度问题分析

Spark 原生调度策略的整体流程如下[1]：首先，触发 RDD Action(操作)提交一个作业(Job)。其次，DAGScheduler 将作业划分为多个阶段(Stage)，并将阶段转换为任务集合交给 TaskScheduler 做下一步处理。SchedulerBackend 获取当前集群可用的 Executor(进程)。TaskScheduler 将任务集合封装成 TaskSetManager 对象。TaskScheduler 根据 FIFO 或 FAIR 调度算法分配 TaskSetManager 到随机打乱后的 Executor 上。最后，TaskSetManager 根据数据本地性程度实际确定任务如何放置在 Executor 上。

可以看出，原生调度策略在分配任务时尽量做到均衡分配，每次都要随机打乱 Executor，让每个 Executor 都有机会执行任务。这样做的好处是负载均衡，优化了 Spark 应用的整体完成时间。无论任务多少，原生调度策略都将调用集群所有节点来运行任务，这样会造成高能耗。

本章提出一种启发式能耗感知的Spark节能调度A型算法，即EASAS-A算法。该算法用于降低Spark集群在运行大数据应用时的能耗。EASAS-A算法通过评价标准对Executor排序，贪心地将任务放置在评价标准最优的Executor上运行，从而达到降低能耗的目的。

9.1.2 能耗感知的Spark节能调度A型算法

本节将详细描述能耗感知的Spark节能调度A型算法，即EASAS-A算法。

1. EASAS-A算法描述

EASAS-A根据异构集群中不同物理节点能效不同，贪心地将任务调度到最优Executor上运行，EASAS-A算法如表9-1所示。

表9-1 算法9-1：能耗感知的Spark节能调度A型算法

输入：Exe是当前所有可用Executor的有序集合，$Stage_*$是DAGScheduler交给TaskScheduler处理的所有Stage的并集。

1. 使用ex_l遍历Exe。
2. 计算评价标准$ave_l = \frac{\sum e_*^{kl} / p_*^{kl}}{|Stage_*|}$。
3. 按照评价标准ave_l对Exe排序。
4. 如果Executor的运行时间或能耗为0，则需要将此Executor放在Exe的头位。
5. 若Exe非空则通过while循环执行步骤6～12。
6. ex_l是Exe的头位的Executor。
7. Set_0是当前Executor上运行时间为0的任务集合。
8. TaskQue是任务按照在当前Executor上的运行时间升序排序的双端队列。
9. 是否从队尾分配任务由fromTail标记确定，fromTail初始值置为false。
10. 若Set_0或TaskQue非空则一直循环执行步骤11。
11. 如果CPU资源够用，则优先分配Set_0中的任务，也是为了优先探测未知数据。当Set_0为空时，根据fromTail标记对TaskQue采用首尾交替方式分配任务。任务成功分配后，将任务从对应的集合中移除，并减少当前Executor的CPU资源。如果CPU资源不够用，则退出当前内层循环，重新获取下一个Executor。
12. 如果Set_0和TaskQue中都为空，则表示任务分配结束，退出while循环。
13. 循环结束后如果Set_0或TaskQue仍然非空，则意味着调度失败，立即结束执行。
14. 算法结束。

本章设计的调度算法需要一个评价标准[2]反映每台机器的能效情况。本节定义评价标准ave_l表示进程ex_l的平均能耗：

$$ave_l = \frac{\sum e_*^{kl} / p_*^{kl}}{|Stage_*|} \tag{9.1}$$

其中，$Stage_*$表示DAGScheduler交给TaskScheduler处理的所有Stage的并集，$|Stage_*|$

表示集合中任务的总数，e_*^{kl}/p_*^{kl} 表示集合中 $task_*^k$ 在 ex_l 上运行的能耗率(单位能耗)，$\sum e_*^{kl}/p_*^{kl}$ 表示集合中能耗率的总和。按照评价标准 ave_l 对进程排序。e_*^{kl} 和 p_*^{kl} 的值均从能效关系策略表中获得。评价标准低的进程意味着能够优先分配任务，反之则反。

EASAS-A 算法使用标记 fromTail 确定是否从 TaskQue 的队尾获得任务。fromTail 为真则从队尾获得任务，反之则从队头获得任务。这样做的目的是大任务和小任务能公平分配到 Executor，使得已经分配到任务的 Executor 的运行时间是基本均衡的，避免了因单个 Executor 运行时间过长而造成整体完成时间增加。

EASAS-A 算法的输入是当前所有可用 Executor 的有序集合 Exe 以及需要分配的 Stage 集合。Exe 根据每个 Executor 的能耗评价标准 ave_l 由小到大排序。当 Executor 的运行时间或能耗为 0 时，需要将此 Executor 放在 Exe 的头位置，这样做是为了将未知的数据探测出来。之后在循环过程中，算法都选择 Exe 中能耗评价标准最低的 Executor 或需要探测的 Executor，并将选择出来的任务分配给它。EASAS-A 算法将没有分配的任务分为两个集合，在当前 Executor 上运行时间为 0 的任务加入集合 Set_0，而其他任务按照在当前 Executor 上的运行时间升序排序，加入双端队列 TaskQue。是否从队尾分配任务由 fromTail 标记确定。之后循环都会判断当前 Executor 的资源是否够用，并将任务分配在此 Executor 上。如果 CPU 资源够用，则优先分配 Set_0 中的任务，也是为了优先探测未知数据。当 Set_0 为空时，根据 fromTail 标记对 TaskQue 采用首尾交替方式分配任务。任务成功分配后，将任务从对应的集合中移除，并减少当前 Executor 的 CPU 资源。如果 CPU 资源不够用，则退出当前循环，重新获取下一个 Executor。如果 Set_0 和 TaskQue 中都为空，则表示任务分配结束，退出循环。

为了分析 EASAS-A 的时间复杂度，定义变量 n、t、cap 分别表示集群中 Executor 的数量、当前需要被调度的任务数量和每个 Executor 能运行任务数的能力。$n(t+\log n)$ 代表算法中 for 循环的运行时间。$\frac{t}{cap}(t\log t+cap)$ 是算法中 while 循环的运行次数。最外层 while 循环的次数是 t/cap。$t\log t$ 表示构建 Set_0 集合和 TaskQue 队列所用的时间。cap 表示内层 while 循环的运行次数。综上所述，EASAS-A 的时间复杂度为 $O(n(t+\log n)+\frac{t}{cap}(t\log t+cap))$。

2. EASAS-A 算法调度过程举例

以 WordCount 程序为例对 EASAS-A 算法进行具体说明。WordCount 程序作为简单计数程序非常适合用来举例，其 DAG 逻辑图如图 9-1 所示。WordCount 程序只包含一个作业(Job_0)，DAGScheduler 将作业划分为 2 个阶段 $\{Stage_{00}, Stage_{01}\}$。$Stage_{00}$ 由 RDD1、RDD2、RDD3 组成，同时 $Stage_{01}$ 由 RDD4、RDD5 组成。根据阶段内最后一个 RDD 的分区数可以确定 $Stage_{00}$ 包含 3 个任务 $\{task_{00}^0, task_{00}^1, task_{00}^2\}$，$Stage_{01}$ 包含 2 个任务 $\{task_{01}^0, task_{01}^1\}$。本节为本例设定的服务等级协议要求完成时间限度为 19。

假设 Spark 集群当前可用的计算资源为 $\{ex_0, ex_1, ex_2, ex_3\}$。每个计算资源有 2 个 CPU 核心，能执行 2 个任务。已知能效关系策略表如表 9-2 所示。

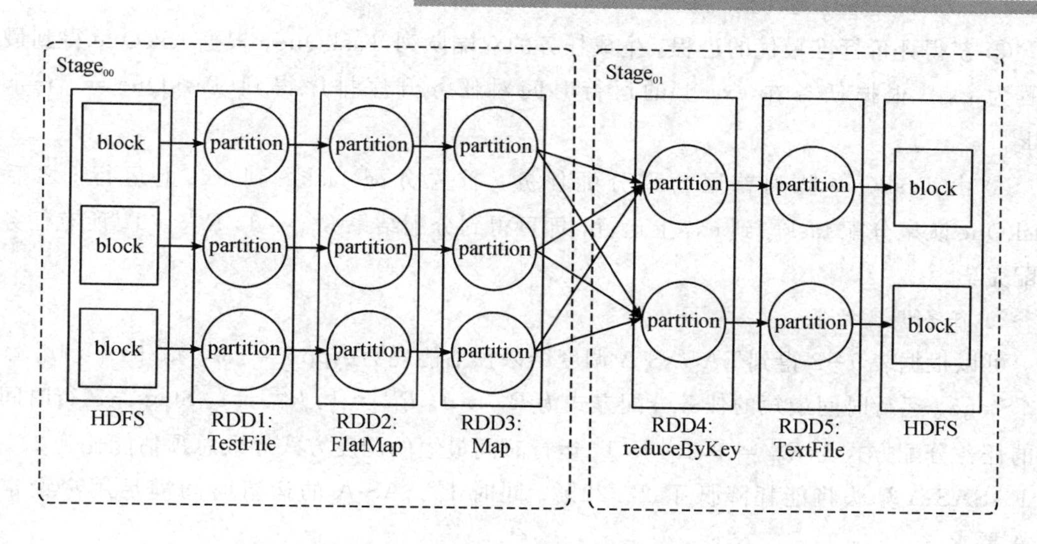

图 9-1　WordCount 的 DAG 逻辑图

表 9-2　WordCount 能效关系策略表

任务	ex_0	ex_1	ex_2	ex_3
$task_{00}^0$	3，4	2，1	3，3	3，4
$task_{00}^1$	9，10	8，4	10，8	12，6
$task_{00}^2$	6，7	4，2	5，4	6，5
$task_{01}^0$	1，2	6，2	4，5	2，1
$task_{01}^1$	3，6	9，3	9，9	5，3

注：表内数据以逗号分隔，前面表示能耗，后面表示运行时间。

1）调度过程

(1) 提交 $Stage_{00}$：

① 对 Executor 排序生成 ExeQue 队列。根据式(9.1)对 Executor 进行评价，得到 $\{ave_0=0.84, ave_1=2, ave_2=1.17, ave_3=1.32\}$。由此 ExeQue $=\{ex_0, ex_2, ex_3, ex_1\}$。

② 获得评价标准最优的进程，生成任务的双端队列 TaskQue。根据 ExeQue 得到最优进程为 ex_0。根据任务在 ex_0 上的运行时间对任务升序排序得到 TaskQue $=\{task_{00}^0, task_{00}^2, task_{00}^1\}$。

③ 由 TaskQue 队列首尾公平分配任务，首先分配 $task_{00}^0$ 到 ex_0 上运行，之后从 TaskQue 队尾分配 $task_{00}^1$ 到 ex_0 上运行，即可得到 $R_{00}^{00}=1$，$R_{00}^{10}=1$。此时还有未分配的任务($task_{00}^2$)，但 ex_0 所占用的 CPU 计算资源耗尽，故从 ExeQue 选取下一个进程 ex_2。$task_{00}^2$ 分配到 ex_2 上运行，得到 $R_{00}^{22}=1$。

(2) 提交 $Stage_{01}$：

① 对 Executor 排序生成 ExeQue 队列。根据式(9.1)对 Executor 进行评价，得到 $\{ave_0=0.5, ave_1=3, ave_2=0.9, ave_3=1.83\}$。由此 ExeQue $=\{ex_0, ex_2, ex_3, ex_1\}$。

② 获得评价标准最优的进程，生成任务的双端队列 TaskQue。根据 ExeQue 得到最优进程为 ex_0。根据任务在 ex_0 上的运行时间对任务升序排序得到 TaskQue = {$task_{01}^0$，$task_{01}^1$}。

③ 由 TaskQue 队列首尾公平分配任务，首先分配 $task_{01}^0$ 到 ex_0 上运行，之后从 TaskQue 队尾分配 $task_{01}^1$ 到 ex_0 上运行，即可得到分配结果 $R_{01}^{00}=1$，$R_{01}^{10}=1$。所有任务均分配完毕。

2）任务调度结果

可以根据表 9-2 得到 EASAS-A 调度结果预估能耗为 $App^{ee}=(3+9+5)+(1+3)=21$。$Stage_{00}$ 运行时间最短的任务分配方式为 $R_{00}^{00}=1$，$R_{00}^{11}=1$，$R_{00}^{22}=1$。$Stage_{01}$ 运行时间最短的任务分配方式为 $R_{01}^{03}=1$，$R_{01}^{11}=1$。运行时间最短的调度方式导致总预估能耗为 27。可见 EASAS-A 算法将能耗降低了 22.22%，同时 EASAS-A 的运行时间满足用户设定的 SLA 要求。

9.1.3 EASAS-A 算法实验

本节使用 HiBench 基准测试集通过多种实验验证 EASAS-A 算法的性能。本节将 EASAS-A 与 Spark 原生调度策略 FIFO 和 FAIR 做了详细的能耗、时间对比。EASAS-A 算法由 Scala 实现并编译到 Spark Core 调度模块中。本节将描述实验设置及实验结果。

1. 实验设置

本节在共 96 核心的 Spark 集群上运行 4 种 HiBench[3] 基准测试负载。HiBench 作为一个多功能的大数据基准测试套件不仅为 Spark 提供了工作负载还支持 Hadoop、Storm 等不同类型大数据框架的基准测试。HiBench 总共包括 19 种工作负载，分为 6 大类：micro、machine learning、sql、graph、websearch 和 streaming。本节选取了 4 种工作负载，来自 3 大类，这 4 种工作负载分别为 Sort、PageRank、TeraSort、K-means，如表 9-3 所示。工作负载的输入数据存放在分布式文件系统 HDFS 中。Sort、TeraSort、PageRank 工作负载的 DAG 逻辑图如图 9-2 ～ 图 9-4 所示。本节设置 Sort、PageRank、TeraSort 和 K-means 工作负载的时间限度分别为 60 s、120 s、180 s 和 80 s。时间限度的选择根据使用者的要求确定，本节选择的时间限度满足完成调度的要求。

表 9-3 HiBench 工作负载

类 型	工作负载	参数设置
micro	Sort	Data size：2.25GB；Number of words：228 640 000
micro	TeraSort	Data size：2.98GB；Number of records：32 000 000
websearch	PageRank	num_of pages：500 000；num_iterations：3
machine learning	K-means	num_of_samples：20 000 000 max_iteration：5；converge distance：0.5

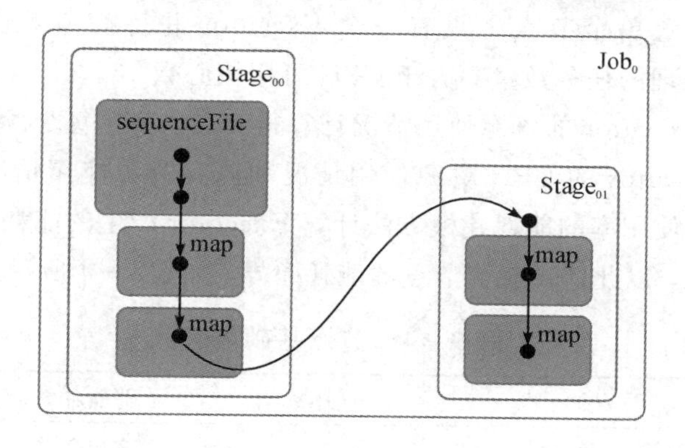

图 9－2　Sort 负载的 DAG 图

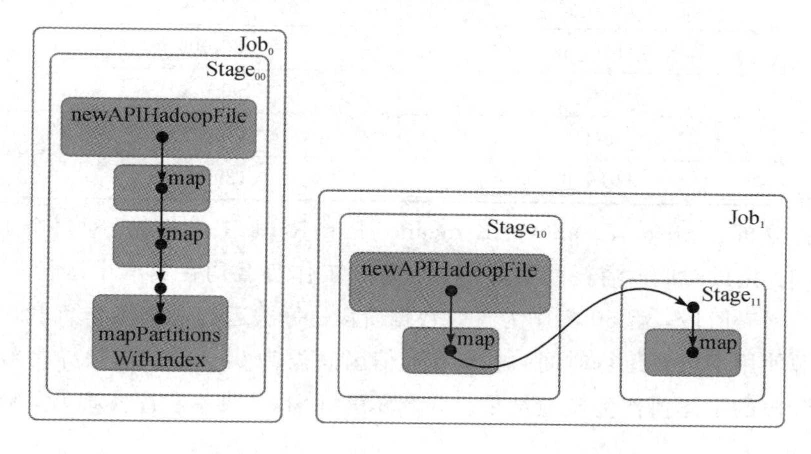

图 9－3　TeraSort 负载的 DAG 图

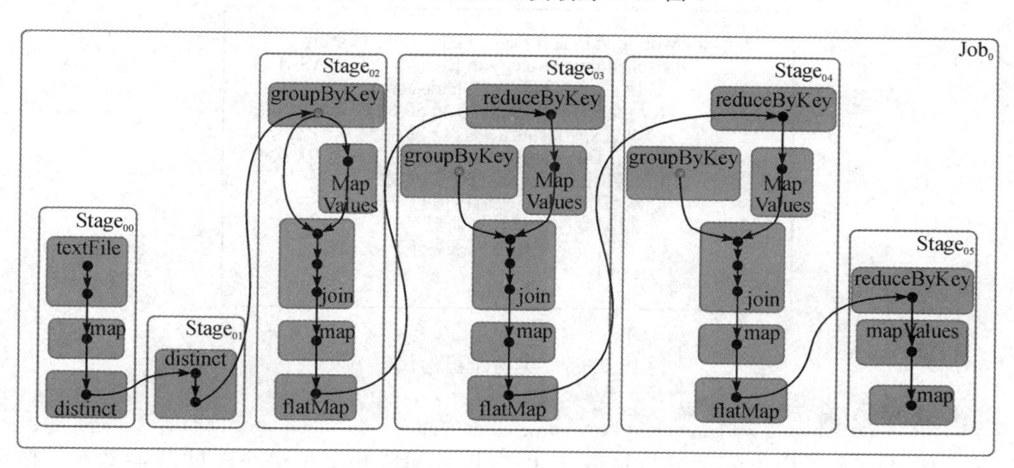

图 9－4　PageRank 负载的 DAG 逻辑图

Spark 集群由 IBM BladeCenter HS22 7870 型刀片机的 6 个节点组成，其中一个节点作为 Master 节点。每个节点都具有 8 GB 内存、16 核 2.8 GHz Intel 处理器以及 500 GB 硬盘。集群总共有 48 GB 内存、96 核心、3000 GB 存储空间，网络速度为 1 Gb/s。本节在

Standalone 模式下设置单个节点上只有一个 Executor 并持有节点上的所有计算资源，Executor 能够并发处理的任务数量不大于 CPU 可用核心数 16。

能耗通过监控 Executor 的资源使用情况计算得到。本节在每个 Worker 节点上启动监控脚本每秒记录 Executor 的 CPU 资源使用情况和内存资源使用情况。本节根据罗亮等人[4]提出的基于系统使用率的能耗建模方法计算 Executor 产生的能耗。本节为每个节点设置了不同的基础能耗，以此体现集群节点的能耗差异，如表 9-4 所示。

表 9-4　节点基础能耗

主　机	基础能耗
Host_1	180 000
Host_2	60 000
Host_3	30 000
Host_4	90 000
Host_5	150 000
Host_6	120 000

本节运行分析了 Sort、TeraSort、K-means、PageRank 工作负载。对每个工作负载，收集其开始时间、完成时间、消耗能量等指标。每种工作负载均在集群中运行 100 次，前 50 次作为探测策略表阶段，后 50 次作为有效数据阶段。每次运行一个工作负载，收集每个节点的系统资源使用率以及运行时间。本节将置信区间设为 95%，以消除异常数据，然后统计有效数据阶段的平均值作为实验结果。实验流程由 Shell 脚本程序实现，实验流程伪代码如图 9-5 所示。

```
1.  for workload in sort pagerank k-means terasort
2.    for scheduling strategy in EASAS-A EASAS-B
3.      替换对应调度策略的Spark-core包
4.      for partition in 10 20 30 40 50 60 70 80 90 100
5.        设置Spark shuffle 分区；初始化策略表
6.        for (( i=1; i<=100; i=i+1 ))//重复运行100次
7.          调用HiBench运行工作负载
8.        从每个节点获取监控信息
9.        根据监控信息计算能耗
10.       更新策略表信息，准备下一次运行
11.     sleep 1
```

图 9-5　实验流程伪代码

2. EASAS-A 算法实验结果

本节在每一种工作负载上分析比较了 FIFO、FAIR 和 EASAS-A 的节能效果。横向比较了 Spark Shuffle 分区数从 10 到 100 的 10 种情况下的能耗以及运行时间。除此之外，本节详细分析了 Sort、PageRank、TeraSort 每个阶段的能耗，以及 PageRank 每个阶段的运行时间。

1）Sort 负载

如图 9－2 所示，Sort 负载由 1 个作业（Job_0）组成，Job_0 包含 $Stage_{00}$ 和 $Stage_{01}$。Sort 负载的性能分析如图 9－6 所示。图 9－6(a)展示了 Sort 工作负载分别在 FIFO、FAIR、EASAS-A 调度策略下的能耗表现，可以看出，EASAS-A 在每一种情况下，产生的能耗都是最低的。EASAS-A 能够找到一种有效的任务放置策略，使得能耗比 FIFO 降低 34.49%（此处所给数值均为平均值），比 FAIR 降低 34.60%。随着分区数的增加，EASAS-A 工作负载的能耗也在增加，在 60 分区位置能耗略有下降。相反地，Spark 原生调度策略的能耗随分区数增加而下降。图 9－6(b)展示了 Sort 工作负载在 3 种调度策略下的整体运行时间。FIFO 和 FAIR 随着分区数的增加，运行时间也在增加，而 EASAS-A 则是先减少而后缓慢增加，在 40 分区后，EASAS-A 的运行时间接近于 FIFO 和 FAIR。这表明 EASAS-A 在 40 分区后能在保证执行效率的情况下显著地降低能耗。实验结果表明：Sort 负载下 EASAS-A 在 40 分区综合表现最佳，EASAS-A 的能耗比 FIFO 的降低了 42.77%，运行时间没有增加，同时 EASAS-A 的能耗比 FAIR 的降低了 41.22%，运行时间增加了 6.57%。

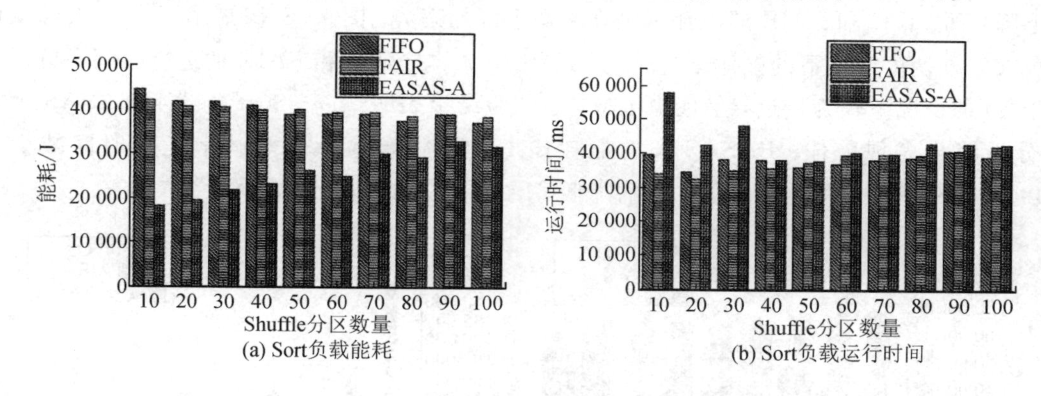

图 9－6　FIFO、FAIR 和 EASAS-A 算法 Sort 负载性能比较

图 9－7 展示了 Sort 负载每个阶段能耗的更多细节。从图 9－7(a)可以看出，$Stage_{00}$ 每个分区的 EASAS-A 的能耗都几乎相同。$Stage_{00}$ 的任务数由分布式存储决定，不会随着 Spark Shuffle 分区数的增加而增加。从图 9－7(b)可以看出，$Stage_{01}$ 每个分区的 EASAS-A 的能耗随着分区的增加而增加，而 FIFO 和 FAIR 的能耗明显降低。$Stage_{00}$ 结束后将数据按照 Spark Shuffle 的分区数分布式存储在内存中。$Stage_{01}$ 从 $Stage_{00}$ 的结果中拉取数据运行，Shuffle 分区越多任务越多，因此 EASAS-A 的贪心策略会使更多的 Worker 节点参与计算从而能耗将显著增加。FIFO、FAIR 会将任务随机放置在每个 Worker 节点上，随着任务的增多，参与计算的 Worker 节点数不会改变。因此，在 70 分区之后，EASAS-A 和原生调度策略产生的能耗十分接近。$Stage_{00}$ 是能耗降低的关键，$Stage_{01}$ 则是能耗随着分区数增加的原因。

2）TeraSort 负载

如图 9－3 所示，TeraSort 负载由 2 个作业组成。Job_0 包含 $Stage_{00}$，Job_1 包含 $Stage_{10}$ 和 $Stage_{11}$。TeraSort 负载的性能比较如图 9－8 所示。图 9－8(a)展示了 TeraSort 工作负载分

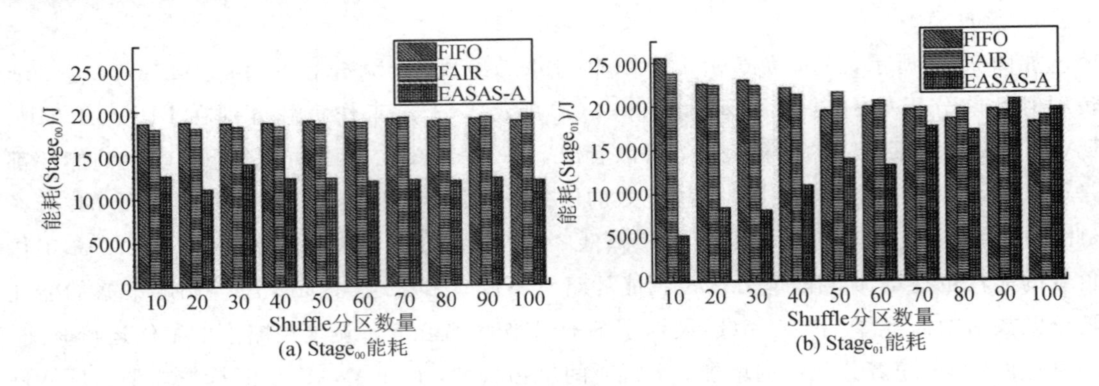

(a) $Stage_{00}$能耗 (b) $Stage_{01}$能耗

图 9-7 FIFO、FAIR 和 EASAS-A 算法 Sort 负载每阶段能耗比较

别在 FIFO、FAIR、EASAS-A 下的能耗表现。实验结果表明 EASAS-A 降低能耗效果明显。从图中数据可以看出，EASAS-A 能耗比 FIFO 降低了 29.82%，比 FAIR 降低了 26.34%。随着 Spark Shuffle 分区数的增加，EASAS-A 的能耗呈现递增态势，在 60 分区位置能耗略有下降，而 FIFO 和 FAIR 的能耗则呈现略微下降的态势。图 9-8(b)展示了 TeraSort 工作负载在 3 种调度策略下的整体运行时间。EASAS-A 与 FIFO 和 FAIR 的运行时间在分区数大于 50 的情况下较为接近，呈现稳定态势。实验结果表明：TeraSort 负载下 EASAS-A 在 60 分区综合表现最佳；EASAS-A 的能耗比 FIFO 的降低了 35.84%，运行时间减少了 7.49%；EASAS-A 的能耗比 FAIR 的降低了 33.44%，运行时间减少了 2.72%。

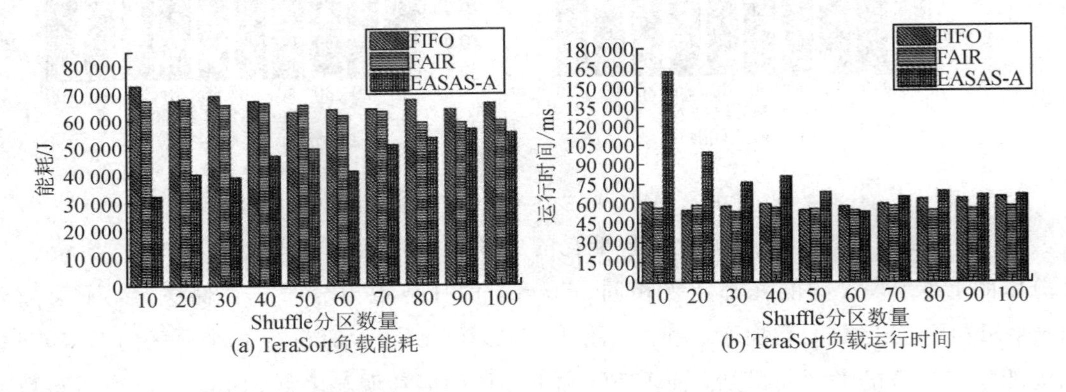

(a) TeraSort负载能耗 (b) TeraSort负载运行时间

图 9-8 FIFO、FAIR 和 EASAS-A 算法 TeraSort 负载性能比较

图 9-9 分别展示了 $Stage_{00}$、$Stage_{10}$、$Stage_{11}$ 的能耗情况。在 $Stage_{00}$，EASAS-A 能耗在前两个分区(10、20 分区)逐渐增加，之后每个分区能耗基本相同。在 $Stage_{10}$，每个分区 EASAS-A、FIFO、FAIR 产生的能耗基本相同。其原因为 $Stage_{00}$、$Stage_{10}$ 的任务数均不随着 Spark Shuffle 分区数而改变。EASAS-A 在 $Stage_{00}$、$Stage_{10}$ 明显降低能耗。EASAS-A 在 $Stage_{11}$ 的能耗随着分区数增加而增加。FIFO、FAIR 在 $Stage_{11}$ 的能耗随着分区数增加而降低。TeraSort 负载在 $Stage_{11}$ 能耗表现的原因与 Sort 负载相同。EASAS-A 在 $Stage_{00}$、$Stage_{10}$ 显著降低了集群能耗，而在 $Stage_{11}$ 显著降低低分区能耗的同时也使 EASAS-A 的总能耗呈现递增态势。

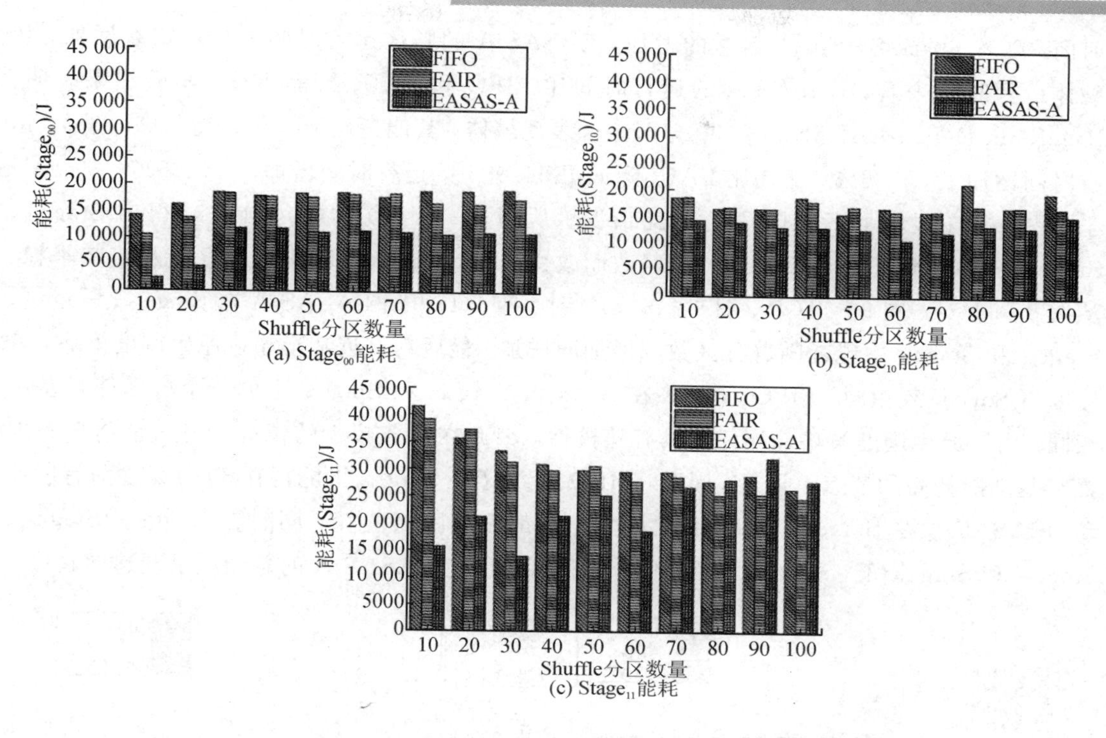

(a) $Stage_{00}$能耗　(b) $Stage_{10}$能耗　(c) $Stage_{11}$能耗

图 9-9　FIFO、FAIR 和 EASAS-A 算法 TeraSort 负载每阶段能耗比较

3) PageRank 负载

如图 9-4 所示，PageRank 由 1 个 Job 组成。Job_0 包含 6 个阶段，分别为 $Stage_{00}$、$Stage_{01}$、$Stage_{02}$、$Stage_{03}$、$Stage_{04}$ 和 $Stage_{05}$。PageRank 负载的性能比较如图 9-10 所示。图 9-10(a)展示了 PageRank 工作负载分别在 FIFO、FAIR 和 EASAS-A 下的能耗表现。实验结果表明 EASAS-A 的能耗在每个分区下都是最低的，这与前两种负载的结果相同，也从侧面证明了 EASAS-A 算法的有效性。从图中数据可以看出，EASAS-A 的能耗比 FIFO 降低了 27.19%，比 FAIR 降低了 25.72%。随着 Spark Shuffle 分区数的增加，EASAS-A 的能耗呈现递增态势，在 30 分区位置能耗略有下降。FIFO 和 FAIR 的能耗则呈现略微下降的趋势。图 9-10(b)展示了 PageRank 工作负载在 3 种调度策略下的整体运行

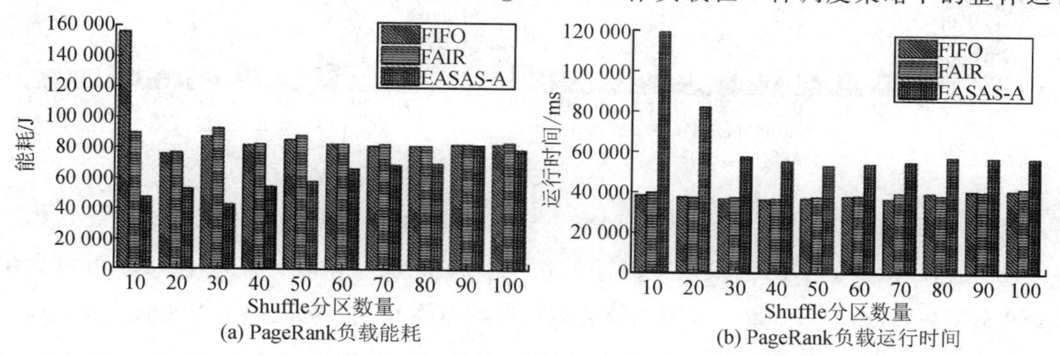

(a) PageRank负载能耗　(b) PageRank负载运行时间

图 9-10　FIFO、FAIR 和 EASAS-A 算法 PageRank 负载性能比较

时间。随着 Spark Shuffle 分区数的增加，EASAS-A 的整体运行时间减少后略有增加。从整体运行时间来看，EASAS-A 的运行时间比 FIFO 和 FAIR 的都要长。实验结果表明：PageRank 负载下 EASAS-A 在 30 分区综合表现最佳，其能耗比 FIFO 降低了 51.28%，运行时间增加了 56.36%；能耗比 FAIR 降低了 54.03%，运行时间增加了 54.26%。

图 9-11 展示了不同阶段的能耗情况。从图 9-11(a)，图 9-11(b)得出 $Stage_{00}$、$Stage_{01}$ 任务数不随 Spark Shuffle 分区数而改变，EASAS-A、FIFO、FAIR 能耗走势平稳。从图 9-11(c)、图 9-11(d)、图 9-11(e)、图 9-11(f)得出 EASAS-A 在 $Stage_{02}$、$Stage_{03}$、$Stage_{04}$ 和 $Stage_{05}$ 中能耗随着分区数的增加而增加，最后均接近甚至超过原生调度策略，其原因与 Sort 负载相同。FIFO、FAIR 在 $Stage_{02}$、$Stage_{03}$ 和 $Stage_{04}$ 下的每个分区能耗基本相同。由于原生调度策略分配任务具有随机性，因此在任务较少的情况下有可能将任务放置在基础能耗高的节点上运行。因此，FIFO、FAIR 在 $Stage_{05}$ 下能耗在 30 分区之前有所波动。EASAS-A 在 $Stage_{00}$、$Stage_{01}$ 下每个分区都显著降低能耗，同时在 $Stage_{02}$、$Stage_{03}$、$Stage_{04}$ 和 $Stage_{05}$ 下，不仅显著降低低分区能耗，也使 EASAS-A 的总能耗呈现递增趋势。

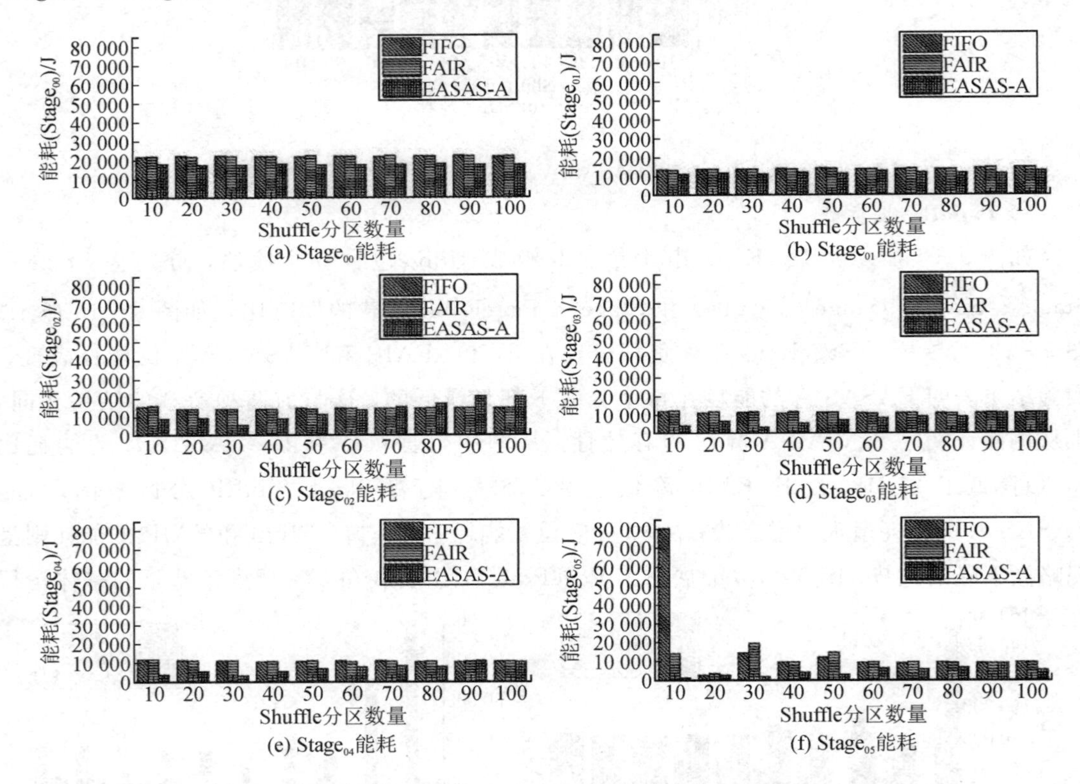

图 9-11 FIFO、FAIR 和 EASAS-A 算法 PageRank 负载每阶段能耗比较

图 9-12 展示了不同阶段运行时间的情况。从图 9-12(a)、图 9-12(b)可以看出：EASAS-A 在 $Stage_{00}$、$Stage_{01}$ 下不同分区运行时间基本相同，这是因为 $Stage_{00}$、$Stage_{01}$ 的任务数不随 Spark Shuffle 的分区数而改变；EASAS-A 在 $Stage_{02}$、$Stage_{03}$、$Stage_{04}$ 和 $Stage_{05}$ 下的运行时间随着 Spark Shuffle 分区数的增加而减少，这是因为 $Stage_{02}$、$Stage_{03}$ 和

$Stage_{04}$ 的任务数与分区数呈正比关系，EASAS-A 贪心地将任务放置在最优的 Worker 节点上运行造成节点压力增大，使运行时间增加。FIFO 和 FAIR 将任务随机分配在 Worker 节点上，因此 FIFO 和 FAIR 的运行时间走势平稳。随着分区数的增加，EASAS-A 的运行时间越接近于原生调度策略。图 9－12(f)显示，$Stage_{05}$ 的运行时间对整体的运行时间影响最低。PageRank 负载与 Sort 负载和 TeraSort 负载相比，在高分区情况下运行时间较长的原因是 $Stage_{00}$、$Stage_{01}$ 造成的，$Stage_{02}$、$Stage_{03}$、$Stage_{04}$ 和 $Stage_{05}$ 是使 EASAS-A 的运行时间呈现下降的原因。

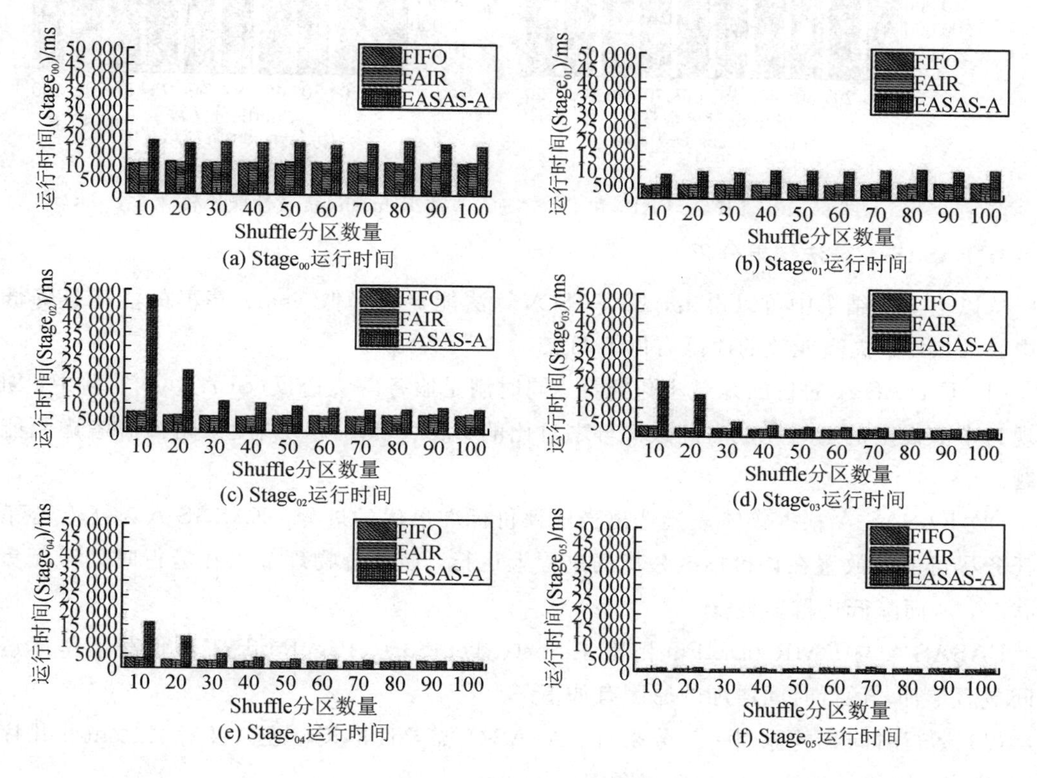

(a) $Stage_{00}$运行时间　(b) $Stage_{01}$运行时间

(c) $Stage_{02}$运行时间　(d) $Stage_{03}$运行时间

(e) $Stage_{04}$运行时间　(f) $Stage_{05}$运行时间

图 9－12　FIFO、FAIR 和 EASAS-A 算法 PageRank 负载每阶段运行时间比较

4) K-means 负载

K-means 由 14 个 Job 组成，共 20 个阶段。K-means 负载的性能比较如图 9－13 所示。图 9－13(a)展示了 K-means 工作负载分别在 FIFO、FAIR、EASAS-A 策略下的能耗表现。EASAS-A 在每种情况下的能耗都是最低的。实验数据表明能耗比 FIFO 降低了 22.68%，比 FAIR 降低了 28.26%。随着 Spark Shuffle 分区数的增加，EASAS-A 的能耗呈现递增态势，在 50 分区位置能耗降低形成一个波谷。图 9－13(b)展示了 K-means 工作负载在 3 种调度策略下的整体运行时间。实验结果表明：本章提出的 EASAS-A 运行时间非常接近于 FIFO 和 FAIR，甚至比 FIFO 和 FAIR 的运行时间更短。数据显示，EASAS-A 运行时间比 FIFO 缩短了 4.53%，比 FAIR 缩短了 6.15%。

K-means 负载产生的能耗比其他工作负载要高得多，可以看出 K-means 是更加偏向于计算密集型的负载。实验结果表明：K-means 负载下，EASAS-A 在 50 分区综合表现最佳；

EASAS-A 的能耗比 FIFO 的降低了 43.76%，运行时间减少了 5.84%；EASAS-A 的能耗比 FAIR 的降低了 48.91%，运行时间减少了 7.57%。

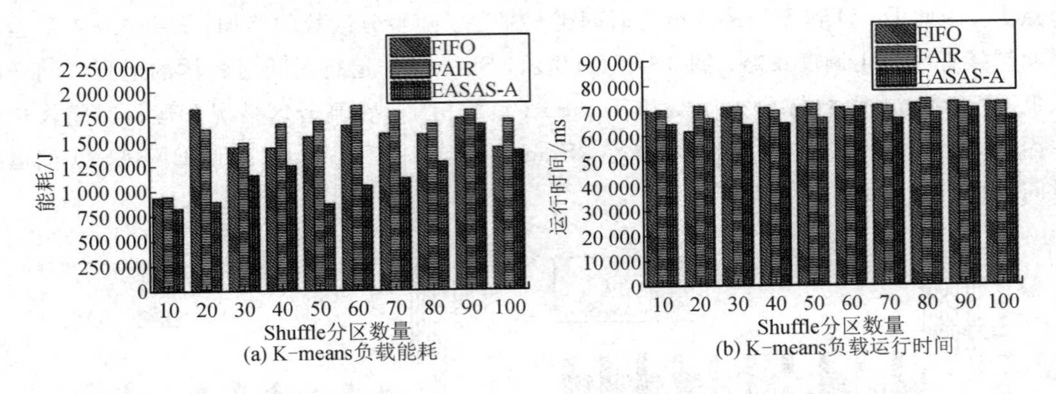

图 9-13　FIFO、FAIR 和 EASAS-A 算法 K-means 负载性能比较

3. EASAS-A 算法结果分析

从以上实验结果中可以得出，EASAS-A 算法能显著降低 Spark 集群的能耗且降低计算中心的成本。提高能效的原因有以下两点：

(1) EASAS-A 的目的是最小化能耗，同时满足服务等级协议(SLA)。本实验中，SLA 体现为本节设定的运行完成时间线。与之对比的 FAIR 和 FIFO 调度策略没有考虑到能耗问题。

(2) EASAS-A 根据策略表挑选出当前评价标准最优的进程。EASAS-A 基于贪心策略将任务尽可能地放置在评价标准最优的进程上运行，使部分物理节点在运行时处于无负载的状态，从而降低集群能耗。

EASAS-A 与 FAIR 和 FIFO 相比在 Sort、TeraSort、PageRank 工作负载下整体运行时间显著增加。运行时间增加的原因有如下三点：

(1) 运行时间长的原因一部分来自 EASAS-A 需要读取策略表以及对 Executor 排序和 Task 排序，增加了计算成本和运行时间。

(2) 由于 EASAS-A 的目标是降低能耗，这就可能导致任务分配的数据本地性等级降低，造成任务拉取数据时间开销增加。而 FIFO 和 FAIR 则会选择本地性等级高的 Executor 分配任务从而避免拉取数据。

(3) EASAS-A 基于贪心策略，造成单个节点负载过大，进而导致 JVM 性能下降，垃圾回收(Garbage Collection，GC)时间过长，整体执行时间增加。

从工作负载特点的角度分析，K-means 是计算密集型。从 K-means 实验结果数据中可以看出，K-means 的能耗远远高于其他工作负载，这表明 K-means 比其他工作负载更加偏重于计算。K-means 将更多的时间花费在计算上而不是数据的拉取，因此 K-means 的整体执行时间与原生调度策略接近。

随着分区数的增多，意味着任务变多。EASAS-A 基于贪心策略，会尽量将当前最优的 Executor 资源使用完，再选取下一个 Executor。因此随着任务数的增多，会运用到更多的物理节点来计算相同规模的数据，总的执行时间会减少，能耗会增加。随着任务数增加到接近集群 CPU 总核数时，任务调度的空间不断减少，因此执行时间和能耗表现都接近于原生调度策略。综上所述，EASAS-A 在 Spark Shuffle 分区数为集群总核数的一半附近的计算密集型工作负载下表现最佳。

9.2　能耗感知的 Spark 节能调度 B 型算法

本章前面详细介绍了 EASAS-A 算法。实验证明，EASAS-A 能够有效降低 Spark 集群能耗，但问题也比较突出。本章后续内容针对 EASAS-A 存在的问题提出了能耗感知的 Spark 节能调度 B 型算法，EASAS-B 算法。本章最后通过实验验证了 EASAS-B 算法的性能并且分析了结果。

9.2.1　EASAS-B 算法准备工作

1. 界定大小分区的阈值

由于 EASAS-A 在 Spark Shuffle 分区数较高的情况下有优秀的表现，因此 EASAS-B 在 Spark Shuffle 分区数较高的情况下延用 EASAS-A 的调度方式。那么如何判断当前 Spark Shuffle 分区数是否属于高分区情况就成了关键问题。本节为 EASAS-B 设置了一个界定阈值，通过比较需要调度的任务数与阈值的大小关系来区分大分区情况和小分区情况。

为了确定阈值的大小，本节分析了不同阈值对 EASAS-B 的性能影响，如表 9－5 所示。其中的 0.3、0.5 和 0.7 分别表示以 EASAS-B 使用集群中最优的 30％、50％或 70％的 Executor 所占有的 CPU 核心数作为阈值的情况。当计算出的节点数为小数时，EASAS-B 采用向上取整的方式确定阈值。例如，在共有 6 个 Executor，且使用最优 30％的 Executor 所占有的 CPU 核心数作为阈值的实验环境下，EASAS-B 会以$\lceil 6\times 30\% \rceil$个 Executor 所占有的 CPU 核心数为阈值。

表 9－5　不同阈值对 EASAS-B 的性能影响分析表

算法	0.3		0.5		0.7	
	能耗	时间	能耗	时间	能耗	时间
EASAS-A	－4.11％*	－11.85％	6.85％	－11.12％	35.97％	－12.93％
FAIR	－38.18％	3.04％	－31.35％	1.58％	－14.99％	－1.15％
FIFO	－38.17％	0.54％	－31.37％	0.08％	－15.22％	－2.47％

注：表中结果以 Sort 负载为例通过实验得到；表中正数表示增加的百分比，负数表示降低的百分比；
　＊表示在以集群中最优 30％的 Executor 所占有的 CPU 核心数作为阈值的情况下，EASAS-B 的能耗比 EASAS-A 的降低了 4.11％。

从表 9－5 中可以得出，随着阈值的增加，EASAS-B 的节能效果下降明显。虽然

EASAS-B 的运行时间有所缩短，但运行时间的变化率不及能耗变化率。EASAS-B 是以节能为目的调度算法，在综合考虑能效的情况下，本节折中确定了以集群中最优 50% 的 Executor 所占有的 CPU 核心数作为阈值。本节设定的 Spark 部署环境为每个 Worker 节点上运行一个 Executor，并且该 Executor 占有 Worker 所有的资源。因此，本节选择最优一半的节点所占有的 CPU 核心数作为 EASAS-B 的阈值。

2. EASAS-A 算法问题分析

EASAS-A 算法节能效果明显，但问题也较为突出。EASAS-A 在 Spark Shuffle 分区数较少的情况下运行时间显著增加。EASAS-A 更适合于 Spark Shuffle 分区数较高(通常为 Spark 集群中 CPU 总核数一半以上)的情况下的计算密集型的工作负载。在这种情况下 EASAS-A 在显著降低能耗的同时不会增加额外的运行时间。

以 Sort 负载为例，通过分析 EASAS-A 实验结果可以得出 Sort 负载在第一个阶段中每个 Spark Shuffle 分区的运行时间表现基本相同，如图 9-14(a)所示。如图 9-14(b)所示，Sort 负载在第二个阶段中的运行时间随着 Spark Shuffle 分区数的增加而减少，且运行时间在较少分区数的情况下与原生调度策略相比显著增加。在较少分区数下执行时间过长的主要原因是由第二个阶段造成的。

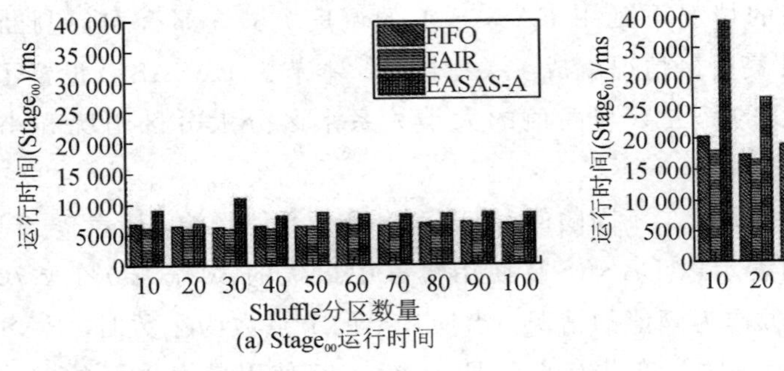

(a) $Stage_{00}$运行时间

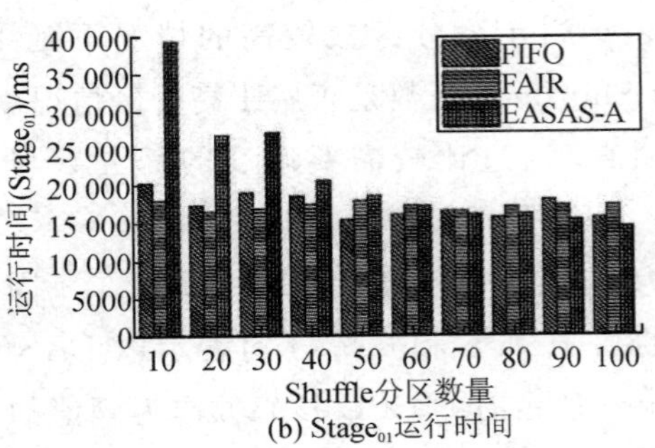

(b) $Stage_{01}$运行时间

图 9-14 EASAS-A 算法 Sort 负载每阶段运行时间比较

分区数决定任务数。由于需要计算的数据存储在分布式文件系统 HDFS 时就已经确定了分区数，因此第一个阶段的任务数不会变化。本章所做的 Sort、PageRank、TeraSort 负载实验需要计算的数据在起始阶段均为 50 个分区，对应 50 个任务。K-means 负载起始阶段为 30 个分区，对应 30 个任务。第二个阶段的任务数由 Spark Shuffle 后的分区数决定，假设 Spark Shuffle 分区数为 n，则对应的任务数为 n。

本章实验环境由 6 个物理机节点组成，单节点有 16 个 CPU 核心，共 96 个 CPU 核心。Sort 负载第一个阶段为 50 个任务。EASAS-A 贪心地将任务放置在$\lceil 50/16 \rceil$个节点上，即由 4 台物理机节点运行任务。原生调度算法将 50 个任务按照数据本地性原则均匀地放置在每台物理机节点上运行。这样 EASAS-A 可以节省 2 台物理机的能耗，但由于增加了 4 台机器的负载造成时间增加。Sort 负载第一个阶段的任务数不随着 Spark Shuffle 分区数的增加而增加，故得到如图 9-14(a)所示结果。Sort 负载第二个阶段任务数随 Spark Shuffle 分区数增多而增多，Spark Shuffle 分区为 n，则有 n 个任务。EASAS-A 任务数与所用节点数的对应关系如表 9－6 所示。EASAS-A 在较少分区数的情况下，参与计算的节点数较少，这样降低了能耗，同时也增加了运行时间，故得到如图 9－14(b)所示结果。

表 9－6　任务数与节点数对应关系表

算法	10	20	30	40	50	60	70	80	90	100
EASAS-A	1	2	2	3	4	4	5	5	6	6＋1
EASAS-B	3	3	3	3	4	4	5	5	6	6＋3
原生算法	6	6	6	6	6	6	6	6	6	6＋6

注：表格的内容是不同算法在不同任务数下使用的节点个数。

本章提出的能耗感知的 Spark 调度算法 B 型(EASAS-B)力求使每个分区的运行时间均匀分布。本章以集群中最优一半节点所占有的 CPU 核心数作为阈值，当任务数(分区数)大于阈值时，将该情况定义为大分区情况，反之定义为小分区情况。

9.2.2　EASAS-B 算法

针对上节中分析的问题，本节提出能耗感知的 Spark 节能调度 B 型算法，即 EASAS-B 算法，如表 9－7 所示。在本实验环境下，表 9－6 展示了 EASAS-A、EASAS-B 和原生调度策略之间任务数与使用节点数的对应关系。

表 9－7　算法 9－2：能耗感知的 Spark 节能调度 B 型算法

输入：Exe 是当前所有可用 Executor 的有序集合，$Stage_*$ 是 DAGScheduler 交给 TaskScheduler 处理的所有 Stage 的并集。

1. 使用 ex_l 遍历 Exe，计算评价标准 $ave_l = \dfrac{\sum e_*^{kl} / p_*^{kl}}{|Stage_*|}$，按照 ave_l 对 Exe 排序，如果 Executor 的运行时间或能耗为 0，则需要将此 Executor 放在 Exe 的头位。
2. numCore 是以最优的一半 Executor 所占有的 CPU 核心数作为界定大小分区的阈值。
3. numTask 是当前所有阶段的任务总数。
4. 若 numTask＜numCore，则执行算法 9－3 的小分区调度 small-partition()算法，否则执行与算法 9－1 类似的大分区调度算法。
5. 算法结束。

1. EASAS-B 算法描述

EASAS-B 首先判断当前设定的 Spark Shuffle 分区是否为小分区情况。若属于小分区，EASAS-B 将任务分配到集群中最优一半的节点上运行，且尽量使这一半节点运行所耗费的时间均衡。EASAS-A 在大分区的情况下能效表现良好，故 EASAS-B 在大分区情况下延续 EASAS-A 的调度方式。

EASAS-B 将 Executor 按照评价标准排序后，取其最优的一半 Executor 所占有的 CPU 核心数作为界定大小分区的阈值。以本实验为例当前集群 6 个节点，每个节点有 16 个 CPU 核心且只运行一个 Executor。将 Executor 按照能耗评价标准排序后，得到评价标准最优的

3 个 Executor，共占有 3×16 个 CPU 核。EASAS-B 将 48 作为阈值。EASAS-B 将统计当前所有阶段的任务总数。若任务数小于阈值，则运行小分区调度，执行表 9－8 中的小分区调度 small-partition()算法，反之则运行大分区调度。

如表 9－8 中所示，small-partition()将所有待分配的任务分为两个集合 Set_0 和 Distribute。Set_0 由需要探测的任务组成，$task_*^k$. ProcessSet 记录当前所有 $e_*^{kl}=0$ 或 $p_*^{kl}=0$ 的进程，以备之后优先分配未知进程探测数据。Distribute 由无需探测的任务组成。RunTimeEachExe 记录最优一半进程的运行时间，初始状态下所有进程的运行时间均为 0。

表 9－8　算法 9－3：small-partition()算法

输入：Exe 是当前所有可用 Executor 的有序集合，$Stage_*$ 是 DAGScheduler 交给 TaskScheduler 处理的所有 Stage 的并集。

1. 所有待分配的任务分为两个集合 Set_0 和 Distribute，这两个集合都初始化为空集。
2. RunTimeEachExe 是最优一半进程的运行时间，初始状态下所有进程的运行时间均为 0。
3. 用 $task_*^k$ 遍历当前所有阶段的任务。Set_0 由需要探测的任务组成，$task_*^k$. ProcessSet 记录当前所有 $e_*^{kl}=0$ 或 $p_*^{kl}=0$ 的进程。Distribute 由无需探测的任务组成。
4. 若 Set_0 非空则优先分配 Set_0 中的任务，将 Set_0 中的 $task_*^k$ 分配在 $task_*^k$. ProcessSet 记录的进程中。分配成功则分配下一个任务，分配不成功则选下一个进程分配任务。
5. 若 Distribute 非空则分配 Distribute 中的任务，其中 ExecutorOrdered 是最优一半进程按照方差排序后的集合。将 Distribute 中的 $task_*^k$ 分配在 ExecutorOrdered 有序记录的进程中。分配成功则分配下一个任务，分配不成功则选方差次优的进程分配任务。
6. 算法结束。

优先分配 Set_0 中的任务，将 Set_0 中的 $task_*^k$ 分配在 $task_*^k$. ProcessSet 记录的进程中。分配成功则分配下一个任务，分配不成功则选下一个进程分配任务。

其次分配 Distribute 中的任务，其中 ExecutorOrdered 表示最优一半进程按照方差排序后的集合。方差表示分配 $task_*^k$ 在 ex_l 上运行，将 p_*^{kl} 累加在 RunTimeEachExe 中记录的进程 ex_l 的时间上后，最优一半进程运行时间的方差。方差值越小，表示分配 $task_*^k$ 后，最优一半进程的运行时间越均衡。故通过策略表中运行时间的历史记录，可预先计算出分配 $task_*^k$ 后最优一半进程运行时间的方差。小方差的进程优先分配任务运行，可以避免单节点运行时间过长的问题。ExecutorOrdered 的值可通过调用 getExecutor()算法（见表 9－9）获得。将 Distribute 中的 $task_*^k$ 分配在 ExecutorOrdered 有序记录的进程中。分配成功则分配下一个任务，分配不成功则选方差次优的进程分配任务。

为了分析 EASAS-B 的时间复杂度，同样定义变量 n、t、cap 分别表示集群中 Executor 数量、当前需要被调度的任务数量和每个 Executor 能同时运行任务数量的上线能力。

表 9-9　算法 9-4：getExecutor( )算法

输入：Exe 有序的进程序列。
输入：RunTimeEachExe 记录最优一半进程的运行时间。
　　　ExecutorOrdered 为最优一半进程按照方差排序后的集合。

1. 使用 ex_l 遍历 ExecutorOrdered。
2. 计算 $task_*^k$ 在 ex_l 上运行的时间 p_*^{kl}。
3. 将 p_*^{kl} 累加在 RunTimeEachExe 中记录的进程 ex_l 的时间上。
4. 计算最优一半进程运行时间的方差。
5. 按方差大小排序。
6. 输出 ExecutorOrdered。
7. 算法结束。

分析算法 9-2 的时间复杂度。$n(t+\log n)$ 代表了算法中循环的运行时间，$\frac{1}{2}n$ 表示获取阈值的运行时间，t 表示获取任务总数的运行时间。可以得到算法 9-2 的时间复杂度为 $O\left(n(t+\log n)+\frac{1}{2}n+t\right)$。

分析算法 9-3 的时间复杂度。$\frac{1}{2}n$ 表示初始化 RunTimeEachExe 的时间，$\frac{1}{2}nt$ 表示将任务划分为 Set_0 和 Distribute 的时间。算法 9-3 若只运行 Set_0 的循环，则 $\frac{1}{2}nt$ 表示所有任务都在 Set_0 中的运行时间。算法 9-3 若只运行 Distribute 的循环，由于额外计算方差(算法 9-4 的时间复杂度为 $O\left(\frac{1}{2}n\right)$，所需运行时间为 nt。其他情况的运行时间介于 $\frac{1}{2}nt$ 到 nt 之间，故算法 9-3 在分配任务部分的时间复杂度为 $O(nt)$。可以得到算法 9-3 的总时间复杂度为 $O\left(\frac{1}{2}n+\frac{1}{2}nt+nt\right)$。

综上所述，在小分区情况下，EASAS-B 的时间复杂度为 $O(n(t+\log n)+\frac{1}{2}n+t+\frac{1}{2}n+\frac{1}{2}nt+nt)$，即 $O\left(n(t+\log n)+n+t+\frac{3}{2}nt\right)$；在大分区情况下，参考 EASAS-A 算法，可得 EASAS-B 的时间复杂度为 $O\left(n(t+\log n)+\frac{1}{2}n+t+\frac{t}{\text{cap}}(t\log t+\text{cap})\right)$。

2. EASAS-B 算法调度过程举例

本节同样以 WordCount 为例说明 EASAS-B 分配任务的过程。WordCount 由 2 个阶段 $\{Stage_{00}, Stage_{01}\}$ 组成，其中 $Stage_{00}$ 包含 3 个任务 $\{task_{00}^0, task_{00}^1, task_{00}^2\}$，$Stage_{01}$ 包含 2 个任务 $\{task_{01}^0, task_{01}^1\}$。WordCount 工作负载的 DAG 逻辑图如图 9-1 所示。本节为本例设定的服务等级协议要求完成时间限度为 19。

设定 Spark 集群，当前可用的计算资源为 $\{ex_0, ex_1, ex_2, ex_3\}$，每个进程占有 2 个 CPU

核心同时能运行 2 个任务。当前的能效关系策略表如表 9-2 所示。

调度过程如下：

提交 $Stage_{00}$：

(1) 对 Executor 排序生成 ExeQue 队列。根据式(9.1)对 Executor 进行评价，得到 $\{ave_0 = 0.84, ave_1 = 2, ave_2 = 1.17, ave_3 = 1.32\}$，可得 ExeQue $= \{ex_0, ex_2, ex_3, ex_1\}$。

(2) 计算 ExeQue 前一半进程共占有的 CPU 核心数可以得到 numCore = 4。计算当前提交的所有阶段的任务数可以得到 numTask = 3。由于 numTask < numCore，因此执行小分区调度策略。

(3) RunTimeEachExe 初始化最优一半进程 $\{ex_0, ex_2\}$ 的执行时间为零得到 RunTimeEachExe $= \{0,0\}$。由于当前策略表中不存在未知的数据，故所有任务均加入 Distribute 集合中。

(4) 从 Distribute 中随机取出 $task_{00}^{0}$ 进行分配。由于 $p_{00}^{00} = 4$，$p_{00}^{02} = 3$，若选择分配到 ex_0 运行则 RunTimeEachExe $= \{4,0\}$ 的方差为 4；若选择分配到 ex_2 运行则 RunTimeEachExe $= \{0,3\}$ 的方差为 2.25。按照方差排序可得 ExecutorOrdered $= \{ex_2, ex_0\}$。从 ExecutorOrdered 中取出 ex_2，其计算资源够用则分配 $task_{00}^{0}$ 到 ex_2，即 $R_{00}^{02} = 1$，RunTimeEachExe $= \{0,3\}$。

(5) 从 Distribute 中随机取出 $task_{00}^{1}$ 进行分配。由于 $p_{00}^{10} = 10$，$p_{00}^{12} = 8$，若选择分配到 ex_0 运行则 RunTimeEachExe $= \{10,3\}$ 的方差为 12.25；若选择分配到 ex_2 运行则 RunTimeEachExe $= \{0,11\}$ 的方差为 30.25。按照方差排序可得 ExecutorOrdered $= \{ex_0, ex_2\}$。从 ExecutorOrdered 中取出 ex_0，其计算资源够用则分配 $task_{00}^{1}$ 到 ex_0，即 $R_{00}^{10} = 1$，RunTimeEachExe $= \{10,3\}$。

(6) 从 Distribute 中随机取出 $task_{00}^{2}$ 进行分配。由于 $p_{00}^{20} = 7$，$p_{00}^{22} = 4$，若选择分配到 ex_0 运行则 RunTimeEachExe $= \{17,3\}$ 的方差为 49；若选择分配到 ex_2 运行则 RunTimeEachExe $= \{10,7\}$ 的方差为 2.25。按照方差排序可得 ExecutorOrdered $= \{ex_2, ex_0\}$。从 ExecutorOrdered 中取出 ex_2，其计算资源够用则分配 $task_{00}^{2}$ 到 ex_2，即 $R_{00}^{22} = 1$，RunTimeEachExe $= \{10,7\}$。

提交 $Stage_{01}$：

(1) 对 Executor 排序生成 ExeQue 队列。根据式(9.1)对 Executor 进行评价，得到 $\{ave_0 = 0.5, ave_1 = 3, ave_2 = 0.9, ave_3 = 1.83\}$，可得 ExeQue $= \{ex_0, ex_2, ex_3, ex_1\}$。

(2) 计算 ExeQue 前一半的进程共占有 CPU 核心可以得到 numCore = 4。计算当前提交的所有阶段的任务数可以得到 numTask = 2。由于 numTask < numCore，因此执行小分区调度策略。

(3) RunTimeEachExe 初始化最优一半进程 $\{ex_0, ex_2\}$ 的执行时间为零得到 RunTimeEachExe $= \{0,0\}$。由于当前策略表中不存在未知的数据，故所有任务均加入 Distribute 集合中。

(4) 从 Distribute 中随机取出 $task_{01}^{0}$ 进行分配。由于 $p_{01}^{00} = 2$，$p_{01}^{02} = 5$，若选择分配到 ex_0 运行则 RunTimeEachExe $= \{2,0\}$ 的方差为 1；若选择分配到 ex_2 运行则

RunTimeEachExe = {0,5} 的方差为 6.25。按照方差排序可得 ExecutorOrdered = {ex_0, ex_2}。从 ExecutorOrdered 中取出 ex_0，其计算资源够用则分配 $task_{01}^{0}$ 到 ex_0，即 $R_{01}^{00}=1$，RunTimeEachExe = {2,0}。

(5) 从 Distribute 中随机取出 $task_{01}^{1}$ 进行分配。由于 $p_{01}^{10}=6$，$p_{01}^{12}=9$，若选择分配到 ex_0 运行则 RunTimeEachExe = {8,0} 的方差为 16；若选择分配到 ex_2 运行则 RunTimeEachExe = {2,9} 的方差为 12.25。按照方差排序可得 ExecutorOrdered = {ex_2, ex_0}。从 ExecutorOrdered 中取出 ex_2，其计算资源够用则分配 $task_{01}^{1}$ 到 ex_2，即 $R_{01}^{12}=1$，RunTimeEachExe = {2,9}。

所有任务分配完毕，任务调度结果如表 9－10 所示。

表 9－10 调度结果对比

任务	ex_0	ex_1	ex_2	ex_3
$task_{00}^{0}$	A	—	B	—
$task_{00}^{1}$	A，B	—	—	—
$task_{00}^{2}$	—	—	A，B	—
$task_{01}^{0}$	A，B	—	—	—
$task_{01}^{1}$	A	—	B	—

注："A"表示 EASAS-A 的调度结果，"B"表示 EASAS-B 的调度结果。

可以根据能效关系策略表(如表 9－2 所示)及 Spark 能耗模型得到 EASAS-B 调度结果能耗为 $App^{ec}=(3+9+5)+(1+9)=27$，同时 EASAS-B 的执行时间满足用户设定的时间要求。EASAS-B 与 EASAS-A 的调度结果如表 9－10 所示，从调度结果中可以得到，EASAS-B 在小分区情况下将任务按照运行时间均匀地放置在最优一半进程上运行。EASAS-B 的详细实验结果在下一节给出。

9.2.3 EASAS-B 算法实验

本节使用 HiBench 基准测试集通过多种实验验证 EASAS-B 算法的性能。本节将 EASAS-B 与 Spark 原生调度策略以及 EASAS-A 做了详细的能耗、时间对比。EASAS-B 算法由 Scala 实现并编译到 Spark Core 调度模块中。本节的实验环境与 EASAS-A 相同(详见 9.1.3 节的实验设置)，由此确定阈值为 48。Spark Shuffle 大于 48 称为大分区情况，反之称为小分区情况。本节不再赘述实验环境，只给出实验结果与结果分析。

1. EASAS-B 算法实验结果

本节在每一种工作负载上分析比较了 FIFO、FAIR、EASAS-A 和 EASAS-B 的节能效果，详细分析了 Sort、PageRank、TeraSort 每个阶段的能耗以及执行时间。

1) Sort 负载

如图 9－2 所示，Sort 负载由 1 个作业(Job_0)组成。Job_0 包含 $Stage_{00}$ 和 $Stage_{01}$。图 9－15 展示了 Sort 负载的性能比较。如图 9－15(a)所示，EASAS-B 与原生调度策略相比，在任何

情况下均显著降低能耗，有非常好的节能效果。EASAS-B 产生的能耗比 FIFO 的降低 31.37%，比 FAIR 的降低 31.35%，比 EASAS-A 的增加了 6.8%。EASAS-B 在小分区情况下每个分区的能耗比 EASAS-A 的略有增加，且不随着 Spark Shuffle 的增多而增加。EASAS-B 在大分区情况下每个分区的能耗与 EASAS-A 的表现相近，符合实验预期。如图 9－15(b)展示了 Sort 工作负载在 4 种调度策略下的整体执行时间。EASAS-B 在小分区情况下的运行时间比 EASAS-A 显著减少且与原生调度策略的运行时间十分接近。整体来看 EASAS-B 的运行时间在所有分区情况下均没有突出增长。EASAS-B 的运行时间比 FIFO 的减少 0.08%，比 FAIR 的增加 1.58%，比 EASAS-A 的减少 11.12%。实验结果表明：EASAS-B 在 Sort 负载下有效解决了 EASAS-A 中存在的问题，但付出了增加能耗的代价。

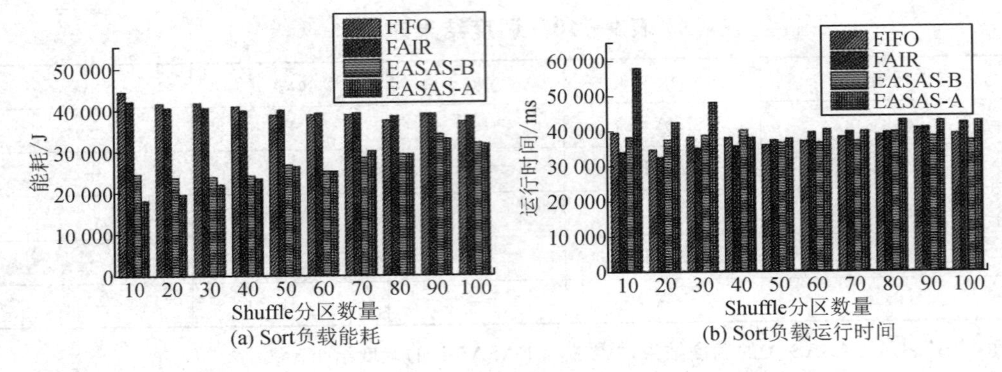

图 9－15 FIFO、FAIR、EASAS-A 和 EASAS-B 算法 Sort 负载性能比较

图 9－16、图 9－17 展示了 Sort 负载的更多细节。从图 9－16(a)可以看出 EASAS-B 在 $Stage_{00}$ 的能耗明显低于原生调度策略且与 EASAS-A 的能耗相近。从图 9－17(a)可以看出 EASAS-B 在 $Stage_{00}$ 所有分区下的运行时间变化不明显。整体来看，EASAS-B 运行时间比原生调度策略稍长且与 EASAS-A 的相近。从图 9－16(b)可以看出 EASAS-B 在小分区下每个分区的能耗基本持平，但明显比 EASAS-A 的高，同时其在大分区时能耗呈递增状态，基本与 EASAS-A 的能耗相同。图 9－17(b)可以看出 EASAS-B 在小分区时的运行时间明显少于 EASAS-A 且与原生调度策略的运行时间接近。同时，EASAS-B 在大分区时的运行时间没有过分增长。综上所述，$Stage_{01}$ 是 EASAS-B 与 EASAS-A 相比降低运行时间且增加能耗的关键。

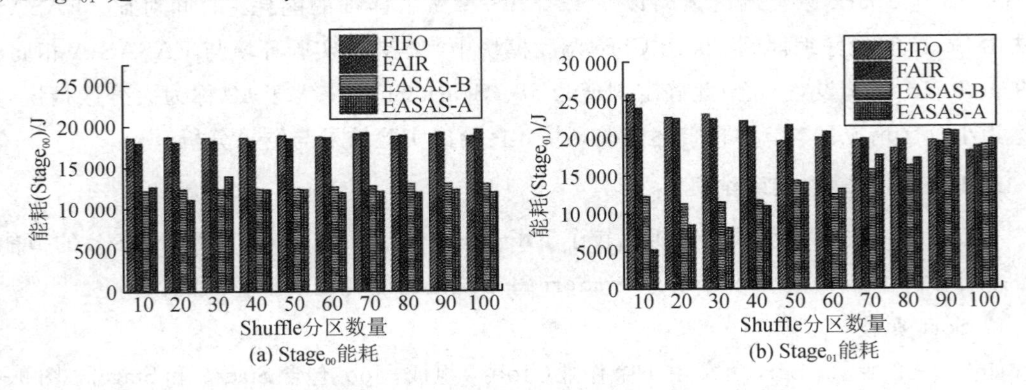

图 9－16 FIFO、FAIR、EASAS-A 和 EASAS-B 算法 Sort 负载每阶段能耗比较

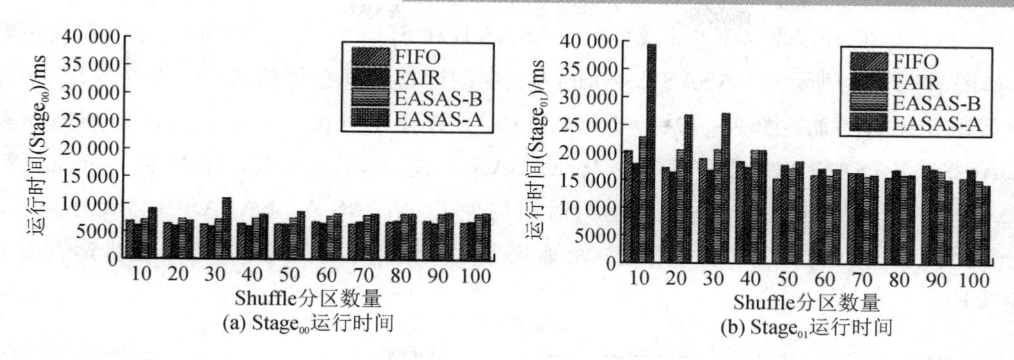

(a) $Stage_{00}$运行时间　　(b) $Stage_{01}$运行时间

图 9-17　FIFO、FAIR、EASAS-A 和 EASAS-B 算法 Sort 负载每阶段运行时间比较

2) TeraSort 负载

如图 9-3 所示，TeraSort 负载由 2 个作业组成。Job_0 包含 $Stage_{00}$，Job_1 包含 $Stage_{10}$ 和 $Stage_{11}$。图 9-18 展示了 TeraSort 负载的性能比较。如图 9-18(a)所示，EASAS-B 节能效果明显，但与 EASAS-A 相比能耗略有增加。从图中数据可以看出，能耗比 FIFO 降低了 29.48%，比 FAIR 降低了 26.16%，比 EASAS-A 增加了 2.26%。EASAS-B 在小分区情况下，每个分区的能耗变化不大，与 Sort 负载表现相同。EASAS-B 在大分区情况下，每个分区的能耗基本上随着分区数增加而增加。图 9-18(b)展示了 TeraSort 工作负载在 4 种调度策略下的整体运行时间。在小分区情况下，EASAS-B 明显比 EASAS-A 减少了在每个分区的运行时间，Sort 负载也有同样表现。EASAS-B 在大分区情况下的运行时间表现与 EASAS-A 相同，没有增加额外的时间开销。实验结果表明：EASAS-B 在 TeraSort 负载下的运行时间比 FIFO 增加了 12.63%，比 FAIR 增加了 18.85%，比 EASAS-A 减少了 11.38%。

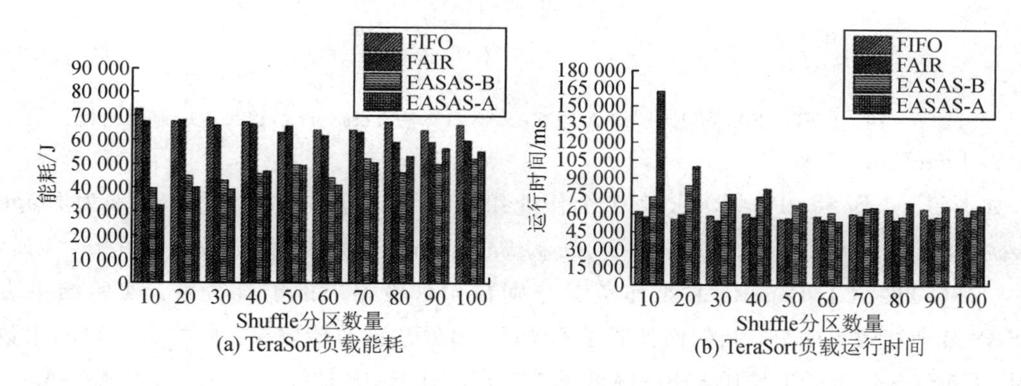

(a) TeraSort负载能耗　　(b) TeraSort负载运行时间

图 9-18　FIFO、FAIR、EASAS-A 和 EASAS-B 算法 TeraSort 负载性能比较

图 9-19、图 9-20 分别展示了 $Stage_{00}$、$Stage_{10}$ 和 $Stage_{11}$ 的能耗和运行时间情况。

如图 9-19(a)所示，EASAS-B 在 $Stage_{00}$ 中每个分区的能耗与 EASAS-A 表现相同，10 分区和 20 分区增加后保持稳定。EASAS-B 在 $Stage_{00}$ 中能耗低于原生调度策略。如图 9-19(b)所示，EASAS-B 在 $Stage_{10}$ 中的多数分区下能耗高于 EASAS-A 的能耗。EASAS-B 在 $Stage_{10}$ 中，每个分区能耗变化不大，但低于原生调度策略能耗。

如图 9-20(a)所示，EASAS-B 在 $Stage_{00}$ 中每个分区的运行时间与 EASAS-A 表现相

同，10 分区和 20 分区增加后保持稳定。EASAS-B 在 $Stage_{00}$ 中运行时间与原生调度策略持平。如图 9 - 20(b)所示，EASAS-B 在 $Stage_{10}$ 中的运行时间总体略长于 EASAS-A，与原生调度策略比略有增加。图 9 - 19(c)所示，EASAS-B 在小分区下，每个分区的能耗均高于 EASAS-A。EASAS-B 在大分区下，与 EASAS-A 能耗表现接近。如图 9 - 19(c)所示，EASAS-B 在小分区下，每个分区的运行时间均少于 EASAS-A。EASAS-B 在大分区下，每个分区的运行时间与 EASAS-A 相近。总体来看，$Stage_{11}$ 是 EASAS-B 显著减少运行时间的关键阶段。

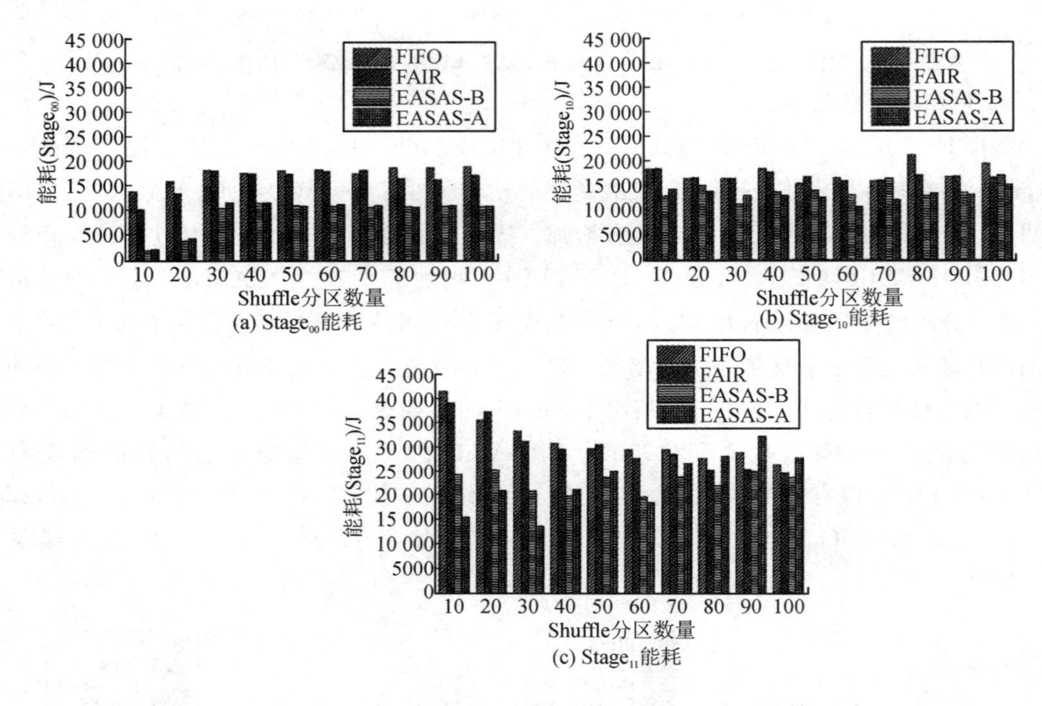

图 9 - 19 FIFO、FAIR、EASAS-A 和 EASAS-B 算法 TeraSort 负载每阶段能耗比较

3）PageRank 负载

如图 9 - 4 所示，PageRank 由 1 个作业组成。Job_0 包含 6 个阶段，分别为 $Stage_{00}$、$Stage_{01}$、$Stage_{02}$、$Stage_{03}$、$Stage_{04}$ 和 $Stage_{05}$。PageRank 负载的性能比较，如图 9 - 21 所示。图 9 - 21(a)展示了 PageRank 工作负载分别在 4 种策略下的能耗表现。实验结果表明 EASAS-B 节能效果明显，从侧面证明了 EASAS-B 算法的节能效果。从图 9 - 21(a)中数据可得，EASAS-B 能耗平均比 FIFO 降低了 21.93%，比 FAIR 降低了 19.93%，比 EASAS-A 增加了 10.25%。EASAS-B 在小分区下每个分区的能耗几乎相同，在大分区下每个分区的能耗递增。图 9 - 21(b)展示了 PageRank 工作负载在 4 种调度策略下的整体执行时间。EASAS-B 同样显著减少了 EASAS-A 在小分区下的运行时间。EASAS-B 的运行时间虽比 FIFO 和 FAIR 都要长，但明显对 EASAS-A 起到了时间优化的作用。实验结果表明：EASAS-B 运行时间比 FIFO 增加了 47.68%，比 FAIR 增加了 45.88%，比 EASAS-A 减少了 8.77%。

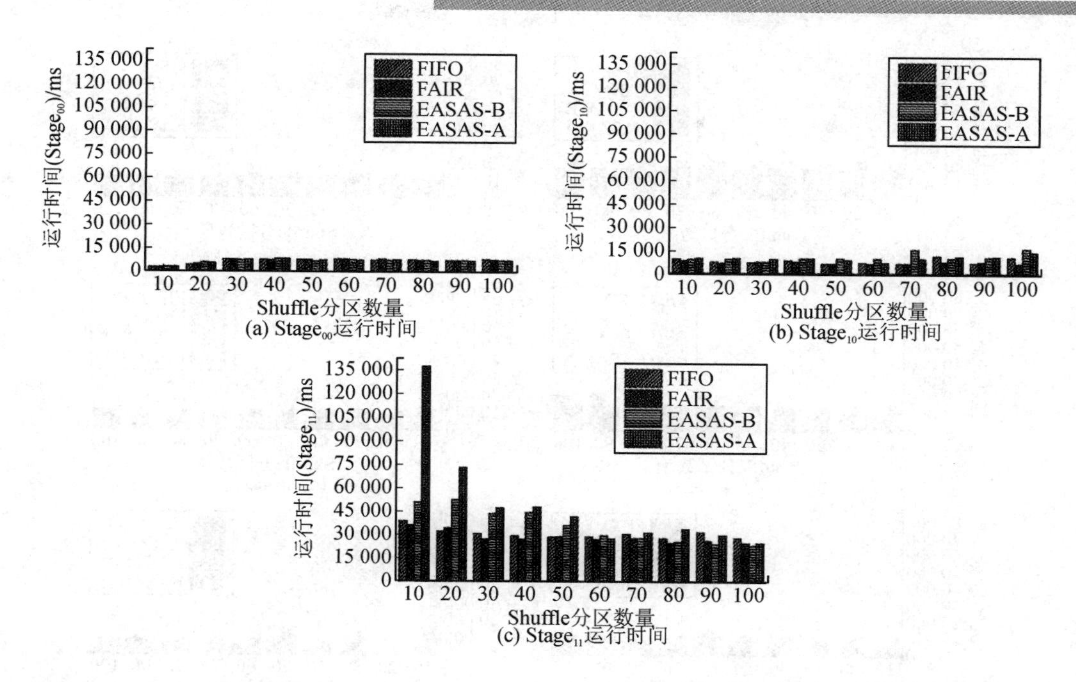

(a) Stage$_{00}$运行时间 (b) Stage$_{10}$运行时间 (c) Stage$_{11}$运行时间

图 9-20 FIFO、FAIR、EASAS-A 和 EASAS-B 算法 TeraSort 负载每阶段运行时间比较

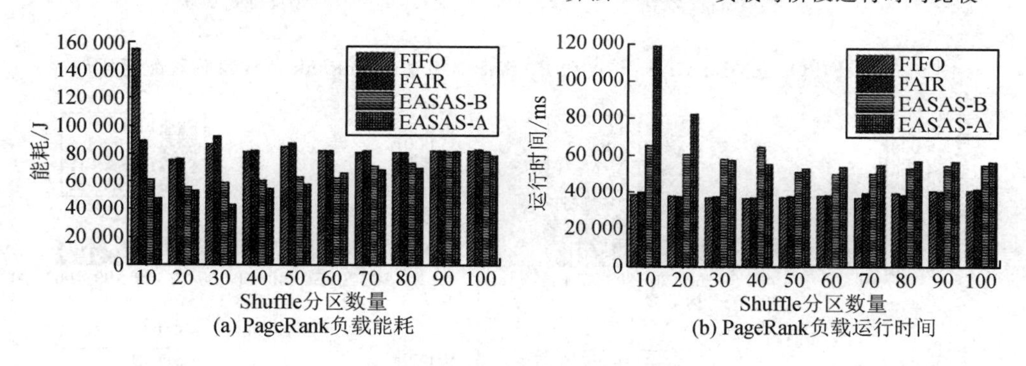

(a) PageRank负载能耗 (b) PageRank负载运行时间

图 9-21 FIFO、FAIR、EASAS-A 和 EASAS-B 算法 PageRank 负载性能比较

图 9-22 展示了不同阶段的能耗情况。从图 9-22(a)、图 9-22(b)可得，EASAS-A、EASAS-B 在 Stage$_{00}$、Stage$_{01}$ 的能耗明显低于原生调度策略，且每个分区的能耗基本相同。从图 9-22(c)、图 9-22(d)、图 9-22(e)和图 9-22(f)可得，Stage$_{02}$、Stage$_{03}$、Stage$_{04}$ 和 Stage$_{05}$ 中，EASAS-B 在小分区下每个分区的能耗与原生调度策略相比显著降低，但比 EASAS-A 的能耗略有增加。EASAS-B 在大分区下每个分区的能耗随着分区数的增加而增加，与 EASAS-A 的能耗表现相似。综上所述，Stage$_{02}$、Stage$_{03}$、Stage$_{04}$ 和 Stage$_{05}$ 是 EASAS-B 与 EASAS-A 相比增加能耗的关键。

图 9-23 展示了不同阶段执行时间的情况。从图 9-23(a)、图 9-23(b)可得，EASAS-B 在 Stage$_{00}$、Stage$_{01}$ 下运行时间明显长于原生调度策略，相近于 EASAS-A 的运行时间，且不同分区执行时间基本相同。从图 9-23(c)、图 9-23(d)和图 9-23(e)可得，Stage$_{02}$、Stage$_{03}$ 和 Stage$_{04}$ 中，EASAS-B 在小分区下每个分区的执行时间比 EASAS-A 的明显减少，在大分

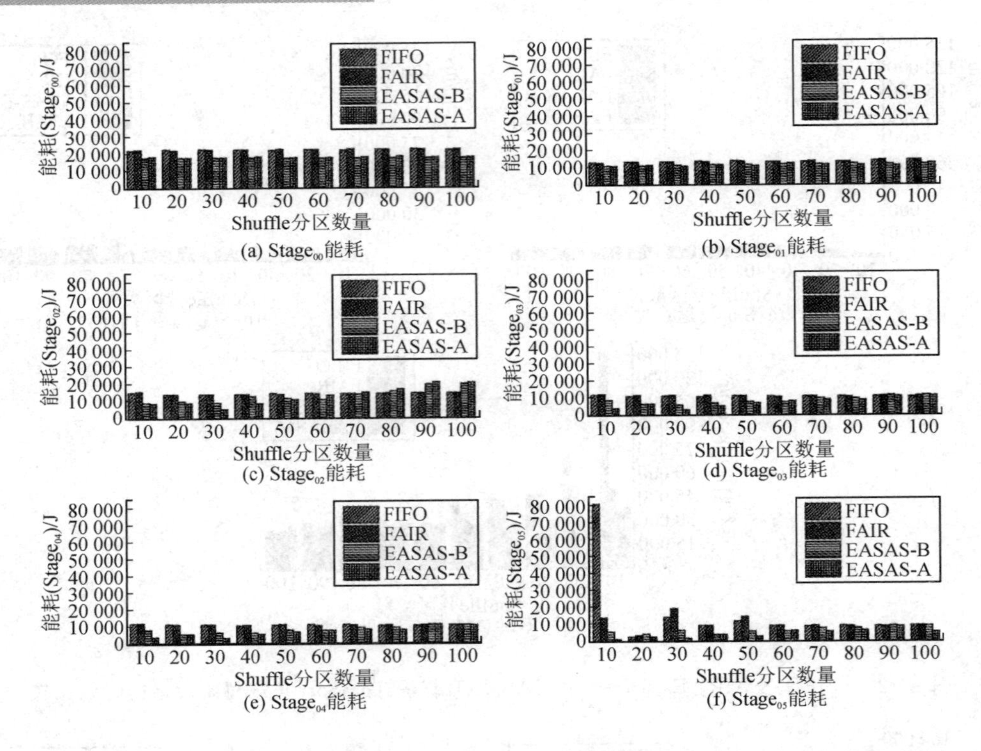

图 9-22 FIFO、FAIR、EASAS-A 和 EASAS-B 算法 PageRank 负载每阶段能耗比较

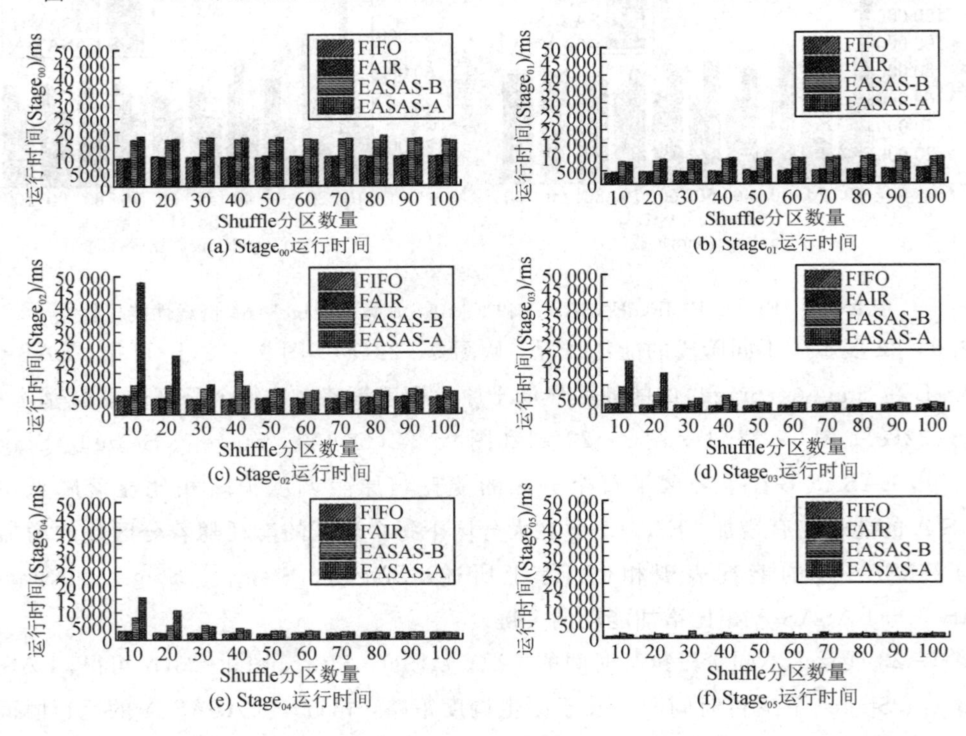

图 9-23 FIFO、FAIR、EASAS-A 和 EASAS-B 算法 PageRank 负载每阶段运行时间比较

区下的执行时间与 EASAS-A 的执行时间接近。图 9－23(f)显示，$Stage_{05}$ 的执行时间对整体的执行时间影响最低。综上所述，$Stage_{02}$、$Stage_{03}$ 和 $Stage_{04}$ 是 EASAS-B 与 EASAS-A 相比减少运行时间的关键。

2. EASAS-B 算法结果分析

以上试验结果显示，EASAS-B 在保证有效降低能耗的前提下对 EASAS-A 做了运行时间的优化。运行时间减少的主要原因是 EASAS-B 对原有 EASAS-A 贪心策略的改进。EASAS-A 基于贪心策略将任务尽可能地放置在评价标准最优的进程上运行，造成某个节点负载过大，JVM 性能下降，GC 时间过长，总体执行时间增加。EASAS-B 保证在任务较少的情况下依然能够使用集群中一半的可用计算资源。因此，EASAS-B 降低了单节点的负载也减少了作业完成时间。这也从侧面证明了降低能耗其中一个重要的原因就是通过任务调度使某些节点处于空闲态可以有效降低整体能耗。

EASAS-B 算法在 EASAS-A 的基础上做了如下两点改变：

(1) EASAS-B 在分配任务时若任务数小于阈值，则负载均衡地将任务分配在集群中最优一半进程上，而不是如同 EASAS-A 一样将任务分配在最优的一个进程上。

(2) EASAS-B 在分配任务时为了保证任务能够按照运行时间均匀分配到最优一半进程上就没有考虑数据本地性，而 EASAS-A 在分配任务时是以尽量保证数据本地性的方式来分配任务的。

EASAS-B 主要解决的问题是 EASAS-A 在小分区(任务少)时的运行时间过长。本节实验设定待处理的输入数据以 50 个分区存储在 HDFS 中，因此 Spark 作业读取数据的阶段有 50 个任务。如 Sort 负载的 $Stage_{00}$、TeraSort 负载的 $Stage_{00}$ 和 $Stage_{10}$、PageRank 负载的 $Stage_{00}$ 和 $Stage_{01}$。这些阶段的任务数不随着本节设定的 Spark Shuffle 分区数变化而变化。因此，从以上实验可以发现在这些阶段中的不同分区能耗和时间基本上都是相等的。本节设定的 Spark Shuffle 分区数在 Shuffle 过程中有效。

EASAS-B 存在一些局限，由于 EASAS-B 完全不考虑数据本地性分配任务，因此部分工作负载运行时会出现任务运行超时的情况。由 HiBench 提供的 K-means 负载在 Spark 运算过程中，每个 Job 的第一个阶段的任务数为固定值。在运行 K-means 负载时出现任务运行超时的情况，反而花费了更长的运行时间。因此，在后续工作中针对此类负载任务的特性，拟对 EASAS-B 算法做出进一步改进和完善。

参考文献

[1] 张安站. Spark 技术内幕：深入解析 Spark 内核架构设计与实现原理[M]. 北京：机械工业出版社，2015.

[2] MASHAYEKHY L, NEJAD M M, GROSU D, et al. Energy-aware scheduling of mapreduce jobs for big data applications[J]. IEEE transactions on Parallel and distributed systems, 2015, 26(10): 2720－2733.

[3] HUANG S, HUANG J, DAI J, et al. The HiBench benchmark suite: Characterization of the MapReduce-based data analysis [C] // 2010 IEEE 26th International Conference on Data Engineering Workshops. Long Beach: IEEE, 2010: 41 - 51.

[4] 罗亮，吴文峻，张飞. 面向云计算数据中心的能耗建模方法[J]. 软件学报，2014,7: 1371 - 1387.

[5] LI H, WANG H, FANG S, et al. An energy-aware scheduling algorithm for big data applications in Spark [J]. Cluster Computing, 2020, 23(2): 593 - 609.

第 10 章　基于 DVFS 的节能调度系统设计与实现

动态电压频率调整(Dynamic Voltage and Frequency Scaling, DVFS)[1]允许用户实时地根据应用程序对 CPU 频率的需求不同，动态地调整 CPU 的计算频率和电压，目的是根据芯片当时的实际功耗需要设定工作电压和时钟频率，这样可以保证提供的功率既满足要求又不会过剩，从而可以降低功耗。

本章主要定义了一种可适用于 Spark on YARN 的能耗模型，用于评估应用程序在运行期间的能耗，并且构建了一种基于 DVFS 的节能调度系统，为之后的算法研究提供技术基础。调度系统包括状态监控模块、能耗评估模块以及频率调整模块。

10.1　基于频率的能耗模型

计算机的能耗与其负载存在着必然的联系，且计算机的能耗指标有很多，包括 CPU、内存、磁盘、主板和网络。文献[1]提出的能耗模型充分考虑了 CPU 利用率对能耗的影响，并且通过真实数据进行拟合，本章在其基础上结合 CPU 频率进行建模。

10.1.1　DVFS 能耗分析

DVFS 技术是一种动态电压频率调整技术，它可以根据用户对 CPU 计算能力的需求不同，实时动态对 CPU 频率进行调整，以达到节能的目的，支持该技术的理论基础[2]如下：

$$P = \alpha C V^2 f \tag{10.1}$$

$$E = P \cdot t = \alpha C V^2 f \cdot t \tag{10.2}$$

其中，P 代表功率，C 为常数由制程等因素决定，V 代表电压，f 代表频率，E 表示能耗，其为功率与时间的乘积。由上述两个公式可以得出，频率 f 与功率 P 成正相关关系，频率的降低必然会导致 CPU 计算能力的削弱，导致程序运行时间的增加。如何权衡频率与计算效率之间的关系，成了节能研究的主要课题，也是建模分析的重要目标。

10.1.2　基于频率的 CPU 能耗模型构建

CPU 作为计算机系统中最耗能的组件，一直是能耗研究中所关注的重点，研究表明总能耗中 CPU 的能耗占用的比例高达 60%以上。DVFS 技术作用于 CPU 频率，通过动态频率调整进行节能。为了评估 DVFS 技术节能效果的准确性，本章以 CPU 利用率、CPU 频率为指标，结合式(10.1)频率的变化带来的能耗的改变进行建模。同时考虑在应用程序的运行过程中，由于资源调度器的调度方式不同，导致某些节点存在空闲状态从而会带来的能耗损失。采取两段建模的方式，分别计算程序作业期间CPU在空闲时的能耗以及CPU在有负载时的能耗，得出如下公式，其中CPU空闲时的能耗E_{idle}计算公式如下：

$$P_{idle} = \frac{F_i}{F_{max}} \times C \times U_{idle} \tag{10.3}$$

$$E_{idle} = \sum_{i=1}^{n} (P_i \times T_i) = \sum_{i=1}^{n} \left(\frac{F_i}{F_{max}} \times C \times U_{idle} \times T_i \right) \tag{10.4}$$

式(10.3)表示单个CPU的空闲时功率，其中F_i表示当前节点的CPU频率，F_{max}表示该处理器的最大运行频率，C为CPU使用率对能耗的影响因子，空闲时的CPU使用率为U_{idle}。进一步得到空闲时的总能耗计算式(10.4)，其中n表示集群中处理器的数目，T_i表示处理器i上的空闲作业时间。相似的CPU有负载时的能耗E_{load}计算公式如下：

$$E_{load} = \sum_{j=1}^{n} (P_j \times T_j) = \sum_{j=1}^{n} \left(\frac{F_j}{F_{max}} \times C \times U_{load} \times T_j \right) \tag{10.5}$$

由于本章的关注重点是通过DVFS技术降低集群能耗，所以并未考虑内存对于能耗的影响，主要原因有如下两点：

(1) 频率的变化对于内存的影响并不大，且内存本身的能耗低于CPU，且经由实验观察，不同应用程序对内存的需求差异远低于CPU。

(2) 现有的内存节能方案主要是当内存空闲时将其转为待机或休眠状态，以减少能耗损失，但是由于内存与硬盘的I/O速率严重不匹配，内存休眠时数据迁移会造成作业完成时间的延长，会使得节能变得得不偿失，所以本章建模以CPU频率、CPU利用率作为主要指标。则可以得出应用程序的总能耗如下：

$$E = E_{idle} + E_{load} \tag{10.6}$$

10.1.3 基于频率的CPU能耗模型优势及意义

能耗模型是能耗研究中的重要组成部分，在云数据中心中，用户和管理者需要了解计算机资源差异如何影响计算机能耗，从而采取相应的调节措施，达到优化能效的目的。随着硬件厂商对节能的支持，DVFS技术得以更加广泛的应用。传统的单纯的物理测量能耗的手段一方面不能满足实时性需求；另一方面，也不能有效地反映资源使用情况与能耗之间关系。现有的能耗模型方面，大部分文献仅考虑CPU使用率与能耗之间关系，未考虑CPU频率对于计算功率的影响。文献[3]讨论了计算机功率与CPU频率之间的关系，构建了相应的能耗模型，但是其默认CPU使用率为100%，然而根据任务类型不同，CPU的使用率受任务数量和算法类型的影响，对于I/O密集型应用CPU使用率往往较低，所以存在较大不足。本章所提出的能耗模型充分考虑了CPU频率和CPU利用率对于能耗的影响，利用文献[1]所拟合的影响因子进行计算，实时地获取计算能耗，为后文的算法研究提供明确的评价标准。

10.2 系统设计与实现

本节以10.1节所构建的能耗模型为基础，设计并实现基于DVFS的Spark on YARN节能调度系统，实现了状态监控功能模块、能耗评估模块以及频率调整模块，为之后的算法推导与实现提供了基础。系统整体架构如图10-1所示。

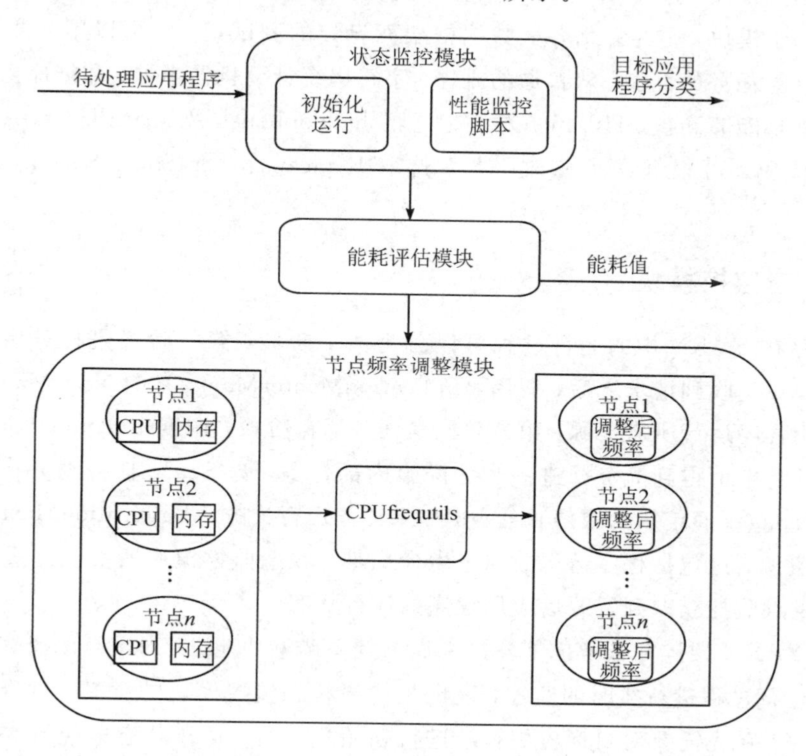

图10-1 基于DVFS的节能调度系统架构图

本章所构建的节能调度系统主要包括如下三个模块：

状态监控模块：本模块的主要功能是监控并记录应用程序运行状态中的关键数据指标，如CPU利用率、内存利用率、CPU频率。并且会记录Spark任务中各个Stage以及Task的起始和终止时间，并将这些信息分发给其他模块，辅助系统完成能耗评估、频率调整等工作。

能耗评估模块：本模块为Java编写的独立项目，主要工作是通过收集状态监控模块的数据指标，利用上文所构建的能耗模型，对任务执行过程中的能耗进行评估，能耗的大小将作为关键指标指导频率调整模块进行工作。

频率调整模块：本模块主要利用Shell脚本以及CPUfrequtils进行工作，通过能耗评估模块所计算的程序初始化运行的能耗，以及状态监控模块所获取的指标为输入信息，确定应用程序所适应的最优频率，并利用DVFS技术对程序运行过程中各个节点的频率进行动态的调整。

10.2.1 基准测试平台

本章的实验平台由 IBM BladeCenter HS22 7870 型刀片机的 6 个节点组成，其中 1 个节点作为 YARN 的 Master 节点。每个节点具有 8 GB 内存、16 核 2.8GHz Intel 处理器以及 500 GB 硬盘，网络速度为 1 Gb/s。

测试数据集方面，选取 SparkBench 作为实验的数据集，SparkBench 是 HiBench[4]。基准测试集中的子模块，是为评估各大数据框架而设计的测试集，它可以用来测试 Spark 集群对于常见计算任务的性能。从普通的排序、字符串统计到机器学习、数据库操作、图像处理和搜索引擎都能够涵盖。HiBench 根目录下的 hadoopbench 及 sparkbench 中包含各种测试程序的源代码，可根据需求修改。本章选取 K-means、TeraSort、Sort 作为基准应用程序。

10.2.2 状态监控模块

应用程序在 YARN 中的运行过程可以分为两个阶段：第一阶段是任务启动阶段，当 ResourceManager 收到请求之后，调用 ApplicationMasterManager 向 NodeManager 发送请求，申请应用程序运行所需资源；第二阶段是任务运行阶段，调度由 ApplicationMaster 自主完成，包括将申请得到的资源进一步分配给内部任务，为 Spark 任务划分作业节点，通过与 NodeManager 通信启动或停止任务，如果任务运行失败，ApplicationMaster 会重新为该任务申请资源，这包括程序运行的整个生命周期。状态监控模块所关注的重点集中于第二阶段，即重点监控获取到资源后应用程序的运行状态。

传统的 YARN 架构并未考虑能耗且未提供频率调整功能，针对本章的研究内容需要对应用程序的运行过程进行实时的监控，这也是构建状态监控模块的意义。对于每个未知的目标应用程序，首先需要对目标应用程序进行初始化运行，通过状态监控脚本获取目标应用程序的基本运行信息，主要包括收集不同节点的 CPU 利用率、I/O 利用率、CPU 频率。状态监控模块提供监控数据持久化功能，能够将监控数据逐秒保存在 TXT 文件中，这些信息将用于分析不同应用程序对 CPU 及内存的需求差异性，并且通过上文所构建的能耗模型以秒为单位进行能耗计算。

10.2.3 能耗评估模块

能耗评估模块的主要工作是根据 10.1 节所定义的能耗模型计算程序运行期间的总能耗。一个应用程序在 Spark 作业过程中将会默认为一个 Job，根据 RDD 的划分，具有宽依赖的代码区间将会被划分为独立的 Stage，根据 HDFS 中输入文件的切片数量不同，Stage 又会被划分成不同的 Task，Task 是程序运行的最小单位，每个 Task 都将独立地运行在 Executor 中。本章代码实现过程以 Task 作为最小单位计算其作业期间的能耗，将 Task 能耗做累加获得 Stage 能耗，将 Stage 能耗累加获取应用程序的总能耗。

能耗评估模块的输入数据来源于 Monitor 类和 BenchInfo 类，其中 Monitor 主要包括状态监控模块所监控的数据，如 CPU 利用率、内存利用率、CPU 频率、程序的 JobId、程序进程号 pId 以及线程号 threadId。BenchInfo 类主要信息可以从 SparkBench 的监控文件中获取到，主要包括应用程序所划分成的 Stage 和 Task 运行的详细信息，包括其起始时间和放置节点等。通过 Monitor 类和 BenchInfo 类可以得到任意一个 Task 的详细状态信息，包括 Task 启动时间、Task 结束时间、CPU 利用率、内存利用率、CPU 频率等，这些信息都是进行能耗计算的必要指标。

能耗计算功能主要是由 EnergyInfo 类负责，为了保证计算效率，程序采取多线程的方式，启用 16 线程同时计算，利用 CountDownLatch 对 Task 进行计数，通过 BenchInfo 中的 Task 完成时间统计 Stage 生命周期内 Task 所部属节点的空闲时间以及负载时间，分别利用式(10.4)和式(10.5)计算节点空闲能耗和负载能耗，并通过累加和的形式获取到当前 Stage 的总能耗，类似的通过对所有 Stage 能耗进行累加，获取到应用程序运行期间的总能耗。

对于数据的保存工作交由 ExcelInfo 类进行处理，利用 Apache POI 实现对 Excel 的读写工作，保存每次作业轮询应用程序的能耗以及其完成时间。这些主要功能的类图如图 10 - 2 所示。

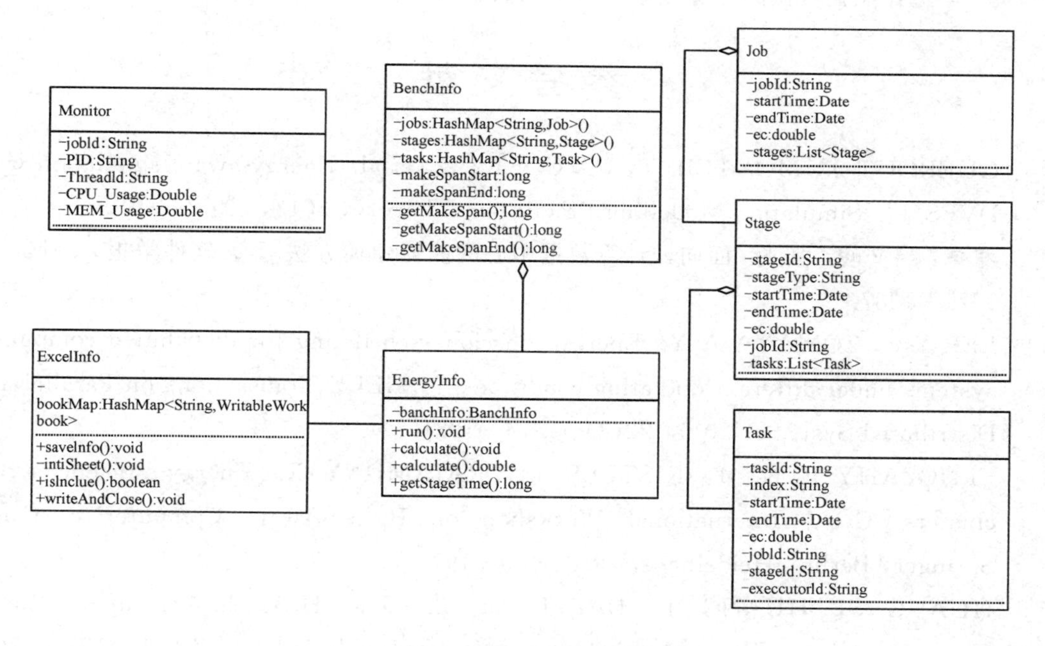

图 10 - 2　能耗评估模块类图

10.2.4　频率调整模块

频率调整模块的主要功能是根据算法计算所得的节点的最优频率实时地对 CPU 频率进行调整。本模块的功能实现主要通过 Shell 脚本以及 CPUfrequtils。从 Linux2.6.0 起，其内核均增加了 CPUfreq 用于动态的调整处理器频率。为了更好地进行控制，本章选取 userspace 管理策略，其特点为系统将变频策略的决策权交给了用户态应用程序，并为用户提供了相应的接口，频率调整模块收到系统命令需要调整节点频率时，利用 Shell 脚本，调用 CPUfrequtils 提供的接口可以对任意节点的 CPU 频率进行调整，核心代码实现如图 10-3 所示。

```
#调整频率
for target in IBM171 IBM172 IBM173 IBM175 IBM176 IBM177
    do
        for((i=0;i<=15;i++))
            do
                echo $target cpufreq-set-c $i –f $freq;
                ssh $target cpufreq-set-c $i-g userspace";
                ssh $target "cpufreq-set -c $i –f $freq";
            done
    done
end.
```

图 10-3 频率调整模块核心代码

文献[6]研究结果表明，程序的作业时间与计算机节点频率成非线性负相关关系。在较高频率时，随着节点频率的升高，对于计算性能的提升并不明显，反而高频率带来的高能耗变得更加突出。对于不同类型的应用程序，根据其对 CPU 的需求不同，在保证计算性能的前提下，选择能耗最低的计算频率是本章的研究重点。

参考文献

[1] GUÉROUT T, MONTEIL T, DA COSTA G, et al. Energy-aware simulation with DVFS[J]. Simulation Modelling Practice and Theory, 2013, 39: 76-91.

[2] 罗亮，吴文峻，张飞. 面向云计算数据中心的能耗建模方法[J]. 软件学报，2014，7：1371-1387.

[3] LEE Y C, ZOMAYA A Y. Energy conscious scheduling for distributed computing systems under different operating conditions[J]. IEEE Transactions on Parallel and Distributed Systems, 2011, 22(8): 1374-1381.

[4] ELNOZAHY E N M, KISTLER M, RAJAMONY R. Energy-efficient server clusters [C] // International Workshop on Power-Aware Computer Systems. Springer, Berlin, Heidelberg, 2002: 179-197.

[5] HUANG S, HUANG J, DAI J, et al. The HiBench benchmark suite: Characterization of the MapReduce-based data analysis [C] // 2010 IEEE 26th International Conference on Data Engineering Workshops (ICDEW 2010). California: IEEE, 2010: 41-51.

[6] SINGLETONL C, POELLABAUER C, SCHWAN K. Monitoring of cache miss rates for accurate dynamic voltage and frequency scaling[J]. Proceedings of SPIE - The International Society for Optical Engineering, 2008, 56(7): 235-238.

第 11 章 基于 DVFS 频率感知的 YARN 层节能策略

针对应用程序多样性，本章将进一步讨论不同类型应用程序在不同频率下对能耗以及程序执行效率的影响，在 YARN 层提出一种基于 DVFS 频率感知的节能策略(Frequency-Aware Energy-Saving Strategy based on DVFS, FAESS-DVFS)，旨在对现有的应用程序进行分类，为每种应用程序类型确定在满足其 SLA 计算效率要求下的最低能耗频率，并通过 DVFS 技术对各处理器频率进行预处理，在保证计算效率的前提下，达到节能的效果。

11.1 问题分析

传统的 YARN 调度器，无论先进先出调度器(FIFO)和容量调度器(Capacity)，还是公平调度器(FAIR)，它们的本质是调度器维护着一个或多个队列的信息，用户可以向任意一个或多个队列提交 Job。每次 NodeManager 向 ResourceManager 发送心跳时，调度器都会选择一个队列，再在队列上选择一个应用，然后尝试在这个应用上分配资源。调度器优先选择本地资源，其次是同机架的机器，最后是任意机器。但是它们都存在同样的问题：资源分配模型是固定的，无法根据应用类型不同为应用程序分配合适的计算资源。不同应用程序类型(如 CPU 密集型应用、I/O 密集型应用、混合型应用)对资源的需求不同，在正式的数据中心云环境中各节点往往具有异构性，那么仅仅按任务到达顺序根据固定的资源分配模型继续分配势必会带来资源分配不合理，同时在 YARN 的传统资源调度器中，也未将能耗作为考虑指标，对节能调度的关注存有不足。

针对上述问题，本章提出一种基于 DVFS 频率感知的节能策略，首先通过实验确定三种基准应用程序的能耗最低频率，进而通过 K-means 算法对未知的目标应用程序进行聚类，利用 DVFS 技术[1-5]在任务开始阶段，对各节点的计算频率进行预处理，为目标应用程序分配最优的计算频率，以达到节能的效果。

11.2 应用程序分类

随着大数据与云计算的普及，不同种类的应用程序大量增加，包括天文学、基因学、机器学习、图表分析等。由于这些应用程序的特征不同，它们对资源的使用需求也不同，利用第 3 章设计实现的基于 DVFS 的节能调度系统，本章主要研究三种典型的应用程序 K-means、TeraSort、Sort，分别监控它们在整个运行生命周期中的 CPU 以及内存占比。由于三种应用类型完成时间不同，为了使实验结果更加直观，选取每种应用程序作业时长的10%为横坐标单位，选 CPU 利用率以及内存利用率为纵坐标，实验结果如图 11-1 所示，分别对 CPU 利用率和内存利用率进行分析。

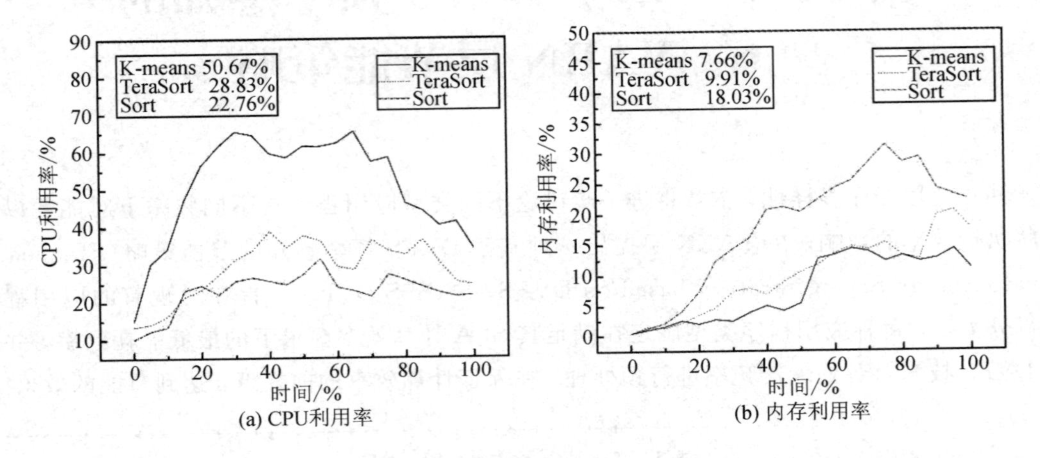

图 11-1　三种基准应用程序平均 CPU 利用率及内存利用率图

CPU：如图 11-1(a)所示，三种应用程序的 CPU 利用率有着显著不同，K-means 对 CPU 的需求最高，平均 CPU 占有率为 50.67%，相比之下 TeraSort 和 Sort 对 CPU 需求较低，分别为 28.83%、22.76%。对这样的结果进行分析，K-means 作为一种常用的聚类算法，其算法周期是一个重复移动类中心点的过程，需要频繁地对目标点与质心的聚类做计算，所以其对 CPU 的需求较高；而对于 Sort 其为一种排序算法，运行过程中多是对数据进行缓存迁移等操作，对 CPU 的计算需求较低；TeraSort 区别于 Sort，它是 Hadoop 为了参加 Sort Benchmark 而开发的程序包，其算法核心充分体现了 MapReduce 的思想，在 Map 阶段为了充分地将数据均匀分散到更多的服务资源上，采用 Hash 的方式按照 Key 值不同将数据打散到不同的 Bucket，而这一过程将较多地占用 CPU 计算资源，而在 Reduce 阶段则与 Sort 算法相似，多为数据迁移工作，所以可以认为在 TeraSort 的 Map 阶段 CPU 占有率较高，而 Reduce 阶段 CPU 占有率较低，这也合理的说明了 TeraSort 对 CPU 的需求高于 Sort 算法。这三种应用程序对 CPU 的需求排序为：K-means＞TeraSort＞Sort。

内存：从图 11-1(b)观察得出，Sort 对于内存的需求较高为 18.03%，另外两种算法依次为 TeraSort：9.91%，K-means：7.66%。Sort 算法对内存的需求最高，主要是由于其计算过程中会进行较多的 I/O 操作，频繁对数据进行内存与硬盘之间的迁移操作；而 TeraSort 正如上文分析，其仅在 Reduce 阶段对数据进行归并，所以对内存的需求较小；而 K-means 算法更加偏重于计算，对内存需求则最低。同样对三种应用程序的内存需求进行排序依次为：Sort＞TeraSort＞K-means。

综上所述，根据三种基准应用程序的运行原理不同以及运行过程中对 CPU 和内存的需求不同，有效地将 K-means 定义为 CPU 密集型应用，Sort 定义为 I/O 密集型应用，而 TeraSort 定义为混合型应用。

11.3　最优频率定位

CPU 的频率，即 CPU 内核工作的时钟频率，表示 CPU 在单位时间内的运算次数。随着 CPU 频率的增加，CPU 计算性能得以提高。但这种增长并非是线性的，服务器的运行性能不仅取决于 CPU 运算速度，还与内存性能、磁盘 I/O 速度等相关。因此一味地追求高 CPU 频率并不能带来明显的服务器性能上的提升，并且如式(10.1)所示，随着 CPU 频率的增加也会带来较大的能耗损失。并且根据应用程序的类型不同，如 I/O 密集型应用，其本身对 CPU 的计算能力需求并不高，较高 CPU 频率为其带来的计算效率的提升并不明显，反而过高的频率会带来十分严重的能耗损失，因此本节的目标是为三种基准应用程序定位在满足其 SLA 计算效率前提下的能耗最低频率。

为了进一步定量分析频率对于不同类型应用程序的影响，本节通过状态监控模块以及能耗评估模块，选取 K-means、TeraSort、Sort 作为基准应用程序，将 CPU 频率调整为以下每个可用值：1.59 GHz、1.72 GHz、1.86 GHz、1.99 GHz、2.12 GHz、2.26 GHz、2.39 GHz、2.52 GHz、2.66 GHz、2.79 GHz。在 HiBench 标准数据集 Large 规模数据下分别对其进行 50 次轮询取平均值，获得如下实验结果，图 11-2 表示三种应用程序在不同频率下的执行时间变化情况，图 11-3 表示三种应用程序在不同频率下的能耗变化情况。

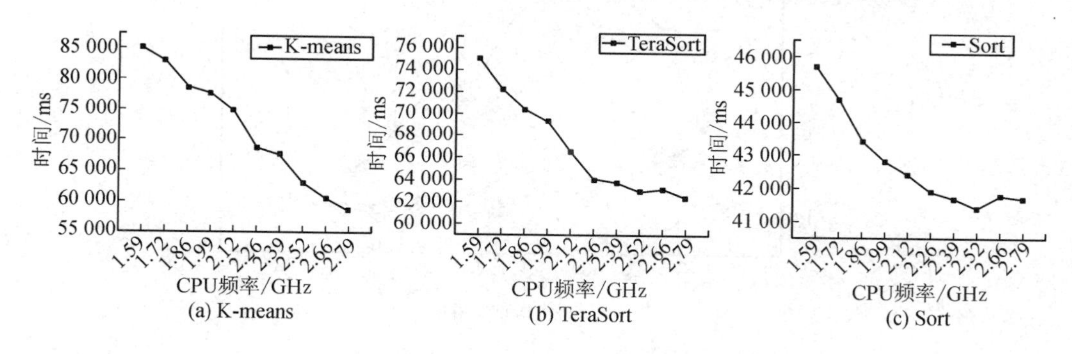

(a) K-means　(b) TeraSort　(c) Sort

图 11-2　三种基准应用程序在不同频率下执行时间图

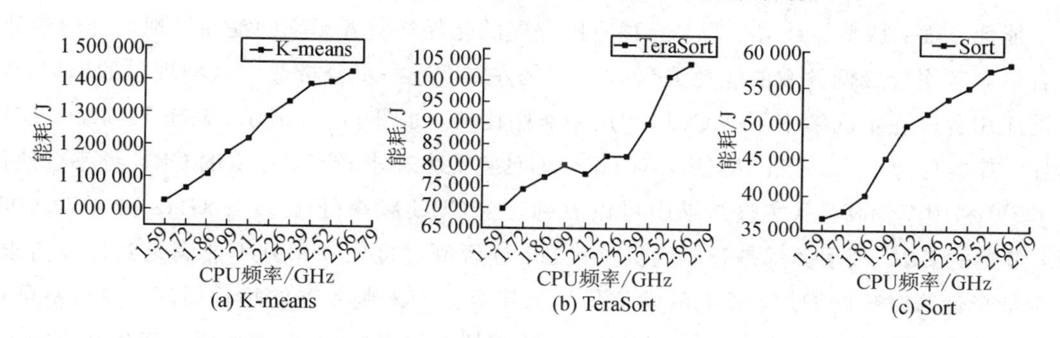

(a) K-means　(b) TeraSort　(c) Sort

图 11-3　三种基准应用程序在不同频率下能耗图

性能方面：整体趋势上，三种应用程序作业完成时间均随着 CPU 频率的增加而降低，而三种应用程序的作业时间变化幅度存在差异。为了更加直观的体现差异性，将各个应用程序的执行时间进行标准化处理，分别将各个应用程序所有频率中的最快完成时间定义为其标准化执行时间1，其余频率的标准化执行时间为当前频率的执行时间与最快执行时间的比值，结果如图11-4所示。可以很直观地看到K-means(CPU密集型)应用程序，对于频率的感知更加敏感，其对于同等数据规模的应用程序，在最高频率下的完成时间较最低频率增速高达45.21%，同样的解释，在图11-1(a)中可以观察到K-means对于CPU的利用率在绝大部分时间中是高于其他两种类型的应用的。而TeraSort(混合型)应用程序和Sort(I/O密集型)应用程序则随着频率的加快，计算时间增速较缓。TeraSort应用程序最高频率下的完成时间较最低频率下的完成时间增速仅为20.19%。Sort应用程序从HDFS中读取了2.98 GB的数据，写入了5.83 G的数据，数据规模达2600万，这使得其耗费了大量的时间在从HDFS读取数据和向HDFS写入数据上，故CPU计算能力的改变对其影响较弱，最高频率下的完成时间较最低频率增速仅为10.38%。

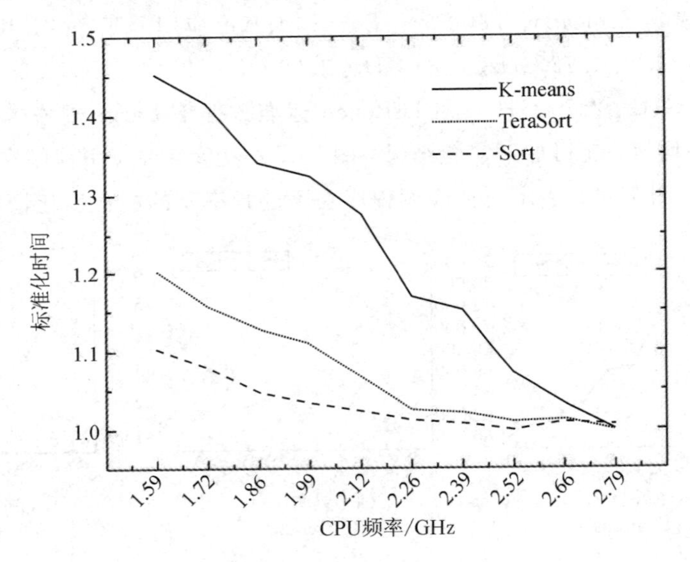

图11-4　三种基准应用程序标准化完成时间变化趋势对比图

能耗方面：从整体趋势上看，三种应用程序的能耗均随着频率的提高呈现上升的趋势，并且最高频率较最低频率的能耗涨幅均在50%左右。进一步分析造成这种现象的原因，将不同应用程序在不同频率下的CPU利用率作图比较，如图11-5所示，对于K-means应用程序，其本身为CPU密集型应用，对CPU的计算能力需求较高，过低的CPU频率会使得其CPU利用率偏高。从实验结果中可以看到，在CPU频率处于1.59 GHz和1.72 GHz时，节点的CPU利用率都是趋于满负荷状态，这说明过低的频率并不能满足其计算需求，且会带来计算时长的增加，长期的满负荷状态甚至会带来服务器的物理损坏，导致不可逆的损失；而对于TeraSort和Sort应用程序，随着频率的改变CPU利用率的变化并不明显，故可以认为这两种应用程序提供最高级别的CPU频率会使其处于计算资源过剩的状态。

综上所述，可以得出结论：CPU频率的变化会影响应用程序的作业时间以及能耗。对于 K-means 这类 CPU 密集型的应用程序，应当为其提供较高的计算频率，保证满足其对计算能力的需求，这样可以有效地降低 CPU 的利用率，减少程序作业时间，以达到节能的效果；对于 Sort 这类 I/O 密集型的应用程序，应当为其提供较低的 CPU 频率，通过图 11－5得知，I/O 密集型应用对计算能力的需求不高，随着频率的变化，计算时间和 CPU 利用率的变化也并不明显，而且过高的 CPU 频率，会带来计算功率的增加，带来不必要的能耗损失；对于 TeraSort 这类混合型应用，应当根据其对 CPU 以及内存的需求不同，为每种应用程序个性化的设置最优的 CPU 频率，以保证在满足用户需求的计算能力下，达到最优的节能效果。

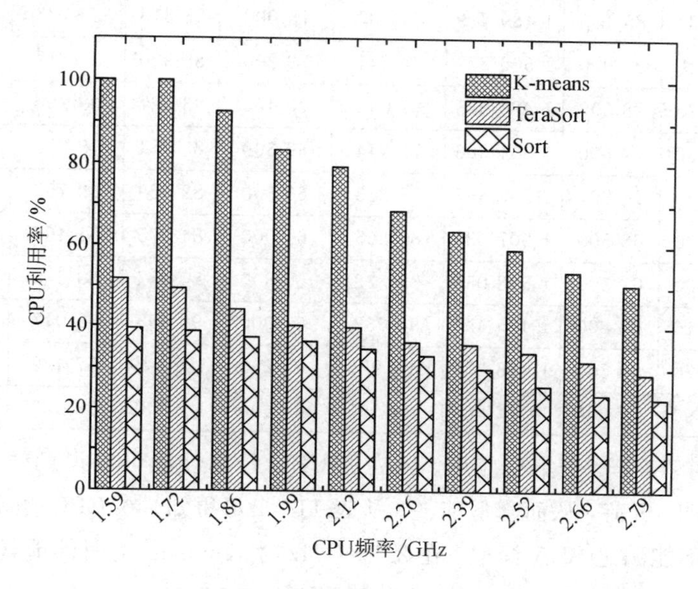

图 11－5　三种基准应用程序在不同频率下 CPU 利用率对比图

CPU 频率是大数据集群中能源消耗的一个关键指标，较低的 CPU 频率会带来较低的功耗，但是，计算性能的降低会导致应用程序作业时间的增加，应用程序的工作负载时长同样可能对群集的总能耗产生影响。一方面，CPU 密集的应用程序会有更高的 CPU 使用率，因此会带来能耗的增加；另一方面，应用程序运行时长直接影响其计算过程所产生的能耗损失，因此，频率的降低可能会带来更高的能耗损失。

近年来，高性能的集群计算功率日益增大和部署规模日益扩大为云服务提供商带来了巨大的能耗。云服务提供商在为用户提供服务时，会与用户签订用户服务等级协议(SLA)，为用户提供作业完成时间、故障解决时间、服务超时等保证，随着能耗问题越来越多地被关注，正如前文分析所得结论，对处理器计算能力需求不高的应用，过高的 CPU 频率所带来的计算时间的减少远远不能弥补其能耗增长的负面影响。如何在保证满足 SLA 的前提下，尽量地降低能耗成本，为用户提供满足其计算需求的最优的 CPU 频率成为亟待解决的问题。

为了进一步定量分析不同应用程序对应的最优频率，假设 T_f 为某一频率 f 下的作业完成时间，$T_{\min}$为实验所得应用程序在所有频率下的最优计算时间，SLA 的标准为不多于最优完成时间的 10%。我们定义了一种时间能耗比(Energy Efficiency Ratio, EER)EER＝Energy×(T_f/T_{min})，来权衡能耗与计算时间的关系。对之前的实验结果进行处理，得到了如表 11-1 所列数据，其中带底纹的为应用程序所对应的最优频率。

表 11-1　三种基准应用程序时间能耗比表

基准	K-means			TeraSort			Sort		
频率	能耗/J	时间/ms	时间能耗比	能耗/J	时间/ms	时间能耗比	能耗/J	时间/ms	时间能耗比
1.59 GHz	1 025 864	85 100	1 489 779	69 737	75 000	83 818	36 783	45 700	40 603
1.72 GHz	1 065 140	82 900	1 506 827	74 241	72 200	85 900	37 817	44 700	40 831
1.86 GHz	1 108 275	78 600	1 486 525	77 049	70 400	86 927	39 994	43 400	41 927
1.99 GHz	1 174 240	77 600	1 554 966	79 944	69 300	88 784	45 273	42 800	46 804
2.12 GHz	1 218 740	74 800	1 555 661	77 873	66 500	82 989	49 753	42 400	50 955
2.26 GHz	1 289 230	68 500	1 507 035	82 265	64 000	84 375	51 467	41 900	52 088
2.39 GHz	1 335 260	67 500	1 538 055	82 222	63 800	84 067	53 573	41 700	53 961
2.52 GHz	1 386 110	62 800	1 485 456	90 032	63 000	90 898	55 047	41 400	55 047
2.66 GHz	1 393 070	60 500	1 438 238	100 955	63 200	102 249	57 429	41 800	57 984
2.79 GHz	1 427 560	58 600	1 427 560	104 085	62 400	104 085	58 236	41 700	58 658

K-means：对于 CPU 密集型应用，较高的 CPU 计算性能可以得到较快的作业完成时间以及较低的 CPU 负荷，从而降低能耗。从表 11-1 可得知，在 CPU 频率小于 2.52 GHz 时，计算性能均不能满足 SLA 标准。在 2.79 GHz 时 K-means 的时间能耗比最优，因此将 K-mans 的最优频率定位在服务器可提供的最高频率 2.79 GHz。

TeraSort：对于混合型应用程序，最优频率即寻找时间与能耗的权衡，通过能耗时间比计算，在 2.39 GHz 时，TeraSort 的计算时间较最多时间仅仅增加了 2.24%，能够满足 SLA 标准，总能耗降低了 23.80%。所以将 TeraSort 应用程序的最优频率定位在 2.39 GHz。

Sort：对于 I/O 密集型应用，由于其对 CPU 计算性能的需求最低，且程序运行过程中，有很大一部分时间用于从 HDFS 读取写入数据，I/O 操作较为频繁，所以高频率的 CPU 并不会显著的降低计算时间，反而会带来过高的能耗损失。在 1.59 GHz 时 Sort 具有最优的时间能耗比，计算时间增加了 9.59%，能够满足 SLA 标准，较最低频率时能耗降低了 58.58%，故将 TeraSort 应用程序的最优频率定位在 1.59 GHz。

综上分析得出结论，对于 K-means 这类 CPU 密集型的应用，应该为其初始化设置较高频率，对于 Sort 这类 I/O 密集型应用应该为其设置较低的频率，而对于 TeraSort 这类混合型应用程序应该根据其自身对 CPU 的需求不同为其定量地配置合适的计算频率。通过时间能耗比进行分析，便得到了每种应用程序的最优能耗，接下来的工作是通过 K-means 聚类算法对未知目标应用程序进行聚类，找到其最为相似的基准应用程序并利用 DVFS 技术为其调整最优的 CPU 频率。

11.4　算法过程

K-means 是一种应用十分广泛的划分聚类的方法，本章选取 K-means 作为对目标应用程序聚类的算法，原因主要包括两点：其一，K-means 具有原理简单，实现较为容易且收敛速度快的优势，算法效率高，时间复杂度趋于线性，能够适用于大数据应用，而且不带来过多的计算开销；其二，本章选取了三种应用程序作为基准应用程序，每种应用程序可通过状态监控模块获取到关键指标信息，十分切合 K-means 算法所需参数。

本章选取 CPU 利用率和内存利用率作为特征值，则在二维坐标系某个应用程序可以描述为

$$\text{APP} = (\text{CPU}, \text{MEM}) \tag{11.1}$$

选取 K-means、Sort、TeraSort 三种基准应用程序作为初始聚类中心。K 值设置为 3，应用程序之间的差异度可以抽象为两点之间的欧氏距离：

$$D = \sqrt{(\text{CPU}_{\text{target}} - \text{CPU}_{\text{benchmark}})^2 + (\text{MEM}_{\text{target}} - \text{MEM}_{\text{benchmark}})^2} \tag{11.2}$$

算法过程如表 11－2 所示，首先对目标应用程序进行初始化测试，获取其在默认频率下的 CPU 利用率和内存利用率。为计算目标应用程序与基准应用程序之间的欧氏距离，之后将目标应用程序分配到距离最近的簇，最后根据聚类结果利用 DVFS 技术对目标应用程序利用频率调整模块进行频率预处理。

表 11－2　基于 DVFS 的 YARN 层频率感知节能调度算法

输入：benchmarkSet(基准应用特征)，targetSet(目标应用特征)，k(集群数)。
1. 遍历 targetSet。
2. 对目标应用程序进行初始化测试，获取其在默认频率下的 CPU 利用率、内存利用率。
3. 遍历 benchmarkSet。
4. 利用式(11.2)计算目标应用程序与基准应用程序之间的欧氏距离。
5. 将目标应用程序分配到距离最近的簇。
6. 根据聚类结果利用 DVFS 技术对目标应用程序利用频率调整模块进行频率预处理。
7. 算法结束。

11.5　实验结果分析

为了验证上述节能调度策略的有效性，本节选取 PageRank 作为未知应用程序进行实验，横向比较不同分区数、不同数据规模下的实验结果，并将 SLA 标准设置为不超过原生策略最优完成时间的 10％。

11.5.1　实验环境设置

本章算法主要针对 YARN 资源调度框架第一层调度模型，对目标应用程序进行初始化

检测，通过 FAESS-DVFS 算法对未知目标应用程序进行分类，确认其适应的最优计算频率，通过频率调整模块对节点频率进行调整，在保证计算效率的前提下达到最优的节能效果。具体的实验环境如表 11-3 所示，实验所用数据规模如表 11-4 所示。

表 11-3　FAESS-DVFS 算法实验环境表

节点名称	CPU	内存	类　型
171	2.8 GHz Intel	8G	ResourceManager，NameNode
172	2.8 GHz Intel	8G	NodeManager，DataNode
173	2.8 GHz Intel	8G	NodeManager，DataNode
175	2.8 GHz Intel	8G	NodeManager，DataNode
176	2.8 GHz Intel	8G	NodeManager，DataNode
177	2.8 GHz Intel	8G	NodeManager，DataNode

表 11-4　FAESS-DVFS 算法实验数据规模表

任务类型	数据规模	页　数	迭代次数
PageRank	Tiny	100 000	1
PageRank	Small	250 000	3
PageRank	Large	500 000	3
PageRank	Huge	1 000 000	3
PageRank	Gigantic	2 000 000	3

测试数据集方面本章选取 SparkBench 作为实验的数据集，SparkBench 是 HiBench 基准测试集中的子模块，HiBench 是 Intel 公司提供的一套完整的 Hadoop 基准测试集合，用于评估不同大数据框架的性能指标，能够作为不同硬件、不同平台中运行 Spark 的性能参照数据，故本章选取 SparkBench 作为实验数据能够证明实验的准确性。

11.5.2　不同分区数对比实验

本章选取 PageRank 作为测试应用程序，首先对 PageRank 应用程序进行初始化运行，通过状态监控模块获取得到其 CPU 利用率为 35.63%、内存利用率为 11.32%。与三种基准应用程序进行聚类，PageRank 距离 K-means 应用程序的欧氏距离为 15.47，距离 TeraSort 应用程序的欧氏距离为 6.94，距离 Sort 应用程序的欧氏距离为 14.51。故选取 TeraSort 的最优频率作为 PageRank 的频率预设值执行节能策略。

进而对 FAESS-DVFS 调度算法与 YARN 默认的调度策略 Capacity 和 FIFO 进行比较。通过 hibench.default.map.parallelism 控制分区数，选取分区数 10 至 100，每递增 10 个分区数做对比较实验，实验结果如图 11-6 所示，其中图 11-6(a)表示不同分区数下的能耗表现，图 11-6(b)表示不同分区数下的作业完成时间。

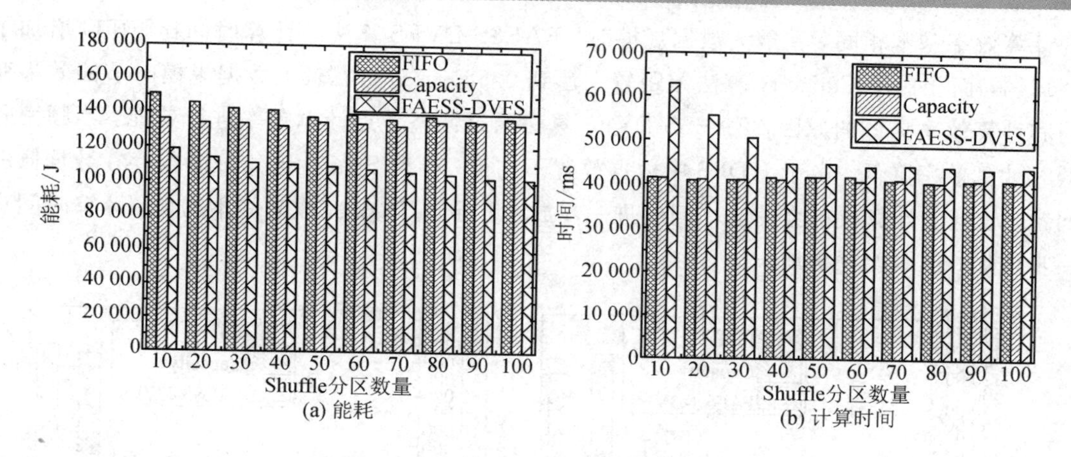

图 11-6　PageRank 不同分区数下 FAESS-DVFS 算法能耗及性能比较图

能耗方面：从图 11-6(a)中可以看出 FAESS-DVFS 算法的能耗在所有分区数时均优于另外两种原生调度算法，FIFO 算法和 Capacity 算法的能耗随着分区数的增加变化幅度不大，而 FAESS-DVFS 的能耗随着分区数增加减少。这种现象的原因，在较低的分区数时，由于 FAESS-DVFS 的 CPU 频率较低，CPU 性能成为制约程序运行效率的主要因素，应用程序完成时间变长增加了作业的能耗。从数据进行分析，FAESS-DVFS 调度算法较 FIFO 调度算法平均能耗降低了 22.72%，较 Capacity 调度算法平均能耗降低了 20.04%，这也证明了 FAESS-DVFS 算法的节能有效性。

在平均作业完成时长上 FAESS-DVFS 调度算法较 FIFO 调度算法和 Capacity 调度算法分别增长 15.93%、16.16%。FAESS-DVFS 调度算法作业完成时间随着分区数的增加趋于稳定。在较低分区数时性能差距较大的原因可以归结为分区数决定了程序运行过程中线程数目的多少，FAESS-DVFS 算法的 CPU 运行频率要低于另外两种的调度算法，这使得单个 CPU 的计算性能要低于另外两种的调度算法，在分区数较小的情况下，CPU 会存在高负载状态，导致计算效率降低，计算时长增加。随着分区数逐渐增加，在 50 分区以上时，FAESS-DVFS 调度算法相较于 FIFO 调度算法和 Capacity 调度算法的计算时长分别仅增加 7.04%和 7.41%，得以满足 SLA 需求。这是由于随着分区数增加，对于 PageRank 这类混合型应用，多线程的计算优势得以体现，在满足计算性能要求的前提下，单个节点的 CPU 计算能力不再成为制约应用程序计算效率的主要因素。

11.5.3　不同数据规模对比实验

数据规模的变化同样会对能耗以及计算性能产生较大的影响，为了保证实验的准确性，选取五种递增数据规模进行实验，实验结果如图 11-7 所示。

首先关注能耗方面，如图 11-7(a)所示，随着数据规模的增加，FAESS-DVFS 算法的节能优势逐渐减弱。在数据规模为 Large 时效果最佳，能耗比 FIFO 降低了 26.29%，比 Capacity 降低了 20.08%，而在数据规模达到 Gigatic 时，能耗比 FIFO 降低仅为 5.02%，比 Capacity 降低仅为 3.20%。性能方面如图 11-7(b)所示，在数据规模较小时，三种算法的计算效率基本相同，在最大数据规模时，FAESS-DVFS算法的计算时间比FIFO增加了3.12%，而相比于Capacity算法差距较大达到9.56%。分析在较大数据规模时节能效果变弱和计算效率降低的原因，FAESS-DVFS算法通过调整节点计算频率进行节能，当频率降低时计算效率降低，由于HDFS中数据放置不均衡，导致Spark Shuffle阶段存在数据倾斜问题，较低的计算效率会使这一问题进一步放大，导致Task完成时间不均衡，计算时间进一步增加，进而能耗增加。

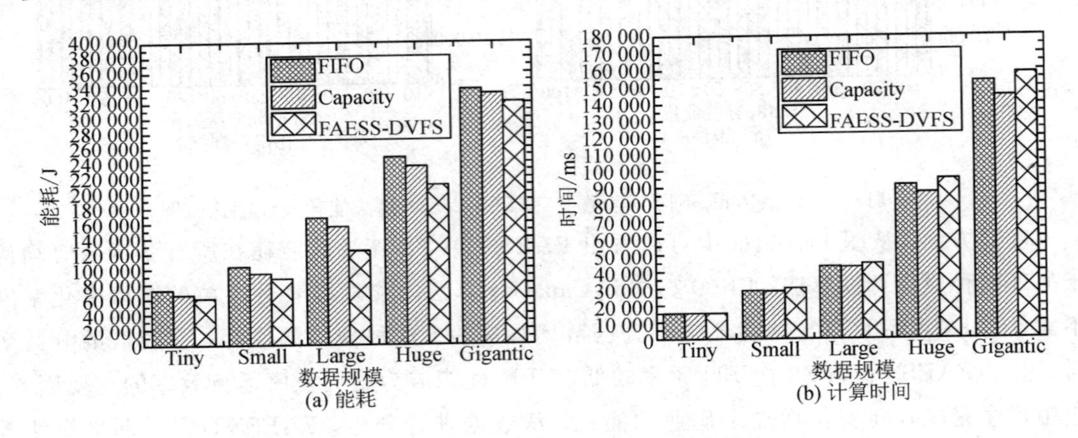

图 11-7 PageRank不同数据规模下FAESS-DVFS算法能耗性能比较图

综合分析实验结果，在数据规模小于Gigatic以内的实验中，计算效率均能满足SLA标准，在中等数据规模时，FAESS-DVFS算法的节能效果较原生算法中能耗最优的Capacity降低了20.08%，而在较大数据规模时，由于Spark层数据倾斜问题，FAESS-DVFS算法在YARN层的节能效果变得不够明显，在Spark层进行节能优化也成为下一步的研究目标。

参考文献

[1] RASOOLI A, DOWN D G. A hybrid scheduling approach for scalable heterogeneous hadoop systems[C]//2012 SC Companion: High Performance Computing, Networking Storage and Analysis. Utah: IEEE, 2012: 1284-1291.

[2] RASOOLI A, DOWN D G. COSHH: A classification and optimization based scheduler for heterogeneous hadoop systems[J]. Future generation computer systems, 2014, 36: 1-15.

[3] SUNDRIYAL V, SOSONKINA M. Modeling of the CPU frequency to minimize energy consumption in Parallel applications[J]. Sustainable Computing Informatics & Systems, 2017, 17: 1-8.

[4] ARROBA P, MOYA J M, AYALA J L, et al. Dynamic voltage and frequency scaling-aware dynamic consolidation of virtual machines for energy efficient cloud

data centers[J]. Concurrency and Computation: Practice and Experience, 2016, 29(10): e4067.

[5] TANG Z, QI L, CHENG Z, et al. An energy-efficient task scheduling algorithm in DVFS-enabled cloud environment [J]. Journal of Grid Computing, 2016, 14(1): 55 - 74.

第12章 基于DVFS的双层频率感知节能策略

Spark on YARN 框架本身为双层架构，第一层调度由 ResourceManager 的资源调度器完成，主要将节点汇报的空闲资源按照相应的调度策略分配给各个 ApplicationMaster；第二层调度由 Spark 自主完成，负责将资源进一步分配给各个任务。第11章所讨论的调度策略主要针对 YARN 层，根据应用程序类型的不同，为应用程序预设最优的节点频率，以达到能耗与计算效率的权衡。通过对各节点的 Task 的作业时长进行监控，发现不同节点的 Task 完成时间十分不均衡，当数据规模较大时这种差异性尤为明显，节点空闲或者以过高的频率提早完成任务，都会带来严重的能耗损失。本章提出了一种针对 Spark 层的调度策略以解决 Spark 数据倾斜导致的作业完成时间不均衡所带来的能耗损失问题，在第11章节能策略的基础上进行优化，构建一种基于 DVFS 的双层频率感知节能策略（Frequency-Aware Energy-Saving Strategy based on DVFS，FAESS-DVFS 2.0），其中 YARN 层节能策略主要应用于 ResourceManager 资源分配阶段。Spark 层节能策略主要应用于 ApplicationManager 任务分配阶段。本章通过实验证明 FAESS-DVFS 2.0 策略能够在不降低作业总完成时间的前提下，达到节能的效果。

12.1 问题分析

Spark 根据 Shuffle 进行 Stage 划分，当执行到某个 Shuffle 操作时，其执行的代码被划分到一个 Stage，之后的代码则进入下一个 Stage。如图 12－1 所示，$Stage_3$ 与 $Stage_1$、$Stage_2$ 存在宽依赖关系，仅当 $Stage_1$、$Stage_2$ 中的所有 Task 执行完成后，才进入 $Stage_3$ 的执行阶段，并且在任意一个 Stage 中，不同 Task 的数据量及完成时间不同，且同一个 Stage 必须保证所有 Task 完成才能结束。根据 Spark 应用程序运行特征，应用程序在 Spark 运行过程中，同一个 Stage 的不同 Partition 可以并行处理，而具有依赖关系的不同 Stage 之间是串行处理的。图 12－1 中 Job 分为 $Stage_1$、$Stage_2$、$Stage_3$，且 $Stage_3$ 依赖于 $Stage_1$ 和 $Stage_2$。假设 $Stage_1$ 共 N 个 Task，则 $Stage_1$ 中的 N 个 Task 可以并行执行。$Stage_1$ 中 $N-1$ 个 Task 在 30 秒内完成任务，剩余的一个任务需要 1 分钟才能完成，则 $Stage_1$ 的总完成时间为 1 分钟，只有当 $Stage_1$、$Stage_2$ 中所有任务都执行完成，$Stage_3$ 才能够开始执行。Stage 作业时间由其生命周期内执行效率最慢的 Task 决定。

由于 Task 作业完成时间不均衡，部分 Task 由于计算数据量较少，在默认频率下会提前完成计算任务，而该节点会长期处于空闲状态，节点在空闲状态时也会存在能耗损失，且节点在高频率运转时的能耗很大。由图 12－2 所示，利用 DVFS 技术对节点频率进行调整，使节点以较低的频率在 Stage 生命周期结束之前完成任务，可以减少节点的空闲状态，从而降低能耗。截止到 Stage 完成时间，使用 DVFS 技术使得总能效有明显的降低。

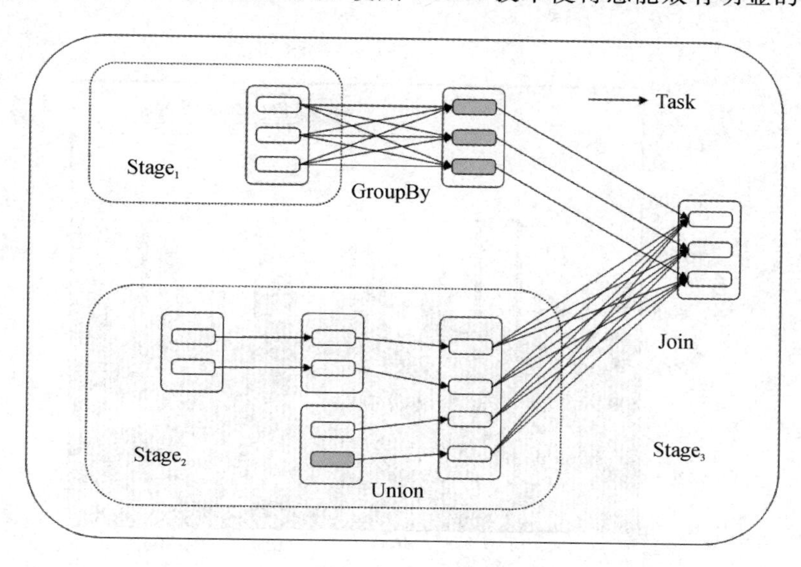

图 12-1　Spark Shuffle 执行过程图

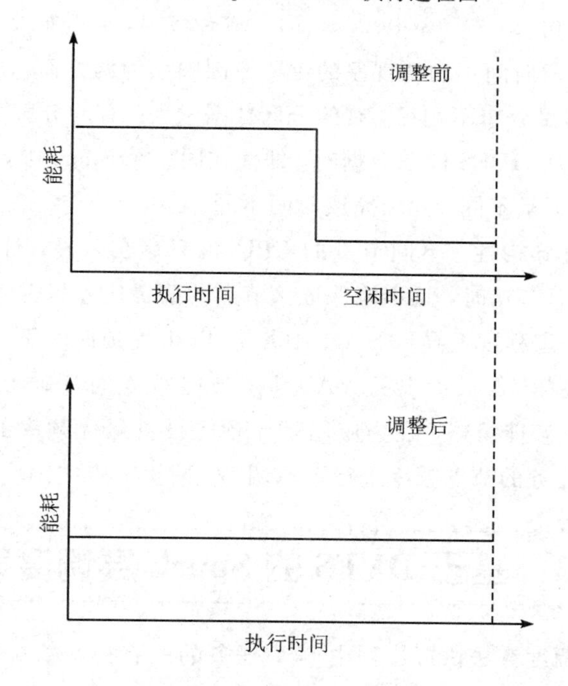

图 12-2　DVFS 技术能耗变化图

在 Spark 的执行过程中，由于输入数据放置的不均衡以及 Spark 自身的 Shuffle 机制，会导致数据倾斜问题的出现，分析 PageRank 执行过程中 $Stage_2$ 的各个节点的 Task 完成时间，实际表现如图 12-3 所示。可以看出，由于数据倾斜的问题，各个 Task 的完成时间十分不均衡，部分节点的 Task 的完成时间明显高于平均值，由于 Shuffle 机制的存在，存在宽依赖的 Stage 之间具有同步障碍，只有在当前 Stage 中运行最慢的任务完成作业时，才能开始后续的 Stage 的任务执行。因此那些较早完成作业任务的节点将会处于空闲状态，从而带来能耗损失。

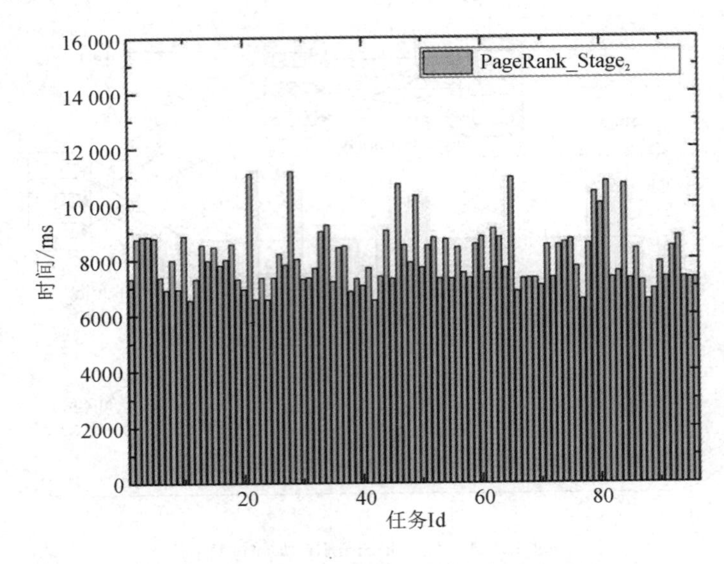

图 12-3 PageRank_Stage2 中 Task 完成时间分布图

造成上述 Task 完成时间不均衡现象的主要原因归结为两方面：

(1) HDFS 中数据量分布不均衡，有的分区数据量大，有的分区数据量较少。Spark 启动过程中 Shuffle 阶段从 HDFS 读取数据时，即使在同一个 Stage 中，由于 Key 值分布的不均匀，不同的 Task 数据量不同，导致完成时间不同。

(2) 节点之间具有异构性，不同节点的 CPU 频率存在差异，计算能力各有不同，当 Spark 为 Task 分配计算节点时，且不能保证该节点的前置任务是否完成，导致任务启动时间存在差异，也会在一定程度上导致 Stage 中各个 Task 完成时间不均衡。

针对上述问题，在第 11 章给出的 YARN 层节能策略的基础上，本章提出一种基于 DVFS 的双层频率感知节能策略，在为应用程序预先设置最优频率的基础上，利用 DVFS 技术对 Spark 分配的任务的节点频率进行动态调整，减少节点空闲作业时间，节约能耗。

12.2 基于 DVFS 的 Spark 层调度策略

在 Spark 原生的调度算法执行过程中[1-4]，任务的所有初始数据均保存在 RDD 中，且被划分为不同的分区，它们之间是相互独立的，Spark 通过 DAGScheduler 将任务划分为不同 Stage。同一个 Stage 又划分为不同 Task，交由 TaskScheduler 统一管理，Task 为任务执行的最小单位。Spark 传统的调度算法，SchedulerBackend 通过 Master 节点获取到当前集群的所有资源，根据 HDFS 中任务的本地性，选择最近的工作节点执行任务，这是一种相对随机的任务分发放置，各节点的执行任务完全由 HDFS 的初始任务放置所决定，这样做的好处是能够减少任务数据迁移的 I/O 消耗。但是由于 HDFS 中任务放置的不均衡，且各个节点的计算能力存在异构性，Stage 的完成时间往往受到执行效率最低的节点的限制，导致部分节点存在空闲状态，进而带来能耗损失。本章所提出的调度算法，主要针对 Spark 层，结合第 11 章实现一种基于 DVFS 的双层节能策略，在保证 YARN 根据任务类型为任务预先分配最优频率的前提下，根据各个节点的计算能力不同将任务相对均匀地分布在各个计算节点上，再通过 DVFS 技术[5]，对各个节点的频率进行调整，尽量保证同一个 Stage 期间任务完成时间均衡，在保证任务执行效率的前提下，达到节能的效果。

12.2.1 算法定义

为了更方便阐述算法思想，本节以 PageRank 应用程序 DAG 逻辑图为例进行分析，PageRank DAG 逻辑图如图 12-4 所示。RDD 根据宽依赖进行 Stage 划分，PageRank 生命周期被划分为 6 个 Stage，定义前一阶段的 Stage 为后一阶段 Stage 的父任务，即 $Stage_0$ 为 $Stage_1$ 的父 Stage，即只有当 $Stage_0$ 的所有 Task 完成任务时 $Stage_1$ 才能被开始执行。

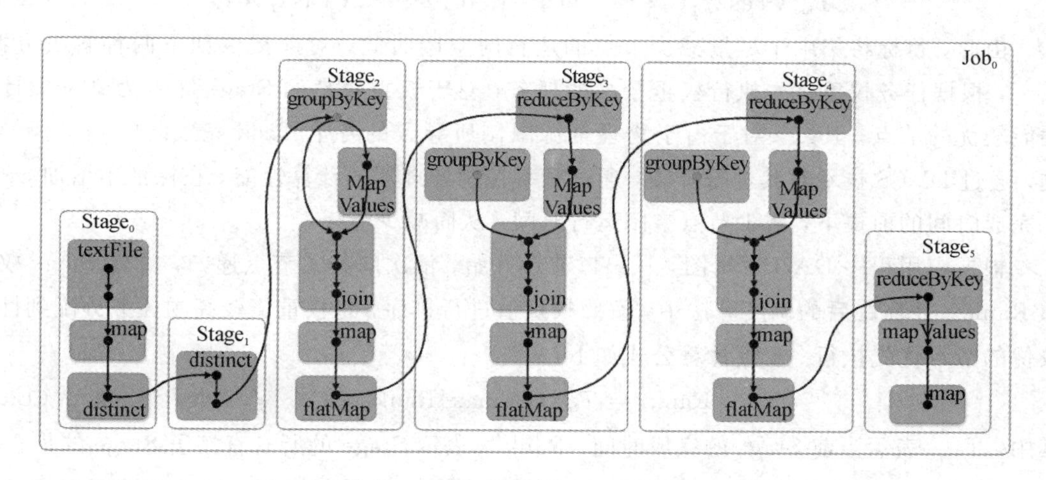

图 12-4 PageRank 应用程序 DAG 逻辑图

Spark 实际执行过程中，Task 数据量的大小、部署节点的性能都会导致 Task 完成时间不均衡。根据 RDD 划分，RDD 中的 partition 分区是相对独立的，具有相关性的 RDD 可以划分成一个 Stage，一个 Stage 中根据分区数不同划分成多个 Task，可以将 $Stage_i$ 表示为 Task 的集合，其中 T_i 表示 $Task_i$ 的完成时间：

$$Stage_i = \{T_1, T_2, T_3, \cdots, T_n\} \tag{12.1}$$

由于 Stage 间存在 Shuffle 关系，同一个 Stage 的完成时间，由 Stage 中执行效率最差的 Task 决定，则 $Stage_i$ 的完成时间 T_{Stagei} 可作如下表示：

$$T_{Stagei} = \mathrm{Max}\{Stage_i\} \tag{12.2}$$

在数据计算时，由于节点之间存在异构性，不同节点的 CPU 类型、CPU 频率、内存性能等因素导致计算能力不同，高配置的节点计算能力较快，则 CPU 经常处于空闲状态，而低配置节点计算能力较差，CPU 会处于满负荷状态，根据节点配置不同对各个节点的计算能力定义如下：

$$C = \{C_1, C_2, C_3, \cdots, C_n\} \tag{12.3}$$

根据 Task 启动时间与结束时间不同，将 Stage 生命周期内的任意 Task 部署节点的空闲时间定义为启动时空闲时间 ST 和结束时空闲时间 FT。其中启动时空闲时间是指节点前置任务未完成而产生的等待时间与父 Stage 完成时间的差值，假设节点 C_k 有前置任务 Task_q 未被执行完，此时 Stage_i 中 Task_p 被分配在节点 C_k 上，$\text{Stage}_{\text{par}}$ 为 Stage_i 的所有父节点，则 Task_p 的启动时空闲时间定义如下：

$$\text{ST}(\text{Task}_p, C_k) = \left|\text{FT}(\text{Task}_q, C_k) - \text{Max}\{T_{\text{Stagepar}}\}\right| \tag{12.4}$$

结束时空闲时间是由于 Stage 内 Task 完成时间不均衡导致的，较先完成的 Task 需要等待 Stage 中所有 Task 完成。Task_p 的结束时空闲时间定义如下：

$$\text{FT}(\text{Task}_p, C_k) = T_{\text{Stage}\,j} - \text{Task}_p \tag{12.5}$$

处理器 C_k 上的 Task_p 的运行时总空闲时间 T_{idle} 为

$$T_{\text{idel}}(\text{Task}_p, C_k) = \text{ST}(\text{Task}_p, C_k) + \text{FT}(\text{Task}_p, C_k) \tag{12.6}$$

由此，目标将集中于尽量减少节点的运行时空闲时间，对此提供如下两种解决方案：其一，根据任务权重优先执行权重较高的任务，对于权重较高的 Stage 优先为其分配计算性能较优的节点；其二，对于由于物理资源限制所导致的各个 Task 完成时间不均衡的问题，通过 DVFS 技术对其进行降频，通过频率控制处理器的计算性能，在保证不增加 Stage 总完成时间的前提下，减少节点空闲运行时间，从而减少能耗。

根据应用程序 DAG 逻辑图，从出口节点开始，依次向其父节点递归，计算 Stage 权重值 Rank_i，并在之后的调度算法中，按照权重值进行排序，将权重值较高的任务分配到性能较优的节点优先执行。权重计算公式如下：

$$\text{Rank}_i = T_{\text{Stage}i} + \max\{\text{Rank}_{\text{child}}\} \tag{12.7}$$

其中，$T_{\text{Stage}i}$ 表示当前 Stage 的完成时间，$\text{Rank}_{\text{child}}$ 表示 Stage_i 的所有直接子 Stage 的集合。

表 12-1 表示三种基准应用程序在不同频率下标准化执行时间，定义应用程序 P 在频率 f 下的标准化执行时间为 $\text{STD}_{(p,f)}$，假设任务 Task_p 被分配到 C_k 节点，则节点 C_k 运行 Task_p 的总时间为 T_p，空闲作业时间为 $T_{\text{idle}(\text{Task}_p, C_k)}$，为了减少节点的空闲运行时间，应将频率调整为 f_{new}，计算公式如下：

$$\text{STD}(p, f_{\text{new}}) = \frac{T_p}{T_p - T_{\text{idel}}} \times \text{STD}(p, f) \tag{12.8}$$

表 12-1　三种基准应用程序在不同频率下标准化执行时间表

三种应用程序	频率/GHz									
	1.59	1.72	1.86	1.99	2.12	2.26	2.39	2.52	2.66	2.79
K-means	1.45	1.41	1.34	1.32	1.28	1.17	1.15	1.07	1.03	1.00
TeraSort	1.20	1.16	1.13	1.11	1.07	1.03	1.02	1.01	1.01	1.00
Sort	1.10	1.08	1.05	1.03	1.02	1.01	1.01	1.00	1.01	1.01

12.2.2　算法执行过程

FAESS-DVFS 2.0 的 Spark 层算法如表 12-2 所示。首先根据应用程序的 DAG 逻辑图计算每个 Stage 的权重值，将所有 Stage 按照权重值从大到小维护成一个队列 StageQue，同时将各个处理器根据配置不同维护一个处理器队列 CQue。对于未执行过的应用程序，首先需要将任务进行一轮预探测，即将权重值较高的 Stage 出队，并为其优先分配性能较优的处理器，根据事先用户设置的分区数 N，我们为每个处理器最多放置 N 个任务，对 Stage 执行过程进行遍历，维护一个双层 HashMap[String，HashMap[String，Array[String]]] 定义为 IdleMap，通过式(12.6)计算 Task 在处理的 C 中的空闲时间并将其记录在 IdleMap，随后进入 DVFS 频率调整阶段，以 Task 为单位对 Stage 中的 Task 在处理器 C 中的空闲时间进行遍历，通过式(12.8)对处理器频率进行预估，利用 DVFS 技术对节点频率进行调整。

表 12-2　基于 DVFS 的 Spark 层节能调度算法

输入：Stage 队列，Executor 队列。
1. 遍历 Stage 队列，对于每个 Stage 便利 Executor 队列，如果 Executor 队列非空，并且 Executor 队列大于 Stage，Executor 队列的中 Executor 的个数小于 N，就将 Task 放入 Task 队列。
2. 遍历 Stage 队列，对于每个 Stage 查看 Task 队列是否为空。如果 Task 队列不为空，查看 Task 是否完成，当 Task 完成时，将 $C_{\text{idle}(\text{Stage}_j,\text{Task}_q)}$ 放入 IdleMap 中。
3. 使用 DVFS 调整 CPU 的频率。

12.3　实验结果分析

12.3.1　完成时间均衡度对比实验

为了验证算法的准确性，本章继续选取 PageRank 的 Stage_2 作为对象，在 YARN 层频率调整的基础上，将所有节点频率设置为 2.39 GHz，通过 FAESS-DVFS 2.0 对产生数据倾斜较为严重的节点利用频率调整模块进行调整，对比各个 Task 的完成时间。由于 FAESS-DVFS 2.0 是一种双层节能算法，对比实验方面，YARN 层选取第 11 章实验中表现最优的 Capacity 资源管理算法，Spark 层选取 FAIR 调度算法，Capacity＋FAIR 为 Spark on YARN 中资源调度算法与任务调度算法的组合。结果如图 12-5 所示，对比 Spark 原生的调度策略，FAESS-DVFS 2.0 可以保证 Stage 中各个 Task 的完成时间更加均衡。Capacity＋FAIR 调度算法中所有 Task 的平均完成时间为 8061 ms，标准差为 1095.43。FAESS-DVFS 2.0 所有 Task 的平均完成时间为 8034 ms，标准差为 780.64。FAESS-DVFS 2.0 算法的离散程度更低，平均作业完成时间更快。

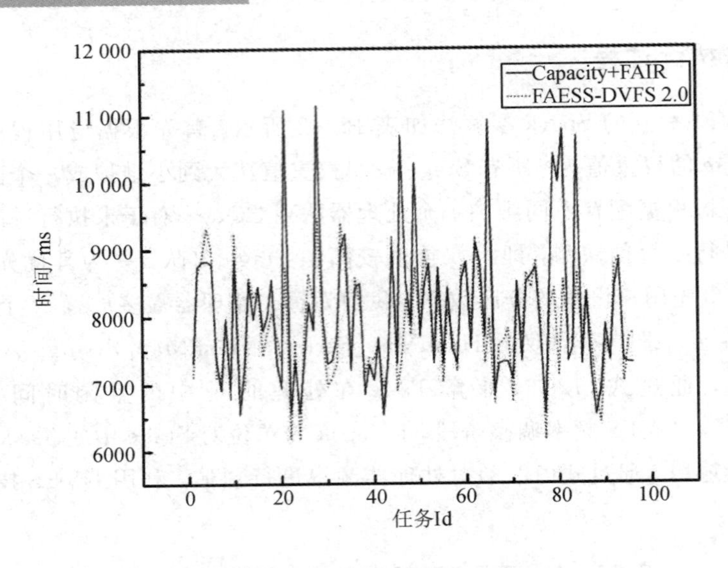

图 12-5 完成时间均衡度对比图

12.3.2 不同分区数对比实验

本章继续选取 PageRank 作为实验目标。测试其在不同分区下的能耗和作业时间的表现。对比实验方面，YARN 层本章选择了表现最好的 Capacity 调度器作为对比实验，Spark 层任务调度器选取 FIFO 和 FAIR，同时本章选取启发式能耗感知的 Spark 节能调度算法 A 型(EASAS-A)[1]。实验结果如图 12-6 所示，其中图 12-6(a)表示不同分区数下作业能耗情况，图 12-6(b)表示不同分区数下作业完成时间。

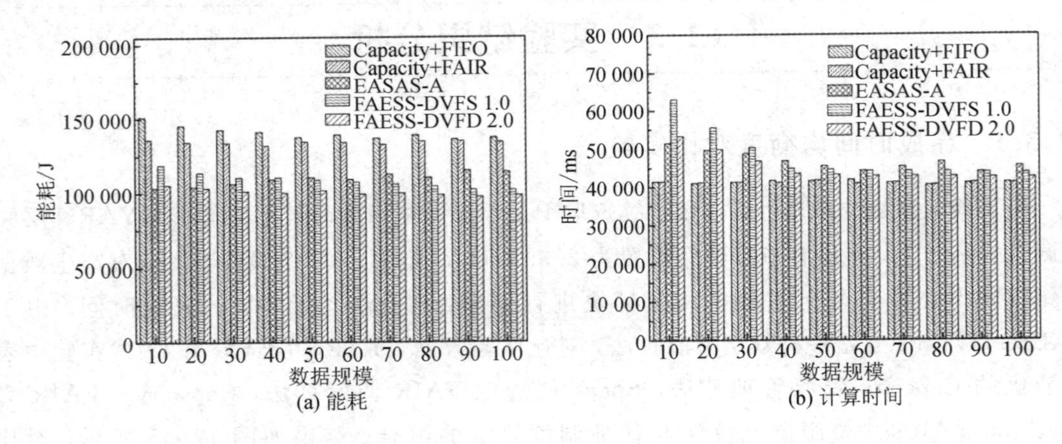

图 12-6 PageRank 不同分区数下 FAESS-DVFS 2.0 算法能耗性能比较

能耗方面，如图 12-6(a)所示，FAESS-DVFS 2.0 在能耗方面的表现均优于其他组合，平均能耗 FAESS-DVFS 2.0 相较于 Capacity＋FIFO 降低了 29.40%，相较于 Capacity＋FAIR降低了 23.50%，相较于 EASAS-A 能耗降低了 8.31%，相较于 FAESS-DVFS 能耗降低了 7.37%。性能方面，由于 CPU 频率的调整以及算法时间复杂度的影响，FAESS-DVFS 2.0 相较于原生策略 Capacity＋FAIR 作业运行时间增加了 4.28%，计算时间的增加能够满足 SLA 标准。

为了进一步证明 FAESS-DVFS 2.0 在服务器资源紧缺所导致数据倾斜时的节能优越性，对 PageRank 应用 DAG 逻辑图进行分析。PageRank 作业总共包含六个阶段，其中 $Stage_0$、$Stage_1$ 任务数目不随分区数变化，其余 Stage 任务数目随着分区数增多而增加，分别统计 $Stage_1$ 和 $Stage_2$ 的能耗表现，实验结果如图 12-7 所示。图 12-7(a)为 $Stage_1$ 阶段的能耗，由于 $Stage_1$ 的 Task 数不随分区数变化，所以 FAESS-DVFS 和 FAESS-DVFS 2.0 均较原生算法的节能效果不明显。图 12-7(b)为 $Stage_2$ 的阶段能耗，$Stage_2$ 阶段任务数目随着分区数增多而增加，FAESS-DVFS 2.0 能够通过对节点频率动态调整减少节点空闲，在分区数较少时服务器资源紧缺所导致数据倾斜较为明显。在 10 分区数时，FAESS-DVFS 2.0 较 FAESS-DVFS 能耗降低 10.78%，较 Capacity＋FIFO 能耗降低了 25.26%，较 Capacity＋FAIR 能耗降低了 22.40%。实验结果充分证明了 FAESS-DVFS 2.0 在解决数据倾斜带来的能耗损失问题的有效性。

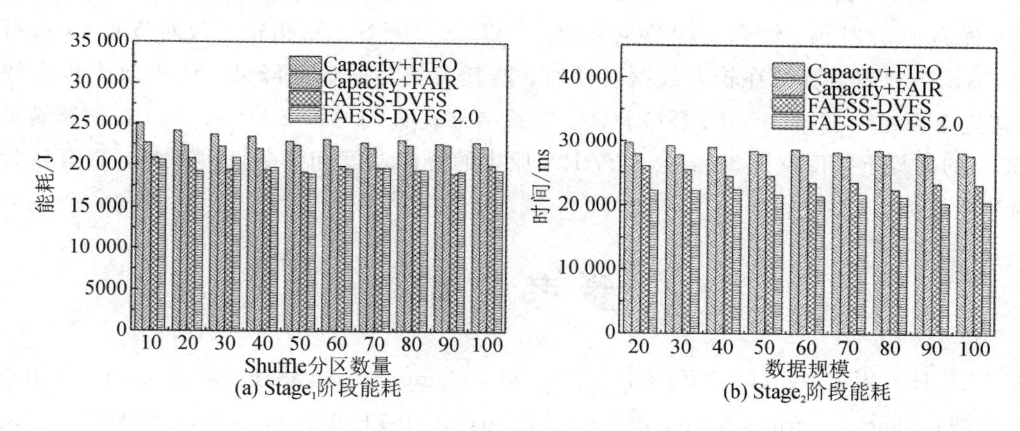

图 12-7　PageRank 应用程序 $Stage_1$ 和 $Stage_2$ 能耗

12.3.3　不同数据规模对比实验

本节选取与第 11 章同等的数据规模，资源分配策略和任务调度策略分别选取 Capacity＋FIFO、Capacity ＋ FAIR、EASAS-A、FAESS-DVFS 1.0、FAESS-DVFS 2.0，利用 PageRank 算法在不同数据规模下进行对比实验，实验结果如图 12-8 所示。

能耗方面，FAESS-DVFS 2.0 采用双层节能调度方案，在 YARN 层节能策略的基础上，优化 Spark 层任务调度策略，保证了 Stage 中各个 Task 完成时间更加均衡，随着数据规模的增加，FAESS-DVFS 2.0 算法的节能优势进一步体现。在 Gigantic 数据规模时，通过 DVFS 技术动态调整各个节点 CPU 频率，减少 Shuffle 机制导致的节点空闲时间。FAESS-DVFS 2.0 相较于 FAESS-DVFS 算法能耗降低了 5.60%，相较于原生策略中最优的 Capacity＋FAIR 算法能耗降低了 8.28%。在计算效率上，通过 FAESS-DVFS 2.0 在 Spark 层对任务调度进行优化，应用程序的作业完成时间相较于 FAESS-DVFS 均有所缩短，在 Gigantic 数据规模时 FAESS-DVFS 2.0 的计算效率接近于 Capacity＋FIFO，仅比

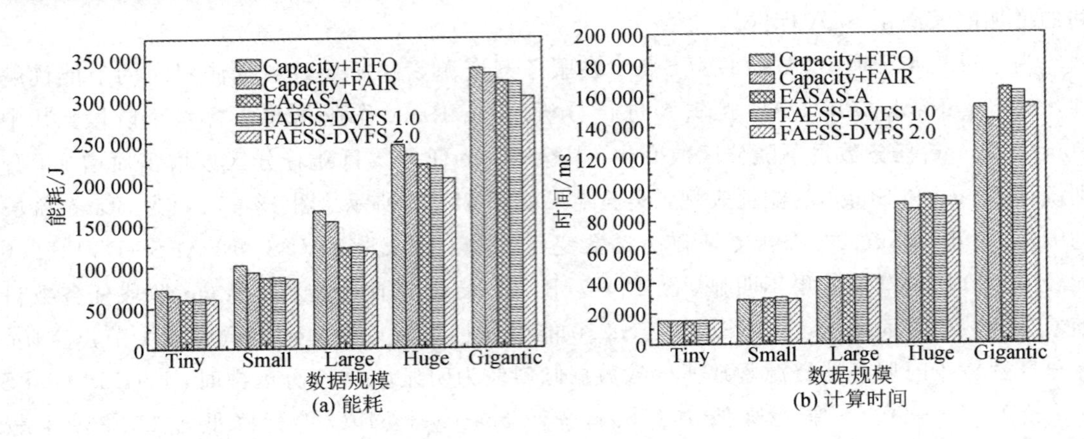

(a) 能耗　　(b) 计算时间

图 12-8　PageRank 不同分区数下 FAESS-DVFS 2.0 算法能耗性能比较

Capacity＋FAIR 降低 6.50%，相较于 EASAS-A 算法提高了 6.77%，相较于 FAESS-DVFS 提高了 5.28%。综合实验数据表明：FAESS-DVFS 2.0 相较于仅对 YARN 进行优化的 FAESS-DVFS 算法在较大数据规模时，能耗有较为明显的降低，计算效率也大幅提高，接近于原生的 Capacity＋FIFO 算法。实验结果表明：FAESS-DVFS 2.0 在能够满足用户 SLA 的前提下，相较于 Spark on YARN 原生的资源调度和任务调度策略，具有较为明显的节能优势。

参考文献

［1］ LI H，WANG H，XIONG A，et al. Comparative analysis of energy-efficient scheduling algorithms for big data applications[J]. IEEE Access，2018，6：40073－40084.

［2］ RAUBER T，RUNGER G. DVFS RK：performance and energy modeling of frequency-scaled multithreaded runge-kutta methods［C］// 2019 27th Euromicro International Conference on Parallel，Distributed and NetworkBased Processing (PDP). IEEE，2019：392－399.

［3］ SUNDRIYAL V，SOSONKINA M. Modeling of the CPU frequency to minimize energy consumption in parallel applications[J]. Sustainable Computing：Informatics and Systems，2017，17：1－8.

［4］ LI H，WANG H，FANG S，et al. An energy-aware scheduling algorithm for big data applications in Spark［J］. Cluster Computing，2020，23(2)：593－609.

［5］ LI H，WEI Y，XIONG Y，et al. A frequency-aware and energy-saving strategy based on DVFS for Spark[J]. The Journal of Supercomputing，2021(2) . https：// doi. org /10. 1007/ s11227－021－03740－5.

第 13 章　基于能耗感知的 Storm 节能调度算法

在 Storm 默认的调度算法中，对任务的分配取决于用户提交 Topology 时的初始配置，采用轮询的方式将系统中的可用资源均匀地分配给 Topology。这种任务分配方式不能根据任务的特点去得到适应该 Topology 分配的最优解。同时在分配过程中，没有考虑过集群中的能耗开销问题，不可避免地会产生过多的能耗。本章提出了一种基于能耗感知的 Storm 节能调度算法(以下称优化算法一)，能尽可能地降低集群处理数据的能耗。

13.1　问题分析

在 Storm 默认的调度算法中，任务分配没有考虑处理数据的能耗问题。现有的针对 Storm 调度算法的改进，大多集中在吞吐量、负载均衡和延迟处理方面，而对于大数据处理过程中的能耗问题却被忽略了。

降低处理数据的总能耗对大数据处理具有重要意义[1-2]。在异构集群中，某些节点在处理相同数据量时可能会产生更多的能耗开销，利用率不足的计算节点也会产生不必要的能耗，从而增加总能耗。对任务进行工作负载整合，使低负载和高能耗节点进入低功耗或关闭模式能有效地降低处理任务的总能耗。另外，由于数据传输的距离和底层网络基础设施的不同，将任务流放置在有线和可靠的网络连接上，而不是放在容易受到干扰的通道上，以减少重新传输的可能性也能降低处理数据的总能耗。对于每一轮调度，问题的本质是找到任务到工作节点的映射，以便尽可能地降低处理任务的能耗。此外，需要满足资源约束，分配任务的资源需求不应超过每个工作节点中的资源可用性。首先需要对集群中所有节点进行处理任务的能耗排序，以便任务尽可能紧凑地打包到低能耗节点上处理。

下面将通过分析经典的 WordCount 应用来说明 Storm 默认调度算法中存在的问题。首先，定义该应用由一个 Spout 和两个 Bolt 组件构成。其中 Spout 的作用是读取发送数据，两个 Bolt 的作用分别是对元组中的每一行实现分词处理和对单词进行计数统计。在初始配置时，定义 Spout 和 Bolt 的并行度都为 5，进程数量为 5，集群中的节点数量为 6 个(171～176)，1 个主节点和 5 个工作节点，每个节点上都设定为 4 个进程。按照 Storm 的默认调度策略就会轮询地把任务分配到 5 个工作节点上，由于集群中异构性的存在，某些节点在处理相同数据量任务时会产生更多的能耗，而通过资源整合的方式，把任务集中在低能耗的节点上就能避免不必要的能耗开销。

13.2 能耗模型

在评价能耗的工作中，能耗主要体现在两个维度：CPU 和内存。内存资源可以直观地用兆字节来度量，但是由于 CPU 架构和实现的多样性，CPU 资源的量化通常是模糊和不精确的。按照文献[3]中的约定，使用基于点的系统指定 CPU 资源的数量，其中 100 个点表示标准计算单元(SCU)的全部容量。假定所提供的虚拟机中的每个核心都被分配了 100 个点，一个多核实例可以获得核数乘以 100 个点的容量，监视系统 CPU 使用率，$p\%$的 CPU 使用率代表任务资源需求为 p 个点。

假设 n 表示待分配的任务数量，任务 T_i的 CPU 需求可以被线性地表示为

$$\omega_{\mathrm{c}}^{T_i}=\Big(\sum_{T_i\in\Delta_{T_i}}\varphi_{T_i,T_j}\Big)\times\rho_{\mathrm{c}}^{T_i}\tag{13.1}$$

同样，任务 T_i对于内存需求也可以被表示为

$$\omega_{\mathrm{m}}^{T_i}=\Big(\sum_{T_i\in\Delta_{Ti}}\varphi_{T_i,T_j}\Big)\times\rho_{\mathrm{m}}^{T_i}\tag{13.2}$$

其中，T_i表示第 i 个任务，Δ_{Ti} 表示任务 T_i之前的任务流集合，φ_{T_i,T_j} 表示任务 T_i到 T_j的数据流大小，$\rho_{\mathrm{c}}^{T_i}$ 表示任务 T_i处理单个元组的 CPU 需求，$\rho_{\mathrm{m}}^{T_i}$ 表示任务 T_i处理单个元组的内存需求，$\omega_{\mathrm{c}}^{T_i}$ 表示任务 T_i的 CPU 总需求，$\omega_{\mathrm{m}}^{T_i}$ 表示任务 T_i的内存总需求。

对运行时的资源消耗建模之后，在调度过程中需要将这些任务分配给特定的节点，以此来达到降低能耗的目的。给定一组机器，数量为 m，用 V_i 表示 m 上的第 i 个节点，该节点 CPU 的容量为 $W_{\mathrm{c}}^{V_i}$，内存容量为 $W_{\mathrm{m}}^{V_i}$，假定任务数量为 n，这些任务的分配满足如下的约束条件：

(1) 每个任务都应该被分到工作节点上处理。

(2) 根据式(13.1)，任务对于 CPU 的总需求不能超过集群 CPU 的总容量，放置在任意节点上的任务对于该节点的 CPU 需求不能超过该节点的 CPU 容量。

(3) 根据式(13.2)，任务对于内存的总需求不能超过集群内存的总容量，放置在任意节点上的任务对于该节点的内存需求不能超过该节点的内存容量。

在满足上述约束条件的前提下，尽可能降低集群处理任务的能耗。集群处理任务的总能耗可以分解为所有任务处理的能耗总和，那么就能得到能耗模型：

$$\mathrm{Ter}^{\mathrm{ec}}=\sum_{0\leqslant i\leqslant m}\sum_{0\leqslant j\leqslant e}P_{\mathrm{E}_{i,j}}\tag{13.3}$$

其中，m 表示集群中节点的数量，e 表示集群中节点上的线程数量，$\mathrm{E}_{i,m}$ 表示节点 m 上的线程 i，$P_{\mathrm{E}_{i,m}}$ 表示在节点 m 上的线程 i 产生的能耗，目标函数 $\mathrm{Ter}^{\mathrm{ec}}$ 表示集群产生的总能耗之和。由于进程上包含了线程之和，式(13.3)可以进一步写为

$$\mathrm{Ter}^{\mathrm{ec}}=\sum_{0\leqslant i\leqslant m}\sum_{0\leqslant k\leqslant l}P_{\mathrm{W}_{k,m}}\tag{13.4}$$

其中，l 表示节点 m 上的进程数量，$P_{\mathrm{W}_{k,m}}$ 表示节点 m 上的进程 k 产生的能耗。

能耗评价包含了节点上的各个进程上的单位时间和在单位时间内产生的能耗两个维

度。通过监控模块，可以得到每个进程上执行任务的单位时间内 CPU 和内存的使用情况，对于在单位时间内进程 k 上的能耗计算[4]表示为

$$P_{\mathrm{W}_{k,m}} = C_0 + C_1 \times U_{\mathrm{cpu}} + C_2 \times U_{\mathrm{m}} \tag{13.5}$$

其中，C_0、C_1、C_2 为常数，U_{cpu}、U_{m} 分别表示进程 k 上的 CPU 和内存的利用率(可以在监控脚本中使用 Top 命令来获取)。用 φ_{T_m} 表示在对应时间内节点 m 处理掉的数据量，那么对于节点 m 的能耗优先级评价标准可以表示为

$$\mathrm{EA} = \frac{\sum\limits_{0 \leqslant k \leqslant l} P_{\mathrm{W}_{k,m}}}{\varphi_{T_m}} \tag{13.6}$$

13.3　改进的 Storm 架构

为了能实现优化算法一，需要对 Storm 的架构进行改进。为此在 Storm 架构中加入新的模块，改进后的 Storm 架构如图 13－1 所示。改进后的 Storm 计算框架包括调度器、主节点、从节点和数据库，从节点中设置有监控模块，监控模块用于监控从节点上进程的 CPU 和内存使用情况，根据式(13.4)、式(13.5)转化为能耗，再由式(13.6)转换为 EA 值写入数据库，数据库将各节点的信息反馈给调度器，调度器再根据各节点的 EA 值来对任务进行重新调度。

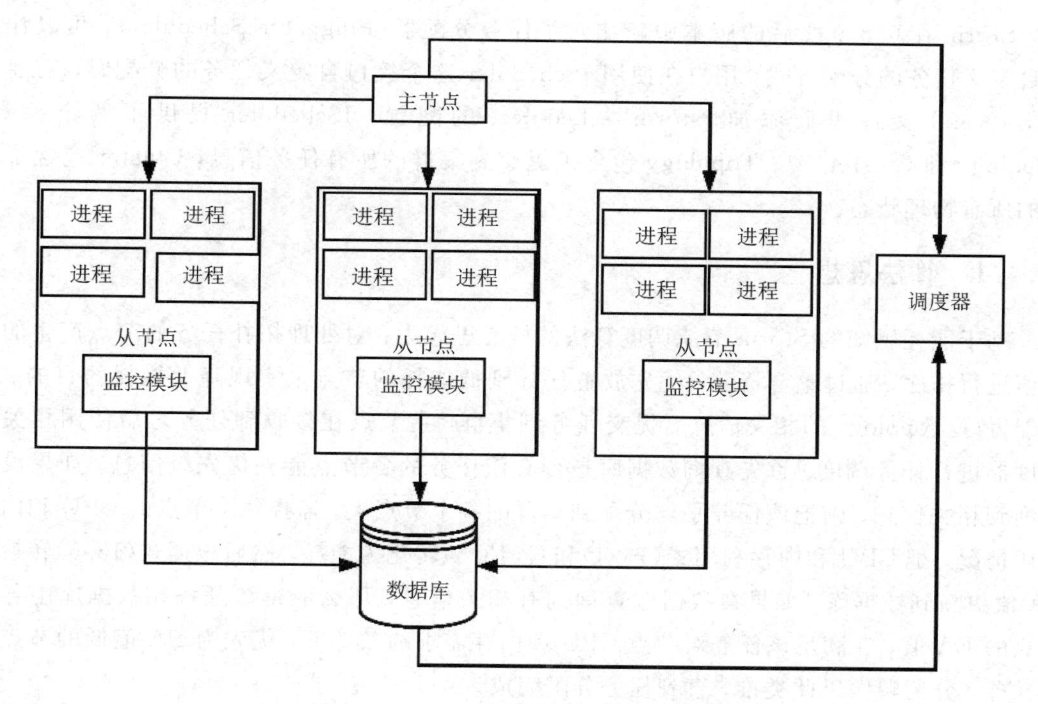

图 13－1　改进后的 Storm 架构

在每个从节点上都部署了监控模块，以守护进程的方式运行在从节点上。具体代码如图 13－2 所示。

```
while :
 do
    jps_pd=$(jps | grep worker| awk '$1>0 {print $1}'|head -1)
 if [-z $jps_pd ];then
  exit 1
 fi
  jps_pid=$1
  jps_pd=$(jps | grep worker| awk '$1>0 {print $1}'|head -1)
   if [ -n "$jps_pid" ]; then current=$(date "+%Y-%m-%d %H:%M:%S")
    timeStamp=$(date -d "$current" +%s)
    if [ -z "$2" ]; then
      echo "time;$timeStamp;$current"
      eval top -Hbp $jps_pid -n 1 | awk 'NR>7{if(NF>0) print $1";"$9";"$10";"$11}'
    else
      echo "time;$timeStamp;$current" >> $2
      echo "$jps_pid" >> $2
      eval top -Hbp $jps_pid -n 1 | awk 'NR>7{if(NF>0) print $1";"$9";"$10";"$11}' >> $2
    fi
  fi
  sleep 1
 done
```

图 13－2　能耗监控脚本代码

13.4　优化算法一

Storm 在 0.8.0 之后的版本中新加入了任务分配器(Pluggable Scheduler)，可以让用户自定义任务的分配方式。用户在使用 IScheduler 这个接口自定义任务的分配时，需要在 storm.yaml 文件里面添加“storm.scheduler”的配置。IScheduler 提供了两个参数：Topology 和 Cluster[5-6]。Topology 包含了提交到集群的所有任务信息，Cluster 包含了集群的所有物理状态。

13.4.1　算法思想

基于能耗感知的 Storm 节能调度算法的核心思想为：对处理拓扑任务的节点产生的能耗值进行排序，通过整合资源，优先放置任务到低能耗的节点来实现降低能耗的目的。用户配置好 Topology 的相关信息后提交任务到集群，主节点在接收到任务之后使用相关的调度器进行任务调度。首先查询数据库是否有该任务的各节点能耗优先级信息，如果没有查询到相关信息，则把该任务平均分配到集群的各个节点上。监控每个节点的 CPU 和内存使用情况，把 CPU 和内存利用式(13.4)和式(13.5)转化为能耗，然后根据式(13.6)转换为 EA 值更新到数据库。如果在数据库查询到有相关信息，那么取得该任务在数据库中各个节点的 EA 值，在满足该任务对节点 CPU 和内存需求的条件下，优先为 EA 值低的节点分配任务，分配顺序以此类推，直到任务分配完成。

13.4.2　算法流程

在 Storm 的 conf 目录下配置好 storm.yaml 后，实现 IScheduler 接口，按照自己的需

求来自定义调度算法，算法流程如图 13－3 所示。

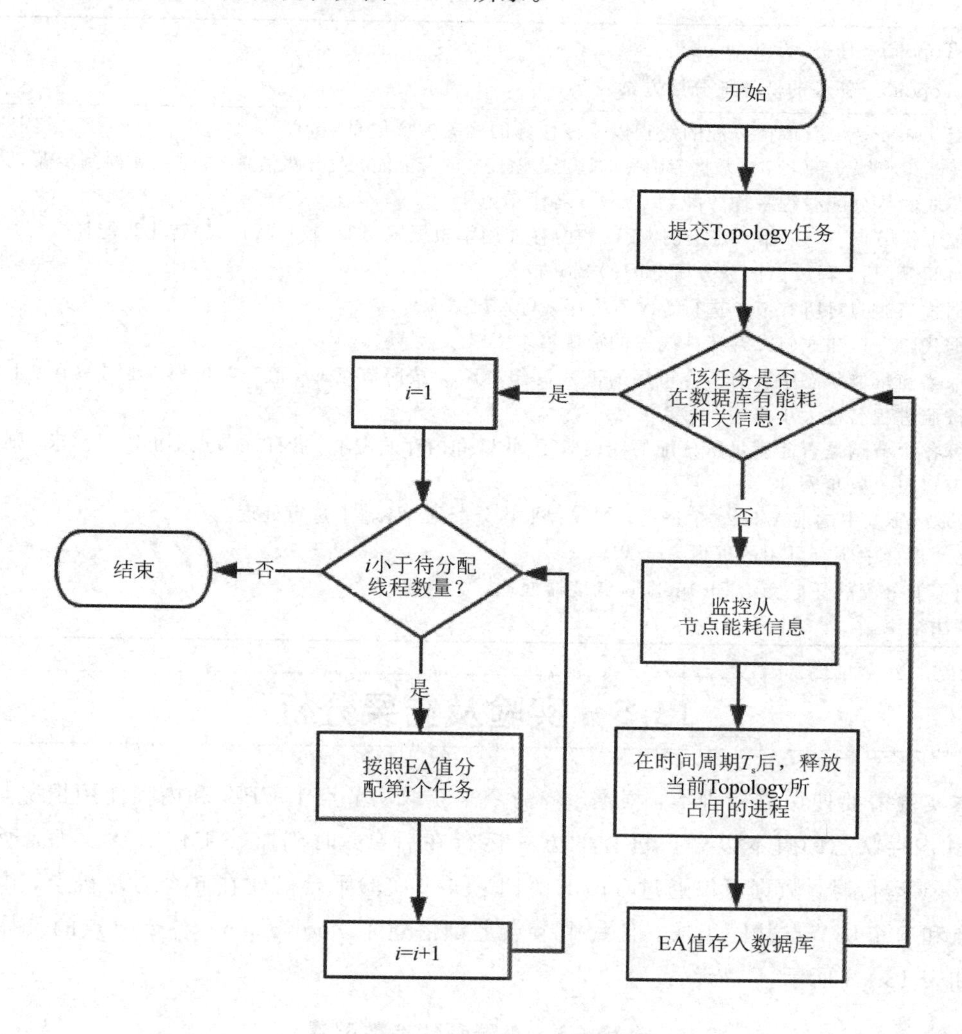

图 13－3　优化算法一流程图

表 13－1 为符号参考表，表 13－2 是基于能耗感知的调度算法的描述。

表 13－1　符号参考表

符　号	含　义
CPU_{need}	处理任务对 CPU 的需求
M_{need}	处理任务对内存的需求
WK_{need}	Topology 所需的进程数量
WK_{av}	节点上剩余可用的进程集合{ $Worker_1$，$Worker_2$，…，$Worker_n$ }

表 13-2 优化算法一描述

输入：Topology 任务，Cluster 集群。

输出：Topology 任务的低能耗分配方案。

1. 提交 Topology，获取待分配的线程以及该任务的相关配置信息 conf。
2. 根据该 Topology 的名字在数据库中查询是否有该任务的节能能耗优先级信息，如果有则跳到步骤 7。
3. 将获取的待分配线程平均分配到 Cluster 各个节点上。
4. 监控工作节点，把工作节点上的 CPU 和内存使用率根据式(13.4)和式(13.5)转化为能耗。
5. 在时间 T_s 后，释放当前任务所分配的 Slot 槽。
6. 根据式(13.6)对所有节点进行 EA 值排序，写入数据库。
7. 根据式(13.1)和式(13.2)计算线程的资源需求 CPU_{need}，M_{need}。
8. 获取当前集群状态中所有节点可用的进程集合 WK_{av}，按照节点 EA 值升序排列，在同一节点上的进程按照进程名称大小排序。
9. 计算各个节点是否能满足所分配的线程对于 CPU 和内存的需求，若存在节点不能满足需求，则舍弃该节点再重复步骤 8。
10. 获取 WK_{av} 中的前 WK_{need} 个进程，把线程平均分配到 WK_{av} 上进行处理。
11. 更新集群中所有可用的进程集合 WK_{av}。
12. 把不能分配的任务交给 Storm 默认调度器处理。
13. 算法结束。

13.5 实验及结果分析

本实验需要使用监控脚本，根据 top 命令来获取从节点上 CPU 和内存使用情况，监控 CPU 和内存状态的脚本以守护进程的方式运行在后台，时刻监控工作节点。其他所需的 Topology 运行时，数据可以通过 Thrift API 获取。实验平台搭建在 6 个刀片机上，由 1 个主节点和 5 个从节点共同组成，且每个节点上都搭建了 ZooKeeper。各个节点的具体参数配置如表 13-3 所示。

表 13-3 集群硬件参数配置

节点名称	节点类型	硬件参数
节点 171	主节点	8 核 2.8 GHz CPU，8 GB 内存，150 GB 硬盘
节点 172	从节点	8 核 2.8 GHz CPU，8 GB 内存，150 GB 硬盘
节点 173	从节点	8 核 2.8 GHz CPU，8 GB 内存，150 GB 硬盘
节点 174	从节点	8 核 2.8 GHz CPU，8 GB 内存，150 GB 硬盘
节点 175	从节点	8 核 2.8 GHz CPU，8 GB 内存，150 GB 硬盘
节点 176	从节点	8 核 2.8 GHz CPU，8 GB 内存，150 GB 硬盘

为了验证本算法，实验部分选取了经典的 WordCount 和日志分析应用。WordCount 应用的数据集来源于美国最大的评论网站 YELP 上的真实评论数据，日志分析的数据集来源于某电信公司的真实日志数据，大小均为 1 GB。Topology 在提交前，设定需求进程数量为 5，每个 Spout 和 Bolt 的并行度为 5。

实验 1：WordCount 应用。提交任务之后，从节点上的守护进程会一直监控是否有 Storm 的进程启动，当检测到有进程之后就会持续监控该进程的 CPU 和内存使用情况。如果这个任务在数据库有节点的能耗信息，则根据 EA 值进行调度，否则先监控各个节点的 CPU 和内存使用情况，5 s 后释放该 Topology 占用的所有 Slot，统计各个节点在处理相同数据量的条件下的能耗信息，对节点进行能耗高低排序，根据获取的能耗信息重新分配任务。假设当前集群具备异构性，在空载时，节点 172～176 上每秒能耗依次递增(172 空载能耗为 100，依次递增 100)。反复提交 Topology，多次试验。

在首次提交任务到集群时，会把该 Topology 分配到所有节点上统计各个节点的 CPU 和内存信息，再转化为能耗信息，得到各个节点的能耗信息之后再将能耗转换为评判节点处理数据能耗高低的评判指标 EA 值。以计数 20 万为能耗监测点，得到 172～176 节点上的能耗值和节点 EA 值如图 13－4 和图 13－5 所示。

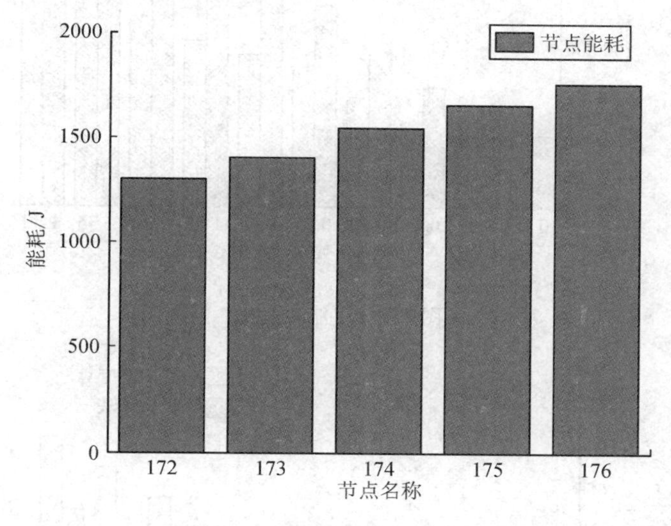

图 13－4　节点处理数据的能耗

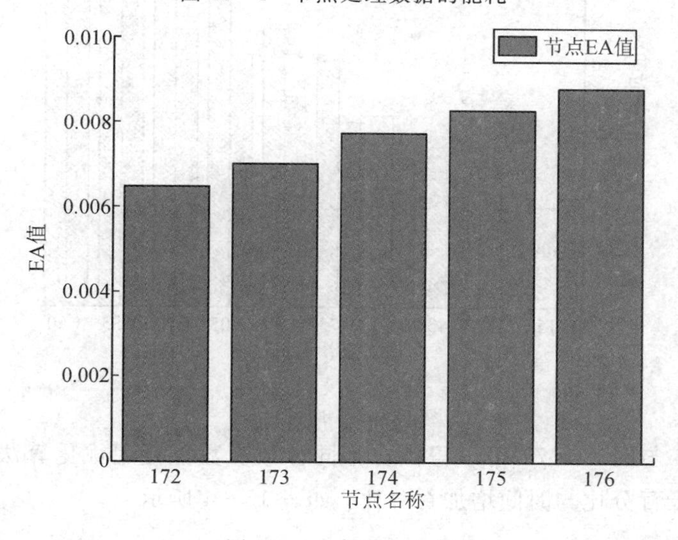

图 13－5　集群 EA 值

如图 13-4 所示，在节点 172～176 上的能耗依次升高。根据式(13.6)将能耗和处理数据量的关系转换为图 13-5 所示的集群的 EA 值，后续再次调度分配的时候，优先把任务放置到 EA 值低的节点上运行。优化算法一与默认的调度算法能耗与时间对比分别如图 13-6 和图 13-7 所示。

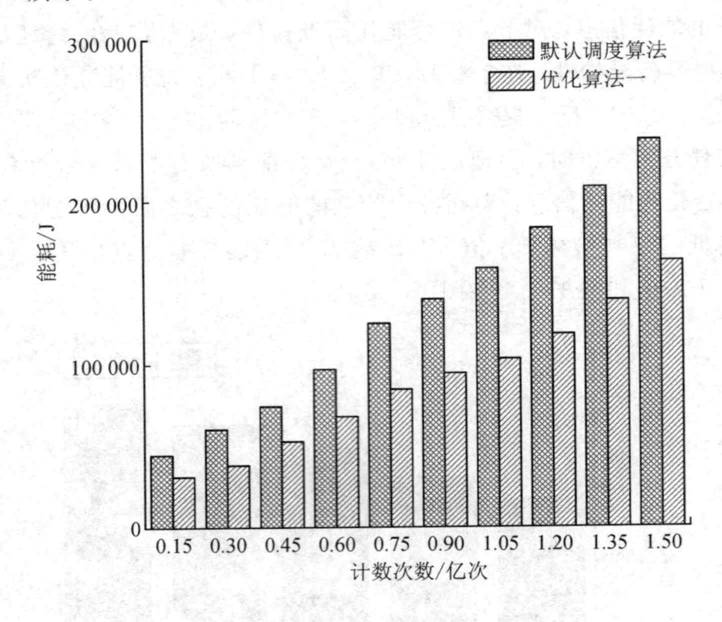

图 13-6　能耗对比

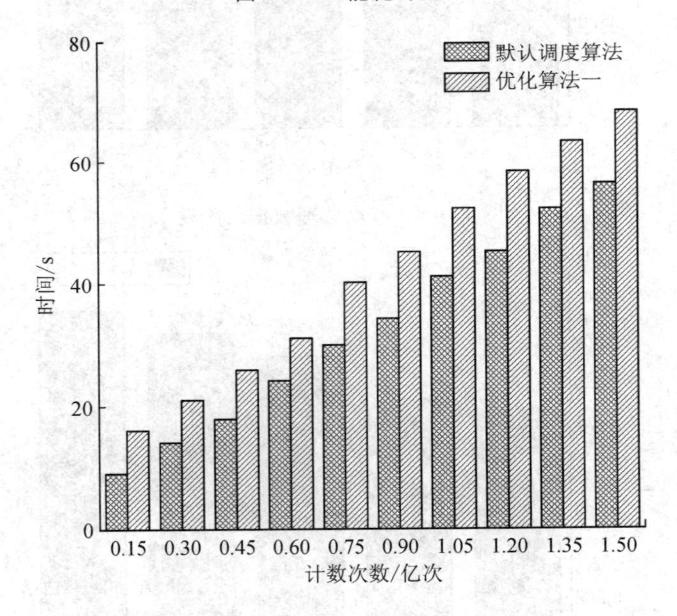

图 13-7　时间对比

根据图 13-6 与图 13-7，可以得到在不同计数次数下使用优化算法一与默认调度算法相比的能耗降低百分比与时间增加百分比，如表 13-4 所示。

表 13－4　时间与能耗增降比值

计数次数/亿次	能耗降低百分比/%	时间增加百分比/%
0.15	29.5	77.3
0.3	36.4	50.5
0.45	30.7	44.4
0.60	30.6	29.6
0.75	32.5	33.8
0.90	33.6	32.7
1.05	31.9	27.4
1.20	32.8	29.5
1.35	33.2	28.9
1.50	32.8	27.6

通过实验表明，在处理相同数据量的条件下，优化算法一与默认调度算法相比能耗降低了 32%左右，显著降低了集群处理任务的总能耗。但是由于任务过于集中，单个节点的负载过重，因此也付出了更多的时间开销。

实验 2：实时日志分析。在本次实验中，控制了输入的数据量文本大小，分别对比在不同文本大小下默认调度算法与优化算法一之间的能耗和时间开销。提交的 Topology 中，有 1 个 Spout 用于获取和发送数据，2 个 Bolt 对日志进行分析处理。与实验 1 相同，假设当前集群的异构性，在空载时节点 172～176 上每秒能耗依次递增(172 空载能耗为 100，依次递增 100)。反复提交 Topology，多次试验。实验结果如图 13－8 与图 13－9 所示。

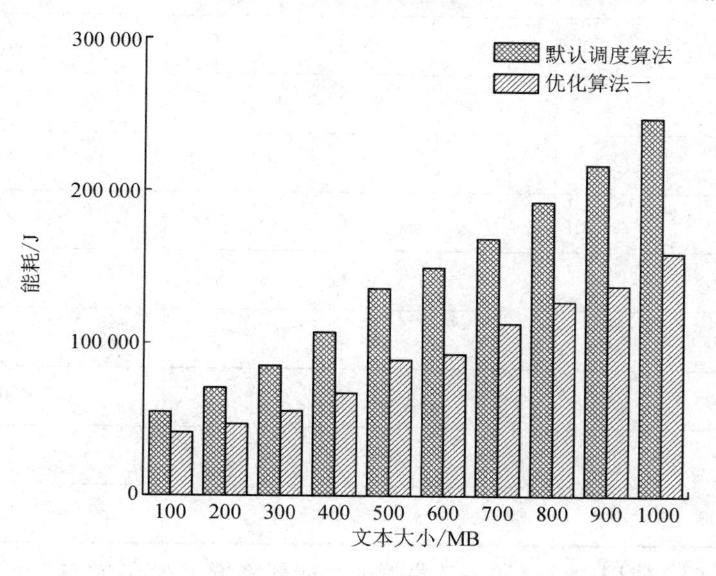

图 13－8　能耗对比

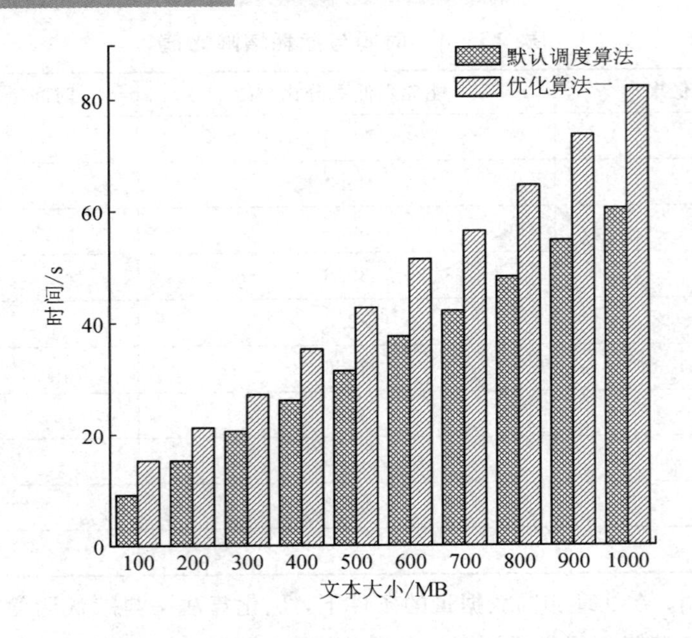

图 13-9　时间对比

根据图 13-8 与图 13-9，可以得到在不同文本大小下使用优化算法一与默认调度算法相比的能耗降低百分比与时间增加百分比，如表 13-5 所示。

表 13-5　时间与能耗增降比值

处理文本/MB	能耗降低百分比/%	时间增加百分比/%
100	26.6	68.4
200	33.3	42.3
300	35.4	33.2
400	37.7	36.7
500	34.6	35.2
600	38.6	37.6
700	33.7	35.7
800	34.9	36.3
900	36.4	35.4
1000	35.5	36.2

通过实验表明，使用优化算法一让集群的总能耗降低了 35%左右。由于整合了工作负载，在单个节点上负载的过重也导致了集群任务的总时间增加。而随着处理数据的增加，总时间增加的百分比也稳定在36%左右。针对时间开销过多的问题，后续将在第14章提出

负载均衡更好的节能调度算法，以优化集群负载状态，提升集群性能。

实验 3：Microbench 数据集测试。在本实验中，采用 Microbench 自动生成的数据集进行实验，消息组件 kafka 以 30 MB/s 的速率发送数据到 Storm 处理，对比实验分别为 Microbench 自带的 WordCount、Identity 和 FixWindow 程序。在本实验中分别运行默认调度算法和优化算法一测试以上三个应用程序，实验产生的能耗结果如图 13-10～图 13-12 所示。

如图 13-10、图 13-11 与图 13-12 所示，与默认调度算法相比，采用优化算法一后，WordCount、FixWindow、Identity 三个测试程序的总能耗分别下降了 34.3%、40.7%、46.5%左右，集群处理任务的总能耗有了明显的降低。由于控制了数据的发送速率，各个应用程序在不同调度算法之间的时间相差不大，优化算法一很好地改善了集群处理任务的总能耗。

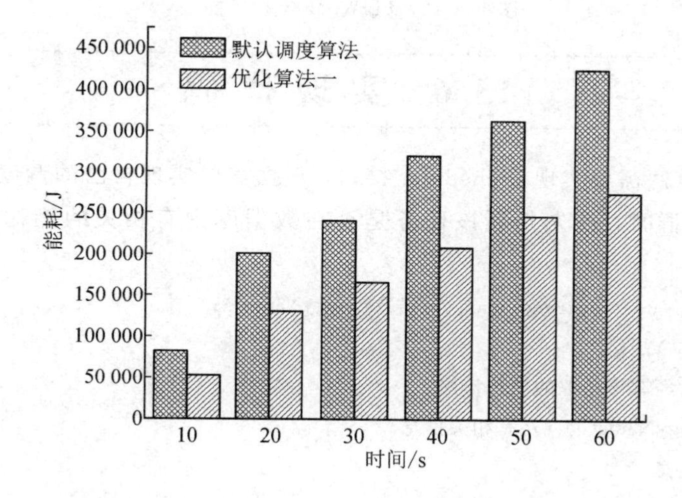

图 13-10　WordCount 程序能耗

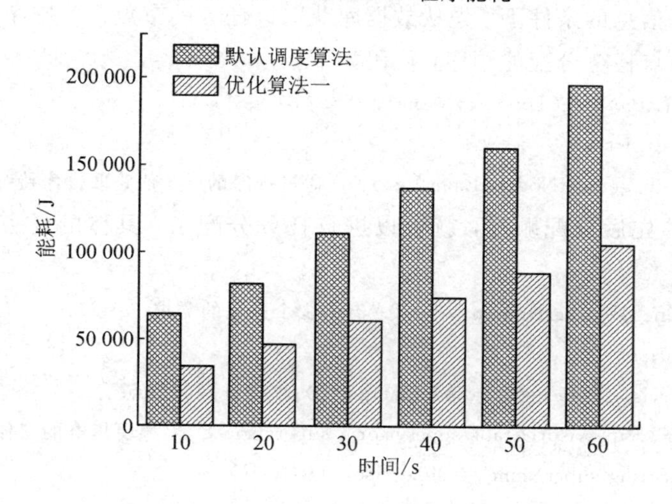

图 13-11　Identity 程序能耗

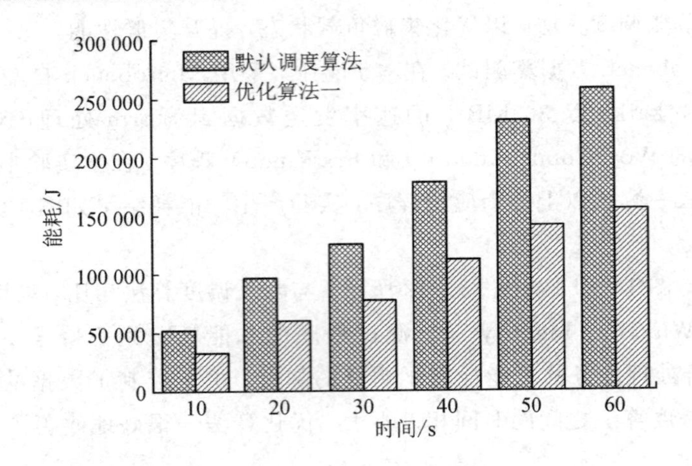

图 13-12 FixWindow 程序能耗

13.6 实现代码

本章提出的算法需要实现 IScheduler 接口，根据需要实现自己的调度算法。当用户提交 Topology 到集群时，首先判断该任务是否在数据库中有相关的能耗信息，部分代码如下：

```
String TopologyName=(String) map.get("TopologyName");
DB db=new DB();
//数据库是否已经有该任务的能耗排序
if(db.getTopologyName()) {//有相关信息}
else{//无相关信息
    }
```

在有相关能耗信息的条件下，先从数据库获取该任务的节点 EA 排序值，然后根据 EA 值去获取对应的节点任务分配的顺序，代码如下：

```
eaList = db.getEaByName(TopologyName);
Collections.sort(eaList);
sortNodeList = db.getSortNodeByEa(eaList); //通过排序的 EA 值获取排序待分配的节点
```

得到了节点的先后分配顺序，就可以进行任务分配了。具体的任务分配的相关代码如下：

```
for(int n=0;n<needWorkerNum;n++) {//有多少个进程的需求
        int p=0;
          SupervisorName = sortNodeList.get(p);//待分配的节点
            for (SupervisorDetails supervisor : supervisors) {//遍历集群的工作节点
              String superName = supervisor.getHost();
                if(superName.equals(SupervisorName)) {
                  int Size = cluster.getAvailablePorts(supervisor).size();//可用的 Slot 数量
```

```
                n=n+Size-1;
                }
            disNodeList.add(supervisor);
            }
        p++;
    }
        for(int k=0;k<disNodeList.size();k++) { //开始分配任务
            cluster.assign(cluster.getAvailableSlots(disNodeList.get(k)).get(0),topology.getId(),
AllExecutorList.get(k));
            }
```

在该任务首次提交的情况下，需要先把拓扑任务平均分配到集群的各个节点上，在得到了 EA 值之后再进行后续的操作，相关代码如下：

```
for (SupervisorDetails supervisor : supervisors) {
        int i=0;
        int num = cluster.getAvailableSlots(supervisor).size();
        freeSlotMap.put(supervisor, num);
        cluster.assign(cluster.getAvailableSlots(supervisor).get(0),topology.getId(),
        (Collection<ExecutorDetails>) AllExecutors.get(i));
        i++;
        if(i>=AllExecutors.size()) {
            break;
    }
}
Thread.sleep(5000); //5 s后释放当前任务占用分 Slot
usedSlots = cluster.getUsedSlotsByTopologyId(topology.getId()); //获取当前任务占用的 Slot
for (WorkerSlot slot : usedSlots) {
        cluster.freeSlot(slot); //释放当前任务占用的 Slot
    }
```

参考文献

[1] AL-SALIM A M, LAWEY A Q, EL-GORASHI T E H, et al. Energy efficient big data networks: impact of volume and variety[J]. IEEE Transactions on Network and Service Management, 2018, 15(1): 458 - 474.

[2] LIANG Y C, LU X, LI W D, et al. Cyber Physical System and Big Data enabled energy efficient machining optimisation[J]. Journal of cleaner Production, 2018, 187: 46 - 62.

[3] LIU X, BUYYA R. D-Storm: Dynamic Resource-Efficient Scheduling of Stream

Processing Applications[C]//2017 IEEE 23rd International Conference on Parallel and Distributed Systems (ICPADS). Piscataway, NJ: IEEE, 2017: 485 - 492.

[4] 罗亮，吴文峻，张飞. 面向云计算数据中心的能耗建模方法[J]. 软件学报，2014，25(7)：1371 - 1387.

[5] CHENG Y, ZHOU Z. Autonomous Resource Scheduling for Real-Time and Stream Processing[C]//2018 IEEE SmartWorld, Ubiquitous Intelligence & Computing, Advanced & Trusted Computing, Scalable Computing & Communications, Cloud & Big Data Computing, Internet of People and Smart City Innovation. Piscataway, NJ: IEEE, 2018: 1181 - 1184.

[6] 蒋溢，罗宇豪，朱恒伟. Storm 集群下一种基于 Topology 的任务调度策略[J]. 计算机工程与应用，2018，54(7)：84 - 88.

第 14 章 改进的能耗感知的 Storm 节能调度策略

负载均衡能够有效地保证 Storm 的性能和吞吐量。通常使用 Storm 框架计算的应用都是计算密集型的，如果集群处于负载均衡的状态，就能够有效地提升 Storm 处理大数据的性能，降低处理任务的总时间[1]。为了让集群拥有更好的性能，在调度过程中除了考虑能耗因素外，同样应该分析集群的负载情况[2-3]。本章将提出一种改进的能耗感知的 Storm 节能调度策略(以下称优化算法二)，同默认调度算法相比，让集群在降低处理任务能耗的同时满足 SLA 条件，在截止时间内(不超过默认调度算法的 20%)完成相同的任务处理。本章提出的算法适用场景为在追求降低处理任务能耗的同时，保证集群拥有较好的性能。

14.1 问题分析

在第 13 章提出的优化算法一中，只考虑了能耗优先的调度分配，没有考虑集群中的负载情况，由于某些节点负载过高从而导致集群性能下降和处理任务时间增长。为了提升集群的性能，应当在降低能耗的同时兼顾负载情况，尽可能做到负载均衡。以下将对比分析 Storm 默认调度算法[4-5]和优化算法一的负载情况来说明问题。

假定集群中拥有 5 个节点，1 个主节点，4 个从节点，其中主节点负责分发任务，不参与任务计算，每个节点上都拥有 4 个 Slot[6700,6701,6702,6703]。用户提交 3 个 Topology (S1,S2,S3)到集群中，分别设置所需 Slot 数量为 5 个、3 个、1 个。按照默认调度算法，三个任务在集群中的分配情况如图 14-1 所示。

据图 14-1，按照默认调度算法分配，节点 172 上 Slot 的利用率已经达到了 100%，而节点 175 上 Slot 的利用率仅仅为 25%，出现了严重的负载不平衡。由此可见，默认调度算法并不能保证集群中的负载均衡。而在优化算法一中，假设集群中的 4 个工作节点 172～175 处理数据的 EA 值依次增加，按照优化算法一调度后的任务负载情况如图 14-2 所示，可以看到，在节点 172 和在节点 173 上负载都达到了 100%，然而在节点 174 上 Slot 的利用率为 25%，节点 175 上 Slot 的利用率为 0%。优化算法一也存在负载不均衡的问题，应当在任务调度中考虑集群的负载情况以提升集群的性能。

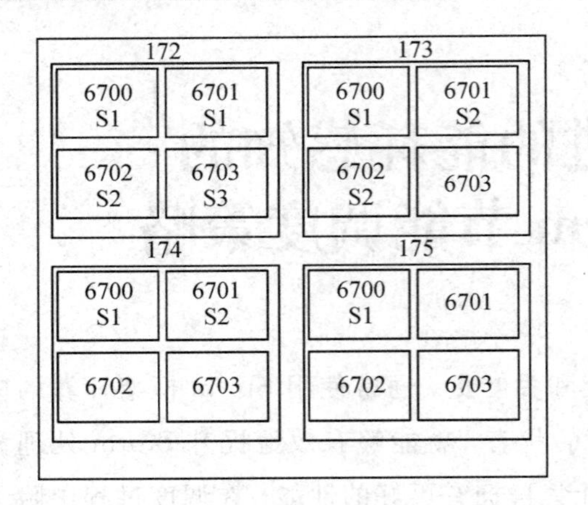

图 14－1　默认调度负载分配图

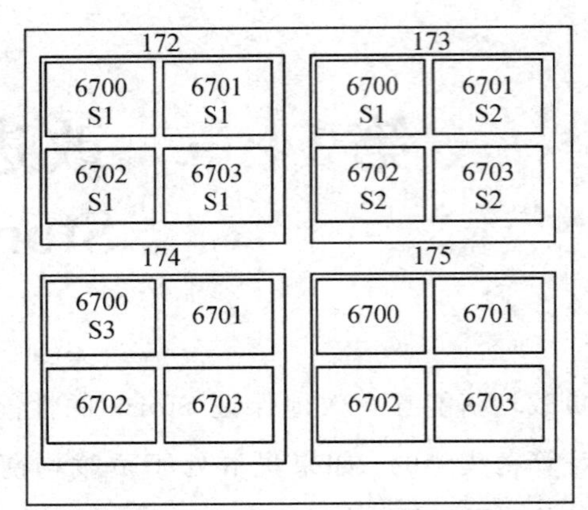

图 14－2　优化算法一负载分配图

14.2　优化算法二

在第 13 章中采用了通过对节点进行处理任务的能耗排序后，把任务放置在处理该任务能耗低的节点上运行，以此来达到降低处理任务能耗的目的。本章将在第 13 章的基础上，综合考虑负载均衡，使得集群在降低能耗的同时，尽可能达到负载均衡的效果。同时能保证任务在截止时间内，在满足 SLA 的条件下完成任务。

14.2.1　算法思想

改进后的能耗感知的 Storm 节能调度算法核心思想为：在第 13 章求解了节点 EA 值的基础上，取集群中节点的 EA 值的平均值，在节点 EA 值高于这个平均值时，认为分配任务到该节点上会产生过多的能耗；在剩下的小于或等于该平均值的节点上，在能满足任务资源需求的条件下根据节点的 Slot 使用率来放置任务，以此实现负载均衡。

在得到集群 EA 值之后，记 AR 为集群 EA 值的平均值，则有

$$AR = \frac{\sum_{0<i\leqslant n} EA_i}{n} \tag{14.1}$$

其中，n 表示集群的节点数量，EA_i 表示节点 i 上的 EA 值。另外使用 AS_i 表示节点 i 上所有的 Slot 数量，用 UR_i 表示节点 i 上的 Slot 使用率，则有

$$UR_i = \frac{US_i}{AS_i} \tag{14.2}$$

14.2.2　算法流程

为了能够在降低能耗的同时实现负载均衡，需要对每个节点进行能耗排序，将能耗转换为 EA 值之后再根据式(14.1)计算集群 AR 值。在 EA 值低于或等于 AR 值的节点上，按照节点的 Slot 使用率进行排序，使用率低的节点上的 Slot 在分配的队列前，如果节点的

Slot 使用率相同，则把 EA 值低的节点的 Slot 放置在队列前。

优化算法二流程图如图 14-3 所示。

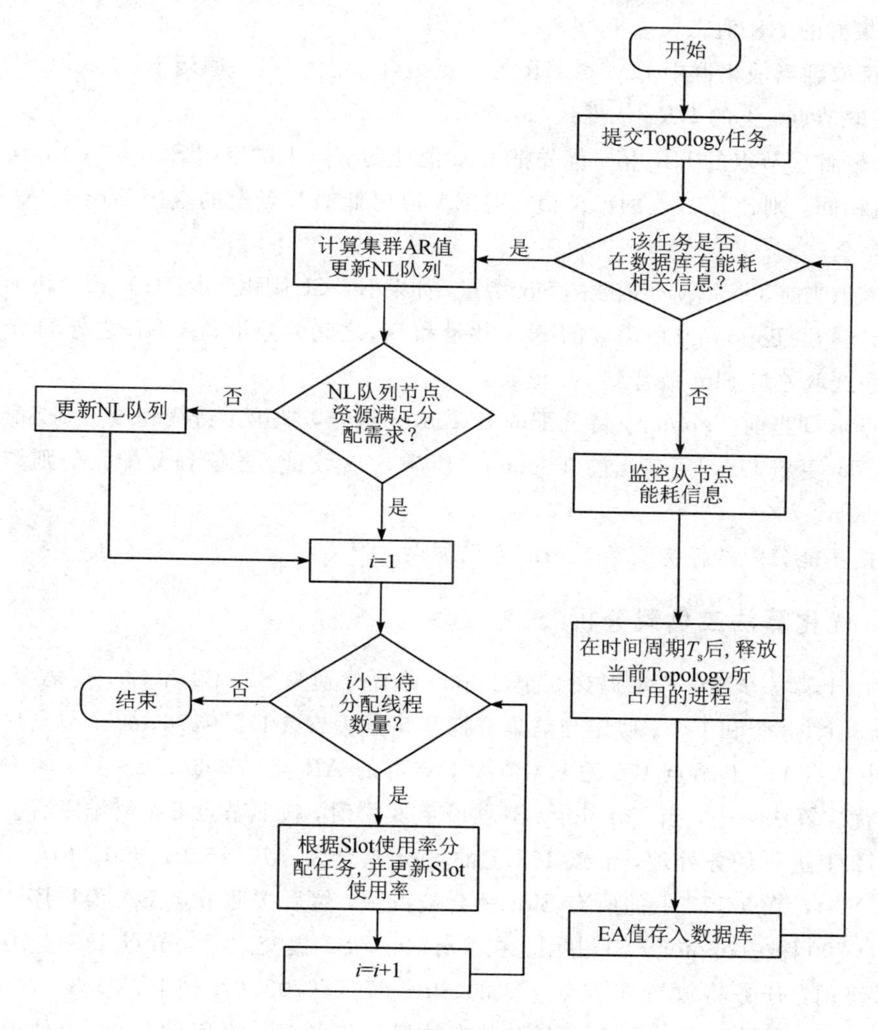

图 14-3　优化算法二流程图

算法中用到的符号如表 14-1 所示。

表 14-1　符号参考表

符　号	含　义
n	集群中的工作节点数量
P_{θ_i}	处理数据 θ_i 的能耗
NL	待分配任务的节点集合{ $Node_1$,…, $Node_n$ }
SL	待分配任务的 Slot 排序集合{ $Slot_1$,…, $Slot_n$ }

算法具体步骤如下：

(1) 根据监控脚本，据式(13.4)和式(13.5)计算节点 i 上处理数据 θ_i 的能耗 P_{θ_i}，再由

式(13.6)转化为节点的 EA 值。

(2) 在时间 T_s 后释放当前任务占用的 Slot，重新分配 Topology 任务，根据式(14.1)计算当前集群的 AR 值。

(3) 获取到当前集群中 $EA_i \leqslant AR$ 的节点集合，记为 NL。遍历 NL，获取 SL 集合：

① 获取节点 i 上的 UR[依据式(14.2)]。

② 比较各个节点的 UR_i 值，优先把 UR_i 值低的节点上的空闲 Slot 加入 SL 集合中。如果 UR_i 值相同，则比较节点的 EA 值，把 EA 值更低的节点上的空闲 Slot 加入 SL，直到 NL 遍历完全。

(4) 获取当前 Topology 所需要的 Slot 数量，如果小于 SL 则跳到步骤(5)，反之跳到步骤(6)。

(5) 计算出 Topology 所需要的 Slot 数量和 SL 之间的差量，从 NL 之外的节点上按照 EA 值排序选取差量 Slot 放置到 SL 里面。

(6) 获取到当前 Topology 待分配的 Executor 集合，把第 1 份线程放置到 SL 队列头的 Slot 上处理，更新 US_i，更新当前 Topology 所需 Slot 数量。若线程分配完毕则结束，否则返回步骤(3)。

(7) 把不能分配的任务交给 Storm 自己调度。

14.2.3 优化算法二负载分析

按照以上算法步骤，假定提交 3 个 Topology，分别为 S1、S2 和 S3，所需要的 Slot 数量分别为 5 个、3 个和 1 个。假定当前集群拥有 5 个从节点 172～176，每个节点均拥有 4 个 Slot，其中节点 175 和节点 176 的 EA 值大于集群的 AR 值，节点 172～174 的 EA 值依次增加。在优化算法一中，当 Topology S1 提交到集群时，按照节点 EA 值排序后会优先放置到节点 172 上进行任务处理，节点 172 上的 Slot 集合为[6700,6701,6702,6703]，由于 S1 需要 5 个 Slot，节点 172 上的所有 Slot 都会被占用，然后按照节点 EA 值排序查找，节点 173 上的[6700]被 Topology S1 占用。在 Topology S2 提交之后，节点 173 上还剩下 3 个 Slot 可以使用，任务将放置在节点 173 的 Slot[6701,6702,6703]上，节点 173 上的所有 Slot 也被占用。当任务 S3 提交时，任务将会放置在节点 174 的 Slot[6700]上处理。

在优化算法二中，在任务 S1 提交之后，得到了集群每个节点的 EA 值，然后重新分配任务。首选比较节点 172～174 的 Slot 使用率，这时候 UR_i 值都相同，会把第一份线程放置到节点 172 上的[6700]上处理，接着更新集群的 UR_i 值，节点 172 上的 Slot 使用率变为 25%，下一份线程将会放置到 Slot 使用率更低的节点 173 上处理。同理，Topology S1 的资源分配在集群节点 172[6700,6701]、173[6700,6701]、174[6700]。在 Topology S2 提交之后，集群中节点 172～174 的 Slot 使用率分别为 50%、50%、25%，这时节点 174 上的 Slot[6701]就排到了 SL 的队列头，当该 Slot 被分配之后，更新集群的 UR_i 值，这时集群中的 UR_i 值都为 50%，节点 172 上的 Slot[6702]将排在 SL 的队列头，所以 Topology S2 在集群中的资源分配为 172[6702]、173[6702]、174[6701]。最后 Topology S3 提交之后，集群中节点 172～174 的 Slot 使用率分别为 75%、75%、50%，节点 174 的 UR_i 值最低，因此节点 174 上的 Slot[6702]成了 SL 的队列头，Topology S3 的资源分配是 174[6703]。那么按照优化算法二可以得到如图 14－4 所示的资源分配图。由图 14－4 可知，按照优化算法二，在节点 172～174 上，节点的 Slot 使用率都为 75%，达到了负载均衡的效果。

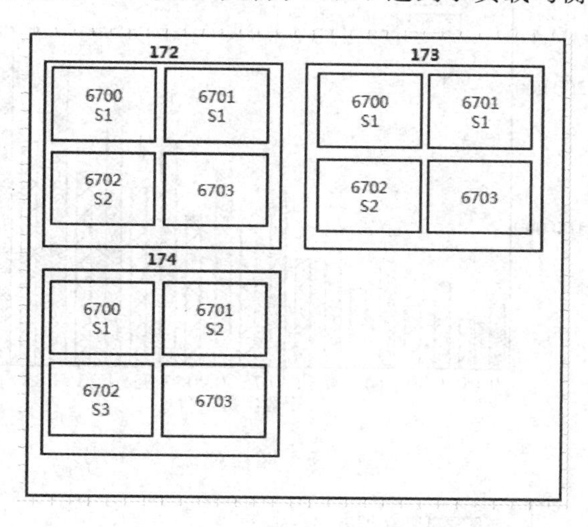

图 14－4　优化算法二资源分配图

14.3　实验及结果分析

实验中我们搭建了 6 个节点的 Storm 集群，其中节点 171 作为主节点，其余节点为从节点，主节点负责分发任务，从节点负责执行具体的任务。每个节点上设置的 Slot 数量都为 4 个，同时在各个节点上搭建了 ZooKeeper 集群。各个节点的详细硬件配置如表 14－2 所示。为了验证本章提出的算法，我们选取了 WordCount 应用来反复实验，实验数据来源于美国最大的评论网站 YELP 上的评论数据，数据集大小为 1 GB。

表 14－2　集群硬件配置

节点名称	节点类型	硬件参数
节点 171	主节点	8 核 2.8 GHz CPU，8 GB 内存，150 GB 硬盘
节点 172	从节点	8 核 2.8 GHz CPU，8 GB 内存，150 GB 硬盘
节点 173	从节点	8 核 2.8 GHz CPU，8 GB 内存，150 GB 硬盘
节点 174	从节点	8 核 2.8 GHz CPU，8 GB 内存，150 GB 硬盘
节点 175	从节点	8 核 2.8 GHz CPU，8 GB 内存，150 GB 硬盘
节点 176	从节点	8 核 2.8 GHz CPU，8 GB 内存，150 GB 硬盘

实验 1：在优化算法一中，由于任务过于集中地放置在低能耗的节点上，导致单个节点负载过高，在一定程度上影响了处理数据的效率。在第 13 章实验的基础上，我们考虑负载均衡，按照优化算法二来调度任务，与默认调度策略和优化算法一进行实验对比。设提交 Topology 的进程数量设置为 5，Spout 与 Bolt 的并行度均为 5。图 14－5 为实验的能耗对比

分析，图 14－6 为执行时间对比，节点的 Slot 使用率如图 14－7 所示。

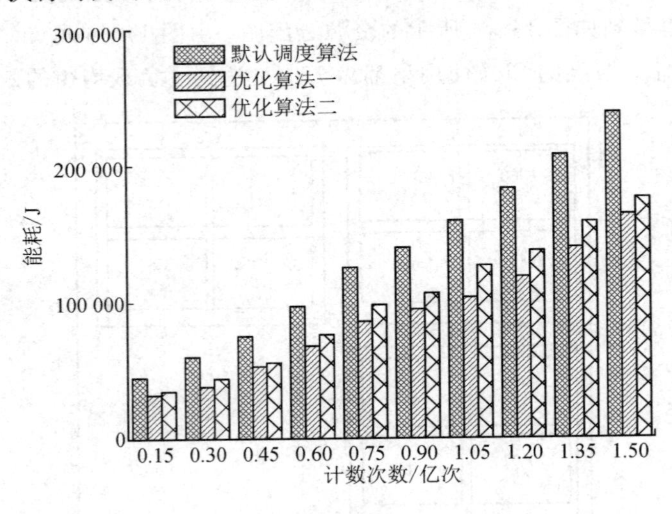

图 14－5　能耗对比

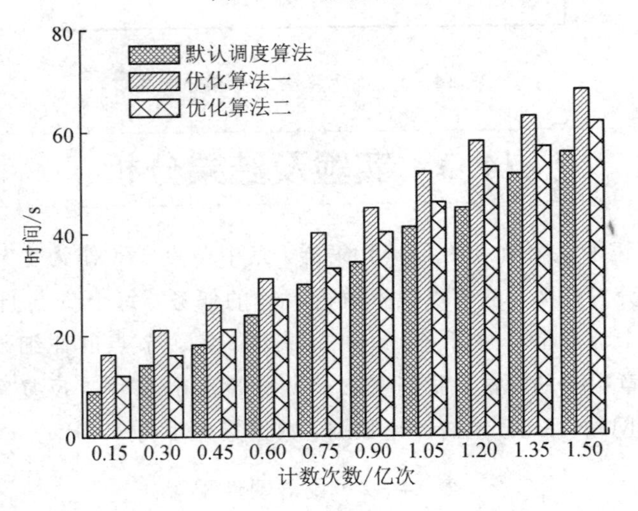

图 14－6　时间对比

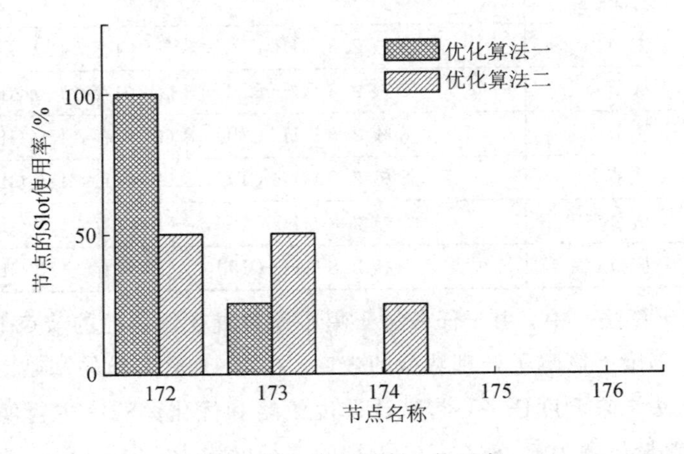

图 14－7　节点的 Slot 使用率

由图 14－5 可知，同默认调度算法相比，优化算法二整体能耗降低了 25%左右。在处理时间方面，如图 14－6 所示，优化算法二与默认调度算法相比增幅不大，整体时间增幅在 15%左右。相比于优化算法一，优化算法二在降低能耗的同时，很好地控制了时间成本，满足了 SLA 条件。同时如图 14－7 所示，优化算法二在负载平衡方面的表现也更加优异，使集群拥有更好的性能。

实验 2：在本次实验中向集群中提交 3 个 Topology 来测试集群处理任务的总能耗、时间以及各个节点的 Slot 使用率。把 3 个 Topology 依次上传至由节点 171～176 组成的集群中，3 个拓扑任务的相关配置如表 14－3 所示，各个任务处理的数据量都为 200 MB。提交任务之后将持续监控工作节点上的 CPU 和内存使用情况，得到每个任务在不同节点上的能耗信息，再根据节点的 EA 值进行任务调度。优化算法一与优化算法二的实验对比结果如图 14－8～图 14－10 所示。

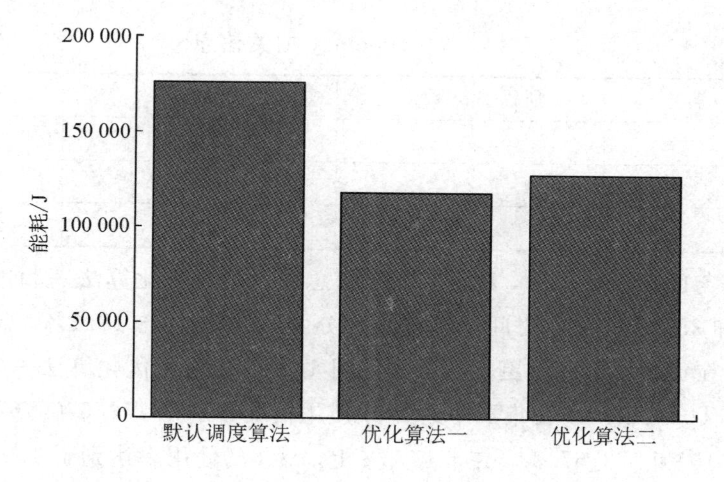

图 14－8　任务总能耗

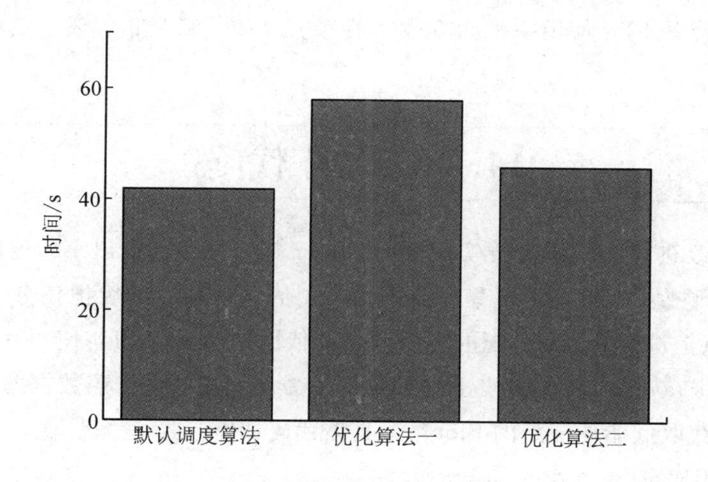

图 14－9　任务执行总时间

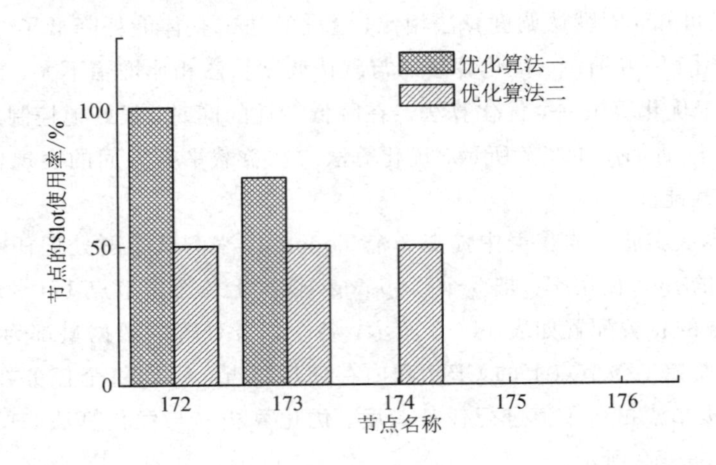

图 14-10 Slot 使用率对比

表 14-3 Topology 相关信息

Topology 名称	所需 Slot 数量	线程	任务/线程
S1	3	6	1
S2	2	6	1
S3	1	6	1

如图 14-8 与图 14-9 所示，执行多任务的总能耗使用优化算法一和优化算法二分别下降了 33.3%和 28.1%，而在时间增幅方面则分别为 38.3%与 18.1%。优化算法二相比于优化算法一，在负载均衡方面更加优异，见图 14-10，使用优化算法一，Topology S1、Topology S2 和 Topology S3 在集群中的 Slot 使用情况分别是 172[6700,6701,6702]、172[6703]、173[6701]和 173[6702]。在节点 172 上，Slot 的使用率达到了 100%，在节点 173 和 174 上，Slot 的使用率分别为 75%和 0%。优化算法二则很好地兼顾了负载情况，集群中每个使用到的节点的 Slot 使用率都为 50%，在节点 172～174 上实现了负载均衡，提升了集群的性能。

14.4 实现代码

本章提出的改进算法同样需要实现 IScheduler 接口，在求解出 EA 值的前提下，对于任务的分配做出了改进。首先求解集群的平均 EA 值 averEa，然后把任务分配到低于平均值 averEa 的节点上进行处理，分配的先后顺序的依据是节点的 Slot 使用率。在任务分配前需要考虑低于平均 averEa 值的节点上的 Slot 是否能满足需求，按照数据库中的 EA 值来获取 AR 值，然后获取低能耗节点的 Slot 数，具体代码如下：

```
for (SupervisorDetails supervisor : supervisors) {
    String superName = supervisor.getHost();
    //遍历低于集群平均 EA 值的节点集合
```

```
for(String supervisorName:lowerEaList) {
  if(superName.equals(supervisorName)) {
    int avilableSlots= cluster.getAvailableSlots(supervisor).size();
    lowerTotalSlot+=avilableSlots;
    //获取低能耗节点集合上所有可用的 Slot 数
    }
}
```

在低能耗节点 Slot 数量能满足需求的情况下，只需要遍历集群中的低能耗节点，分配方案代码如下：

```
for(List<ExecutorDetails> assignExecutors:AllExecutorList) {
  //遍历待分配的任务集合，按照 Slot 使用率分配任务
  assignExeBySlotRatio(cluster, lowerEaList, topology, assignExecutors);
}
```

具体的任务分配根据 Slot 的使用率来确定，在低能耗节点上首先分配 Slot 使用率最低的节点，然后每次更新所有节点的 Slot 使用率，直到任务分配完成。根据 Slot 使用率分配的方法 assignExeBySlotRatio 的代码如下：

```
//获取低能耗节点 Slot 使用率
for(String superviName:lowerEaList) {
  for (SupervisorDetails supervisor : supervisors) {
    if(supervisor.getHost().equals(superviName)) {
      slotRatio= cluster.getAvailablePorts(supervisor).size()/4;
       if(slotDisFlag==0||slotRatio<slotDisFlag) {
          slotDisFlag=slotRatio;
          slotMap.put(supervisor, slotDisFlag);
          slotSortlist.add(slotMap);//保证 Slot 使用率最低的始终在队列末尾
       }
    }
  }
}
Set<SupervisorDetails> it = slotSortlist.get(slotSortlist.size()-1).keySet();
for(SupervisorDetails supervisorDetails:it) {
    cluster.assign(cluster.getAvailableSlots(supervisorDetails).get(0), topology.getId(),
assignExecutors);
}
```

对于 Slot 不够用的情况，首先按照 Slot 使用率把任务分配在平均 EA 值之下的节点上，任务分配完之后按照 EA 值排序，根据差量的 Slot 选取出足够的 Slot 数量进行任务分配，相关代码如下：

```
for(List<ExecutorDetails> assignExecutors:AllExecutorList) {//先分配前面可用的 Slot
  assignExeBySlotRatio(cluster, lowerEaList, topology, assignExecutors);}
```

```
for(int p=0;p<restExcutors.size();p++) { //分配剩下的线程
//整合到剩下节点 EA 值低的节点上
  for (SupervisorDetails supervisorRest : supervisors) {
    if(supervisorRest.getHost().equals(aboveEaList.get(p))) {
      while(p<restExcutors.size()&& cluster.getAvailableSlots(supervisorRest).size()>=1) {
        cluster.assign(cluster.getAvailableSlots(supervisorRest).get(0),
          topology.getId(),restExcutors.get(p));
        p++;
      }
    }
  }
  if(p==restExcutors.size()-1)   break;
}
```

参考文献

[1] 李坤，王百杰. 服务器集群负载均衡技术研究及算法比较[J]. 计算机与现代化，2009，8：7－10.

[2] LIU X，BUYYA R. Performance-oriented deployment of streaming applications on cloud[J]. IEEE Transactions on Big Data，2019，5(1)：46－59.

[3] LIU X. Robust resource management in distributed stream processing systems[D]. Melbourne：The University of Melbourne，2018.

[4] SHUKLA，ANSHU，SIMMHAN，et al. Model-driven scheduling for distributed stream processing systems[J]. Journal of Parallel & Distributed Computing，2018，117：98－114.

[5] TOSHNIWAL A，TANEJA S，SHUKLA A，et al. Storm@twitter[C]//Proceedings of the 2014 ACM SIGMOD international conference on Management of data，2014：147－156.